职业教育新形态教材

# 视频栏目包装制作

张春丽　主　编
苏　潇　孙艳蕾　副主编

电子工业出版社·
Publishing House of Electronics Industry
北京·BEIJING

## 内 容 简 介

在当前信息社会，视频栏目包装的作用越来越重要。视频栏目包装技巧不但应用于广播电视节目的制作领域中，而且拓展了视频节目的创作空间，为广播电视产业带来了全新的发展。同时，视频栏目包装逐渐进入新媒体、晚会现场、宣传片等领域，并带来了影视制作人才结构的重大调整。

本书共分为 7 个学习情境，包括电子相册、栏目 Logo 包装、节目导视、节目片花、栏目片头、栏目题花和片尾、栏目宣传片。

本书配套资源不仅包括本书所有实例的源文件和素材，还包括所有实例的多媒体教学视频，以帮助读者轻松掌握短视频的拍摄与后期编辑制作方法，让新手从零基础开始学习。

本书案例丰富、讲解细致，注重激发读者兴趣和培养读者动手能力，适合作为职业院校数字媒体应用等专业教材，也可作为希望从事视频后期创作的相关人员和视频栏目包装爱好者的参考手册。

未经许可，不得以任何方式复制或抄袭本书之部分或全部内容。
版权所有，侵权必究。

**图书在版编目（CIP）数据**

视频栏目包装制作 / 张春丽主编．—北京：电子工业出版社，2022.4 (2025.8 重印)
ISBN 978-7-121-43256-9

Ⅰ．①视… Ⅱ．①张… Ⅲ．①视频制作 Ⅳ．①TN948.4

中国版本图书馆 CIP 数据核字（2022）第 056286 号

责任编辑：郑小燕　　　　　　特约编辑：田学清
印　　　刷：中煤（北京）印务有限公司
装　　　订：中煤（北京）印务有限公司
出版发行：电子工业出版社
　　　　　北京市海淀区万寿路 173 信箱　　　邮编　100036
开　　本：880×1 230　1/16　印张：15.5　字数：357 千字
版　　次：2022 年 4 月第 1 版
印　　次：2025 年 8 月第 6 次印刷
定　　价：59.80 元

凡所购买电子工业出版社图书有缺损问题，请向购买书店调换。若书店售缺，请与本社发行部联系，联系及邮购电话：（010）88254888，88258888。
质量投诉请发邮件至 zlts@phei.com.cn，盗版侵权举报请发邮件至 dbqq@phei.com.cn。
本书咨询联系方式：（010）88254550，zhengxy@phei.com.cn。

# 前言

视频栏目包装设计，不仅要求创作者具有良好的创意思维、客户沟通能力、文字表达能力，以及扎实的视频包装相关软件的技术基础，还要求创作者采用科学、合理的创意和制作流程，对看似千头万绪的繁杂工作进行整理、归纳，再分解成有序的工作，从而提高工作效率，保证作品质量的长期稳定。如果说创意是作品的灵魂，软件技术是实现创意的基础，那么科学合理的流程就是使创意和软件技术的作用获得最大化发挥的有力保障。

本书以项目实训的方式，在全面介绍视频栏目包装相关知识的同时，还介绍了用于制作视频栏目包装的 After Effects 软件的操作方法，将理论知识与实际的视频栏目包装案例操作相结合，以帮助读者掌握视频栏目包装的设计制作。

## 本书特点

本书从实用的角度出发，全面、系统地讲解了视频栏目包装的相关理论知识和实践操作方法，将理论与实践相结合，使读者能够更加直观地理解所学的知识，让学习变得更轻松。

本书在内容的安排与写作上具有以下特点。

1）项目实训，实操性强

本书立足于视频栏目包装的实际应用操作，兼顾职业院校教学的需求，以视频栏目包装项目实训为出发点，每个学习情境内容以"情境说明+基础知识+任务实施+检查评价+巩固扩展+课后测试"的架构，详细介绍视频栏目包装制作的相关理论知识，并且在其中穿插讲解了 After Effects 软件的操作方法，有效丰富了教学内容和教学方法，为读者提供了更多练习和进步的空间。

2）知识丰富，实用性强

本书注重理论知识与实际操作的紧密结合，全面、系统地讲解了视频栏目包装多种表现形式的相关理论知识。本书内容采用"理论知识+实践操作"的架构,详细介绍了视频栏目包装中所包含的Logo、节目导视、片花、片头、片尾、题花和宣传片等多种表现形式的制作方法与技巧,内容安排循序渐进,将理论与实践相结合,帮助读者更好地理解理论知识并掌握实际操作能力。

3)图解教学,资源丰富

本书采用图文相结合的方式进行讲解,以图析文,使读者更加直观地理解理论知识,在实例操作过程中更加清晰地掌握各种不同形式的视频栏目包装的制作方法与技巧。同时,本书还提供了丰富的案例素材、视频教程、教学课件等立体化配套资源,帮助读者更好地学习并掌握本书所讲解的内容。

## 本书作者

本书适合学习视频栏目包装的职业院校学生,不仅讲解全面深入,充分考虑到初学者可能遇到的困难,而且内容安排循序渐进,通过案例的制作巩固所学知识、提高学习效率。

本书由张春丽担任主编,由苏潇、孙艳蕾担任副主编。

由于时间较为仓促,书中难免存在疏漏和不足之处,敬请广大读者朋友批评指正。

编 者

# 目录

## 学习情境 1　电子相册 .................................................................................................... 1

### 1.1　情境说明 ..................................................................................................................1
#### 1.1.1　任务分析——电子相册 ..................................................................................1
#### 1.1.2　任务目标——掌握电子相册的制作 ..............................................................2
### 1.2　基础知识 ..................................................................................................................3
#### 1.2.1　视频后期制作中的基本概念 ..........................................................................3
#### 1.2.2　什么是视频栏目包装 ......................................................................................6
#### 1.2.3　视频栏目包装的要素 ......................................................................................7
#### 1.2.4　在播包装与离播包装 ......................................................................................8
### 1.3　任务实施 ................................................................................................................10
#### 1.3.1　关键技术——After Effects 的基础操作 ....................................................10
#### 1.3.2　任务制作——使用模板制作风景电子相册 ................................................21
### 1.4　检查评价 ................................................................................................................27
#### 1.4.1　检查评价点 ....................................................................................................27
#### 1.4.2　检查控制表 ....................................................................................................27
#### 1.4.3　作品评价表 ....................................................................................................28
### 1.5　巩固扩展 ................................................................................................................28
### 1.6　课后测试 ................................................................................................................28

## 学习情境 2　栏目 Logo 包装 ..................................................................................... 30

### 2.1　情境说明 ................................................................................................................30
#### 2.1.1　任务分析——娱乐栏目 Logo 包装 .............................................................30
#### 2.1.2　任务目标——掌握栏目 Logo 包装的制作 .................................................31
### 2.2　基础知识 ................................................................................................................31
#### 2.2.1　视频栏目包装的功能 ....................................................................................31
#### 2.2.2　视频栏目包装的作用 ....................................................................................32
#### 2.2.3　Logo 包装概述 ..............................................................................................33

2.2.4　Logo 包装的表现形式 35
　　2.2.5　动态 Logo 包装的表现优势 37
　　2.2.6　动态 Logo 包装需要注意的问题 39
2.3　任务实施 40
　　2.3.1　关键技术——掌握 After Effects 中时间轴的操作 41
　　2.3.2　任务制作 1——Logo 背景动画 54
　　2.3.3　任务制作 2——Logo 动画 60
2.4　检查评价 68
　　2.4.1　检查评价点 68
　　2.4.2　检查控制表 69
　　2.4.3　作品评价表 69
2.5　巩固扩展 70
2.6　课后测试 70

## 学习情境 3　节目导视 71

3.1　情境说明 71
　　3.1.1　任务分析——节目导视 71
　　3.1.2　任务目标——掌握节目导视的制作 72
3.2　基础知识 72
　　3.2.1　节目导视与导视宣传片 72
　　3.2.2　节目导视的分类 73
　　3.2.3　单节目导视宣传片的创作 75
　　3.2.4　组合节目导视宣传片的创作 76
3.3　任务实施 78
　　3.3.1　关键技术——掌握路径与蒙版的创建和操作 78
　　3.3.2　任务制作 1——制作节目导视背景和标题动画 88
　　3.3.3　任务制作 2——制作节目文字列表动画 93
　　3.3.3　任务制作 3——制作节目视频切换动画 99
3.4　检查评价 104
　　3.4.1　检查评价点 104
　　3.4.2　检查控制表 104
　　3.4.3　作品评价表 105
3.5　巩固扩展 105
3.6　课后测试 106

## 学习情境 4　节目片花 107

4.1　情境说明 107
　　4.1.1　任务分析——体育节目片花 107
　　4.1.2　任务目标——掌握节目片花的设计制作 108
4.2　基础知识 108
　　4.2.1　视频栏目包装要坚持一贯性原则 108

|  |  | 4.2.2 | 一贯性视频栏目包装设计的要点 ································································· | 110 |
|  |  | 4.2.3 | 视频栏目包装的常见形式 ············································································ | 112 |
|  |  | 4.2.4 | 节目片花的作用 ··························································································· | 114 |
|  | 4.3 | 任务实施 ········································································································· | 115 |
|  |  | 4.3.1 | 关键技术——掌握图表编辑器的操作 ························································ | 116 |
|  |  | 4.3.2 | 任务制作1——制作节目片花标题文字遮罩 ··············································· | 120 |
|  |  | 4.3.3 | 任务制作2——制作节目片花的视频效果 ··················································· | 124 |
|  |  | 4.3.4 | 任务制作3——制作节目片花的节目标题和结束效果 ································ | 131 |
|  | 4.4 | 检查评价 ········································································································· | 136 |
|  |  | 4.4.1 | 检查评价点 ································································································ | 136 |
|  |  | 4.4.2 | 检查控制表 ································································································ | 137 |
|  |  | 4.4.3 | 作品评价表 ································································································ | 137 |
|  | 4.5 | 巩固扩展 ········································································································· | 138 |
|  | 4.6 | 课后测试 ········································································································· | 138 |

## 学习情境 5　栏目片头 ··············································································································· 139

|  | 5.1 | 情境说明 ········································································································· | 139 |
|  |  | 5.1.1 | 任务分析——栏目片头包装 ······································································· | 139 |
|  |  | 5.1.2 | 任务目标——掌握栏目片头包装的设计制作 ············································· | 140 |
|  | 5.2 | 基础知识 ········································································································· | 140 |
|  |  | 5.2.1 | 视频栏目包装中的色彩配置 ······································································· | 140 |
|  |  | 5.2.2 | 色彩设计与心理反应 ·················································································· | 142 |
|  |  | 5.2.3 | 如何调和栏目包装的色彩设计 ··································································· | 144 |
|  |  | 5.2.4 | 视频栏目包装中的画面风格设计 ······························································· | 148 |
|  |  | 5.2.5 | 栏目片头设计 ···························································································· | 151 |
|  | 5.3 | 任务实施 ········································································································· | 153 |
|  |  | 5.3.1 | 关键技术——掌握在After Effects中表达式的使用 ·································· | 153 |
|  |  | 5.3.2 | 任务制作1——制作栏目名称的粒子动画 ··················································· | 160 |
|  |  | 5.3.3 | 任务制作2——制作栏目片头宣传文字动画 ··············································· | 164 |
|  |  | 5.3.4 | 任务制作3——完成栏目片头包装的制作 ··················································· | 169 |
|  | 5.4 | 检查评价 ········································································································· | 174 |
|  |  | 5.4.1 | 检查评价点 ································································································ | 174 |
|  |  | 5.4.2 | 检查控制表 ································································································ | 174 |
|  |  | 5.4.3 | 作品评价表 ································································································ | 175 |
|  | 5.5 | 巩固扩展 ········································································································· | 175 |
|  | 5.6 | 课后测试 ········································································································· | 176 |

## 学习情境 6　栏目题花和片尾 ··································································································· 177

|  | 6.1 | 情境说明 ········································································································· | 177 |
|  |  | 6.1.1 | 任务分析——栏目题花和片尾 ··································································· | 177 |
|  |  | 6.1.2 | 任务目标——掌握栏目题花和片尾包装的设计制作 ································ | 178 |

6.2 基础知识 179
    6.2.1 视频栏目包装中的字体设计原则 179
    6.2.2 栏目片尾设计 181
    6.2.3 栏目角标、题花和字幕板设计 182
6.3 任务实施 184
    6.3.1 关键技术——掌握 After Effects 中文字的创建与设置 184
    6.3.2 任务制作 1——制作栏目题花 188
    6.3.3 任务制作 2——制作栏目片尾 199
6.4 检查评价 205
    6.4.1 检查评价点 205
    6.4.2 检查控制表 206
    6.4.3 作品评价表 206
6.5 巩固扩展 207
6.6 课后测试 207

## 学习情境 7　栏目宣传片 208

7.1 情境说明 208
    7.1.1 任务分析——栏目宣传片 208
    7.1.2 任务目标——掌握栏目宣传片的设计制作 209
7.2 基础知识 209
    7.2.1 视频栏目包装中的声音设计 209
    7.2.2 视频栏目包装中的运动方式设计 211
    7.2.3 栏目宣传片的分类 213
7.3 任务实施 216
    7.3.1 关键技术——掌握 After Effects 中跟踪与效果的使用 217
    7.3.2 任务制作 1——制作图片墨迹遮罩转场效果 223
    7.3.4 任务制作 2——制作标题文字跟踪效果 232
    7.3.5 任务制作 2——使用外挂插件实现炫酷转场 235
7.4 检查评价 238
    7.4.1 检查评价点 238
    7.4.2 检查控制表 238
    7.4.3 作品评价表 239
7.5 巩固扩展 239
7.6 课后测试 239

# 学习情境 1 电子相册

电子相册是以视频播放的形式来让用户浏览照片的，不仅可以让照片"动"起来，还可以搭配背景音乐、精彩的文字说明或者精美的视频装饰等，实现照片的动态播放效果。本学习情境重点介绍视频后期制作和视频栏目包装的相关知识，并通过一个风景电子相册的制作，使读者掌握使用 After Effects 模板制作动态电子相册的方法。

## 1.1 情境说明

电子相册以视频的形式来表现多张照片或视频素材，实现照片或视频素材多元化的动态表现形式，还可以为电子相册添加背景音乐、精彩的文字说明等，使得在日常生活中照片的表现形式更加丰富和个性化。

### 1.1.1 任务分析——电子相册

本任务是制作一个动态的风景电子相册。电子相册的制作方法有很多，对初学者来说，直接使用软件制作动态电子相册的难度较高，本任务使用 After Effects 电子相册模板来制作电子相册。只有明确电子相册模板中各部分素材的作用，能够在 After Effects 中导入相应的素材并将其放置到模板中相应的位置，对模板中相关的文字内容进行修改，才能快速地制作出精美的电子相册效果。通过该任务的练习，读者将能够掌握 After Effects 的基本操作。图 1-1 所示为本任务所制作的风景电子相册的部分截图。

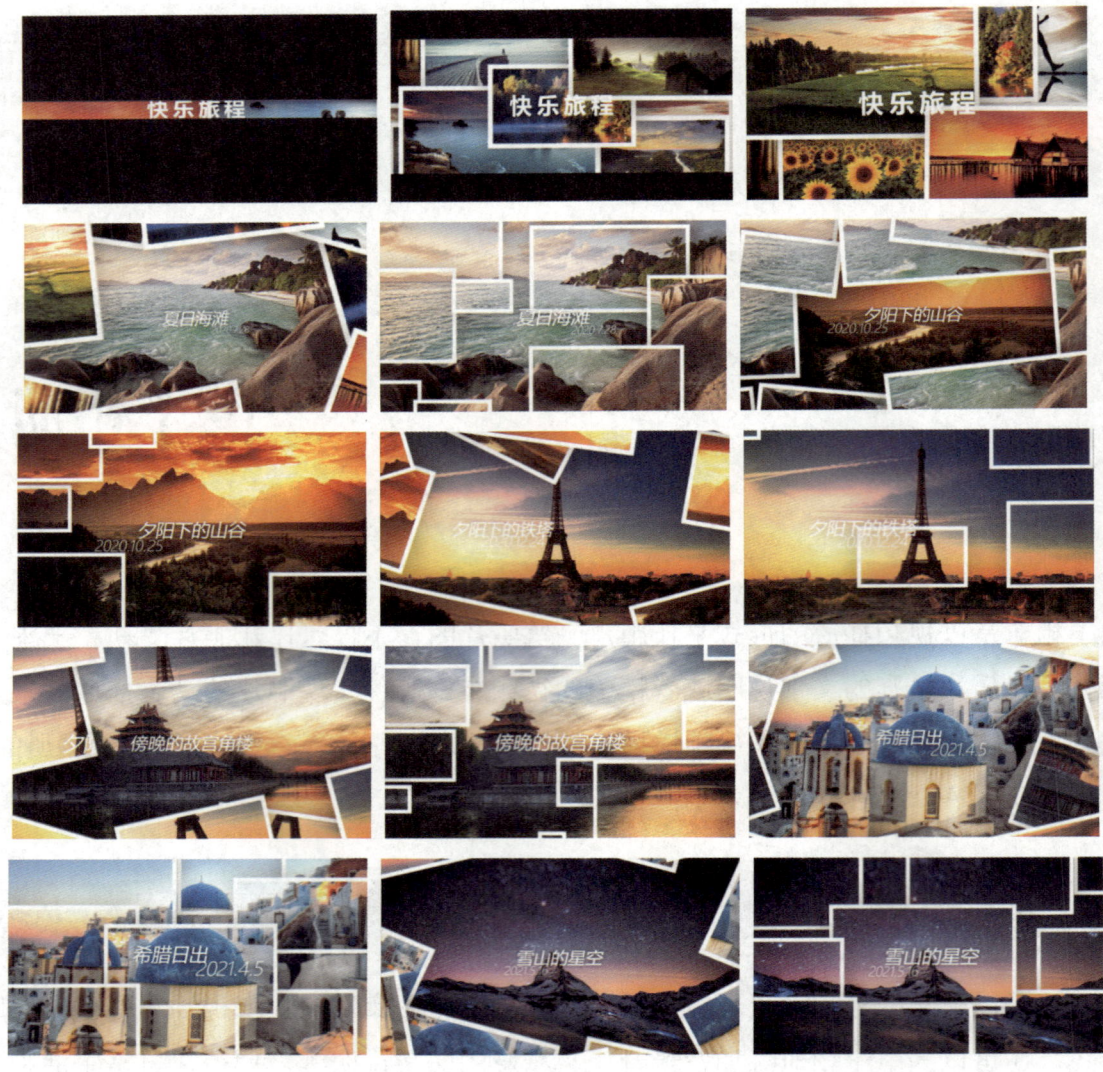

图 1-1　风景电子相册的部分截图

## 1.1.2　任务目标——掌握电子相册的制作

想要完成本任务中电子相册的制作，需要掌握以下知识内容。
- 了解视频后期制作中的基本概念。
- 了解什么是视频栏目包装。
- 了解视频栏目包装的要素有哪些。
- 了解在播包装和离播包装的区别。
- 掌握 After Effects 的基础操作。
- 掌握使用 After Effects 模板制作风景电子相册的方法。

## 1.2 基础知识

视频栏目包装是对影视媒体的整体形象进行的一种外在形式要素的规范和强化，其中，"外在形式要素"包括图像（标识、颜色、字体等）、声音（语音、音乐、音效等）、运动（镜头内运动、镜头外运动及镜头的组接）等要素；"规范和强化"既包含其所采取的品牌形象设计形式，也包含其执行推广与营销的工作过程。

### 1.2.1 视频后期制作中的基本概念

在开始视频后期制作之前，首先需要了解视频后期制作中的一些基本概念。

**1. 电视制式**

制式是电视信号标准的简称，是用来实现电视图像或声音信号所采用的一种技术标准。

制式主要根据帧频（场频）、分解率、信号带宽，以及载频、色彩空间的转换关系等进行区分，各国采用的制式不一定都相同。

彩色电视机的制式经过严格划分会有很多种，例如，国际线路彩色电视机一般有21种彩色电视制式。但是，把彩色电视制式分得很详细来学习和讨论并没有实际意义。彩色电视机的制式一般被划分为NTSC、PAL和SECAM三种制式。

正交平衡调幅制式，简称NTSC制式。采用这种制式的国家主要有美国、加拿大和日本等。这种制式的帧速率为29.97fps（帧/秒），每帧525行262线，标准分辨率为720px×480px。

正交平衡调幅逐行倒相制式，简称PAL制式。采用这种制式的国家主要有中国、德国、英国和一些西北欧国家。这种制式的帧速率为25fps（帧/秒），每帧625行312线，标准分辨率为720px×576px。

行轮换调频制式，简称SECAM制式。采用这种制式的国家主要有法国、俄罗斯和一些东欧国家。这种制式的帧速率为25fps（帧/秒），每帧625行312线，标准分辨率为720px×576px。

**2. 色彩模式**

虽然制作技能是影响视频后期质量的重要因素，但一些基础性的细节往往能够影响整体。在视频后期制作的基本概念中有一个看似可有可无却很重要的存在——色彩模式。不同的色彩模式将会呈现出不同的制作效果。在开始视频后期制作前需要对色彩模式有大致的了解。

RGB模式通常被称为三原色光模式或加色模式，任何一种色光都可以由RGB三原色按照不同比例混合得到，一组按比例混合的红色、绿色、蓝色就是一个最小的显示单位。而当增加红色光、绿色光、蓝色光的亮度级时，色彩也将变得更亮。电视机、电影放映机、计算机显示器等都依赖于这种色彩模式。

CMYK 模式是由青色、品红、黄色及黑色 4 种颜色组成的，主要应用于图像的打印输出，所有商业打印机使用的都是这种模式。

LAB 模式既不依赖光线，也不依赖颜料，它是国际照明委员会确定的一个在理论上包括人眼可以看见的所有色彩的色彩模式。LAB 模式弥补了 RGB 和 CMYK 两种色彩模式的不足，一种是 Photoshop 用来从一种色彩模式向另一种色彩模式转换时使用的内部色彩模式。

HSB 模式是根据人的视觉特点，用色相、饱和度和亮度来表达色彩的。它不仅简化了图像分析和图像处理的工作量，还更加适合人的视觉特点。

灰度模式属于非彩色模式。它只包含了 256 种不同的亮度级别，并且只有一个黑色通道。在图像中看到的各种色调都是由 256 种不同亮度的黑色表示的。

### 3．帧与场

帧是网络传输的最小单位，主要由"0"和"1"构成的二进制数据组成。在实际的网络通信传输过程中，铜缆（指双绞线等铜质电缆）网线中传递的是脉冲电流，光纤网络和无线网络中传递的是光和电磁波（当然光也是一种电磁波）。

视频素材包含交错式和非交错式两种类型，比如，After Effects 等视频编辑软件是以非交错式显示视频的；而大部分的广告电视信号都是以交错式显示视频的。交错式视频的每一帧由两个场（Field）构成，被称为场 1 和场 2，或者奇场（Odd Field）和偶场（Even Field），这些场依顺序显示在 NTSC 或 PAL 制式的监视器上，能产生高质量平滑图像。

场是通过水平隔线的方式来保存帧内容的，在屏幕中，首先显示第一个场的间隔内容，然后在第一个场留下的缝隙中显示第二个场的间隔内容，从而显示出完整的内容。NTSC 制式视频的帧频是 30 帧/秒，每一场大约显示 1/60 秒，PAL 制式视频的帧频是 25 帧/秒，每一场大约显示 1/50 秒。

最原始的视频数据可以根据编码的需要，以不同的方式进行扫描产生两种视频帧：连续或隔行视频帧，其中，隔行视频帧包括上场和下场。连续（逐行）扫描的视频帧与隔行扫描视频帧有着不同的编码特征，产生了所谓的帧编码和场编码。在一般情况下，逐行帧进行帧编码，隔行帧可在帧编码和场编码间进行选择。

### 4．位图与矢量图

位图又被称为点阵图，是由像素组成的。位图能够表现丰富的色彩变化并产生逼真的效果，也能够在不同软件间交换使用。但是，因为位图在保存图像时需要记录每一个像素的色彩信息，所以占用的存储空间较大，而且在进行旋转或缩放时会产生锯齿。图 1-2 所示为位图及其放大效果。

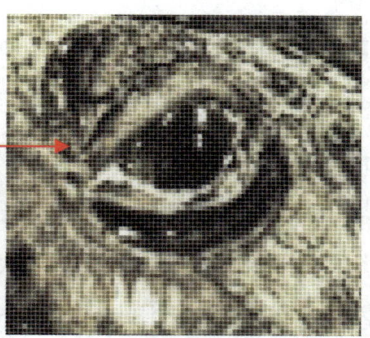

图 1-2 位图及其放大效果

矢量又被称为向量，是一种基于数学方法的绘图方式。采用矢量图记录的文件所占用的存储空间很小。在对矢量图进行旋转、缩放等操作时，可以保持对象光滑无锯齿。图 1-3 所示为矢量图及其放大效果。但矢量图不易制作色彩变化丰富的图像，并且绘制出来的图像也不是很逼真，同时不易在不同的软件中交换使用。

图 1-3 矢量图及其放大效果

5．数字视频压缩及解码知识

在日常生活中，视频编解码器的应用非常广泛。很多视频编解码器可以很容易地在个人计算机和消费电子产品上实现，使得在这些设备上可能同时实现多种视频编解码器，避免了因兼容性的问题而导致某种占优势的视频编解码器影响其他视频编解码器的发展和推广。

没有哪种视频编解码器可以替代其他所有的视频编解码器。下面简要介绍一些常用的视频编解码器。

AVI 格式是微软公司于 1992 年 11 月推出，作为其 Windows 视频软件一部分的一种多媒体容器格式。AVI 格式允许视频和音频交错在一起同步播放。AVI 格式支持 256 色和 RLE 压缩。AVI 格式对视频文件采用了一种有损压缩方式，由于压缩率比较高，因此尽管画面质量不是太好，但其应用范围仍然非常广泛。AVI 格式的信息主要应用在多媒体光盘上，用来保存电视、电影等各种影像信息。

RMVB 格式是 RealNetworks 公司推出的一种视频文件格式，这种格式在保证一定清晰度的基础上有良好的压缩率，产生的视频文件比较小，是网络中常用的视频文件格式之一。

MPEG-4 是网络视频图像压缩标准之一，特点是压缩率比较高、成像清晰。采用 MPEG-4 标准压缩的视频文件的图像和声音效果接近 DVD。

MOV 即 QuickTime 封装格式，也被称为影片格式。它是 Apple 公司开发的一种音频/视频文件格式，用于存储常用数字媒体类型。QuickTime 具有跨平台、存储空间要求小等技术特点。QuickTime 视频文件格式支持 25 位彩色，支持领先的集成压缩技术，提供 150 多种视频效果，并配有 200 多种 MIDI 兼容音响和设备的声音装置。无论是在本地播放还是作为视频流格式在网络上传播，MOV 都是一种优良的视频编码格式。

### 1.2.2 什么是视频栏目包装

众所周知，一般意义的"包装"是针对商品流通中的产品而言的。包装是指在流通过程中，为保护产品、方便储运、促进销售，依据不同情况而采用的容器、材料、辅助物及所进行的操作的总称；也指为了达到上述目的在采用容器、材料和辅助物的过程中施加一定的技术方法。在市场经济条件下，包装的内涵有所扩大，除了盛放和保护物品的功能，更注重商品、品牌的营销和推广功能。

之所以把"包装"的概念借用到影视传播中，是因为影视媒体推广设计与商品流通中的"包装"有很大的相似性。

对影视行业来说，当将影视传媒机构作为一种产业时，其产品（影视节目）可以被看作商品，因此影视传媒和节目的营销推广离不开包装的措施和手段。视频栏目包装如同其他产品的包装一样，是为了让受众在美感享受中了解影视产品、建立影视媒体品牌识别而进行的调研、策划、设计、执行、推广等营销操作。所以，我们可以将视频栏目包装理解为影视传播组织自身的品牌形象和市场营销的复合体，可以直接引导影视媒体的品牌主张、影视媒体及其节目的视觉形象表现、影视媒体的市场策略等。

综上所述，视频栏目包装的具体内容就是影视媒体品牌形象策划与设计，包括推广策略、视觉形象设计、影视媒体品牌建设、营销活动等方面。小到影视节目（如一档视频栏目），大到影视传媒（如电视频道、某个电视台，甚至影视传媒集团），其品牌推广都是视频栏目包装要解决的问题。

狭义的视频栏目包装主要是指以影视媒体自身宣传为目的的图形图像和音频/视频的创意制作，广义的视频栏目包装则包括影视媒体的品牌建设与营销。在新传媒时代，视频栏目包装已经是流行于整个影视行业的概念。图 1-4 所示为某影视栏目的片头包装设计。

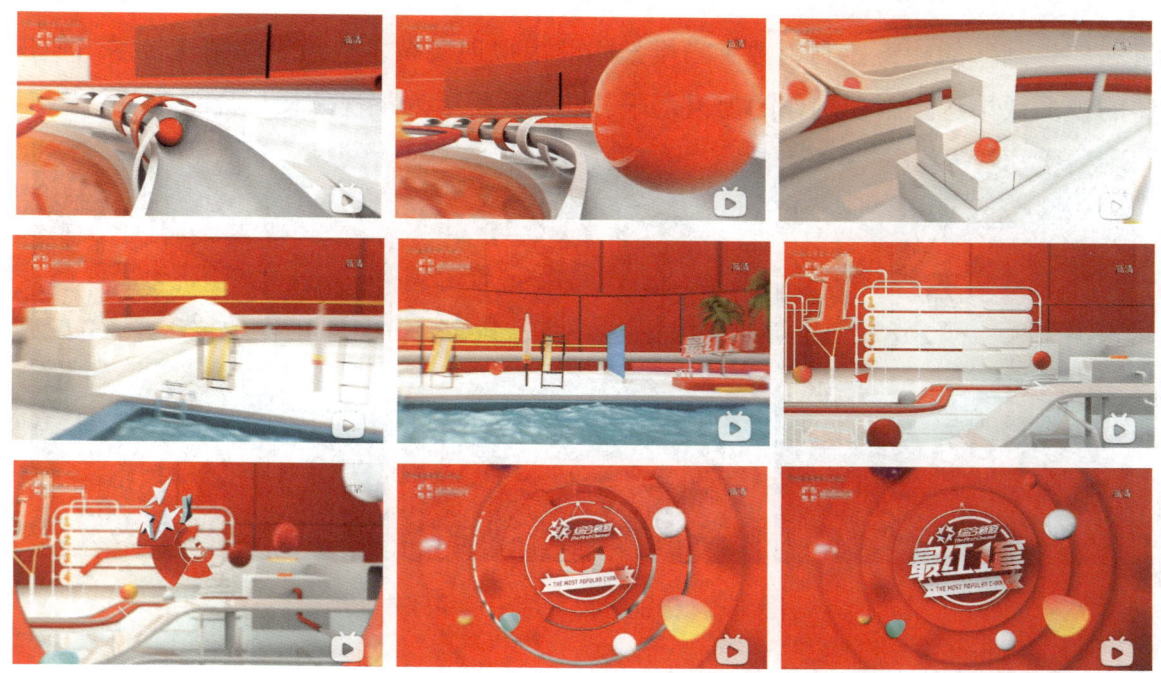

图 1-4　某影视栏目的片头包装设计

### 1.2.3　视频栏目包装的要素

在分析与创作视频栏目包装时，可以根据视频栏目包装的要素对作品进行解构与设计。

**1．形象标识**

在视频栏目包装中，应该把企业形象（CI）系统的设计和制作作为重点。视频栏目包装的基本要求为画面简洁、文字标题醒目、色彩协调、特点突出、有时代感，有些甚至可以体现一些地方或专业特色的效果。图 1-5 所示为深圳卫视的频道标识包装设计。

图 1-5　深圳卫视的频道标识包装设计

**2．画面视觉效果**

视频栏目包装应该是一个节目的精华，其精致程度应视同广告宣传片。所以视频栏目包装设计要求创作者一定要了解影视发展规律，充分认识和掌握最新的影视艺术表现手法，把握节目和广告制作的趋势，利用数字三维技术及虚拟现实技术等最新的制作技术，使视频栏目包装的视觉效果达到影视制作的前沿水平。图 1-6 所示为某视频栏目片头包装效果。

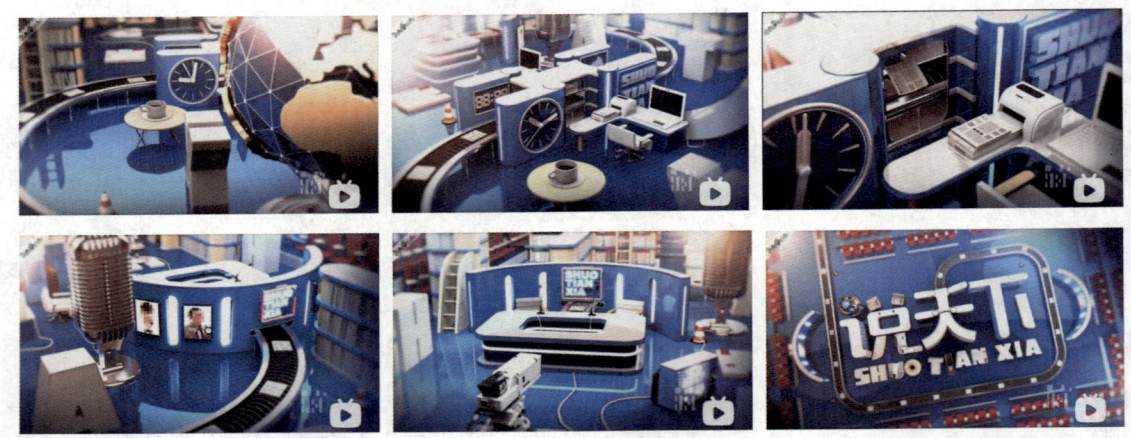

图 1-6　某视频栏目片头包装效果

### 3．音频元素

音频包括语音、音乐、音效等元素。音频在视频栏目包装中起着非常突出的作用。在优秀的包装作品中，音频元素应该与画面内容、观众情感形成一个整体。需要做到以下两点：一是要整体设计作品，使其符合影视作品内容和频道定位，做到高质量；二是要保持作品传播相对长久和稳定，时间久了才能培养观众情感，最终塑造声音的形象识别。

## 1.2.4　在播包装与离播包装

在形象设计论的体系中，视频栏目包装包括在播（On-air）包装和离播（Off-air）包装两方面的内容。

### 1．在播包装

在播包装是指非节目、非广告的那部分影视播出片的设计与应用，即影视营销宣传中的音频/视频宣传部分，是影视媒体利用自有媒体资源（如电视广播、电影放映、在线视频等）进行自我宣传和形象推广的营销行为。在播包装是影视媒体品牌个性的体现，也是影视营销宣传的主要方式。它决定了影视媒体品牌的形式外观、节目倾向、文化品位，决定着受众对相关影视节目的期待。

在播包装涉及影视媒体形象标识（Logo 包装）、形象宣传片、节目导视、节目片头片尾等播出项目，以及节目主持人、演播室等的统一设计和推广，为建立影视媒体的品牌识别和视听屏幕形象服务。

图 1-7 所示为湖南卫视在牛年春节期间推出的形象宣传片，通过卡通形象在大街上的欢

快舞蹈，表现出新年的欢乐、喜庆氛围，配合节日对电视台形象进行宣传，是在播包装的典型代表。

图 1-7　湖南卫视牛年春节形象宣传片

## 2. 离播包装

离播包装是指非影视媒体的报纸、杂志、电台、促销礼品、户外广告（车载、灯箱、广告牌），甚至工作服、办公室装潢、各类证件、信封、名片等的设计，它实际上是传统 CI 系统中视觉识别（VI）部分的非影视应用。图 1-8 所示为某网络广播电视台的离播包装设计。

图 1-8　某网络广播电视台的离播包装设计

> **小贴士：** 随着计算机与互联网技术的发展，视频栏目包装在网络应用上逐渐模糊了在播包装与离播包装的界限。影视营销宣传中的音频/视频宣传部分可以在网络平台上播出，而非影视的 VI 宣传部分也可以利用互联网发布。可以说互联网为视频栏目包装提供了更为强大和广阔的舞台。

## 1.3 任务实施

在掌握了视频栏目包装设计的相关基础知识后，读者可以使用 After Effects 制作一个电子相册，在实践过程中掌握使用 After Effects 模板制作电子相册的方法和技巧。

### 1.3.1 关键技术——After Effects 的基础操作

After Effects 可以高效、精确地创建精彩的动态图形和视觉效果。After Effects 在多个方面都具有优秀的性能，不仅能够广泛支持各种动画的文件格式，还具有优秀的跨平台功能。

#### 1. After Effects 简介

Adobe 公司推出的 After Effects 软件使用行业标准工具创建动态图形和视觉效果，无论用户身处广播电视、电影行业，还是为在线移动设备处理作品，After Effects 都可以帮助用户创建出震撼的动态图形和出众的视觉效果。图 1-9 所示为 After Effects 的启动界面。

图 1-9 After Effects 的启动界面

After Effects 的版本升级不仅使其与 Adobe 公司的其他设计软件在配合上更加紧密，还增加了很多更加有利于用户创作的功能。高度灵活的 2D 与 3D 合成，以及数百种预设的特效和动画影视制作，为 After Effects 增加了丰富多彩的效果。

#### 2. 认识 After Effects 的工作界面

After Effects 的工作界面越来越人性化，将界面中的各个窗口和面板集合在一起，而不是单独的浮动状态，这样在操作过程中免去了拖来拖去的麻烦。启动 After Effects，可以看到 After Effects 的工作界面，如图 1-10 所示。

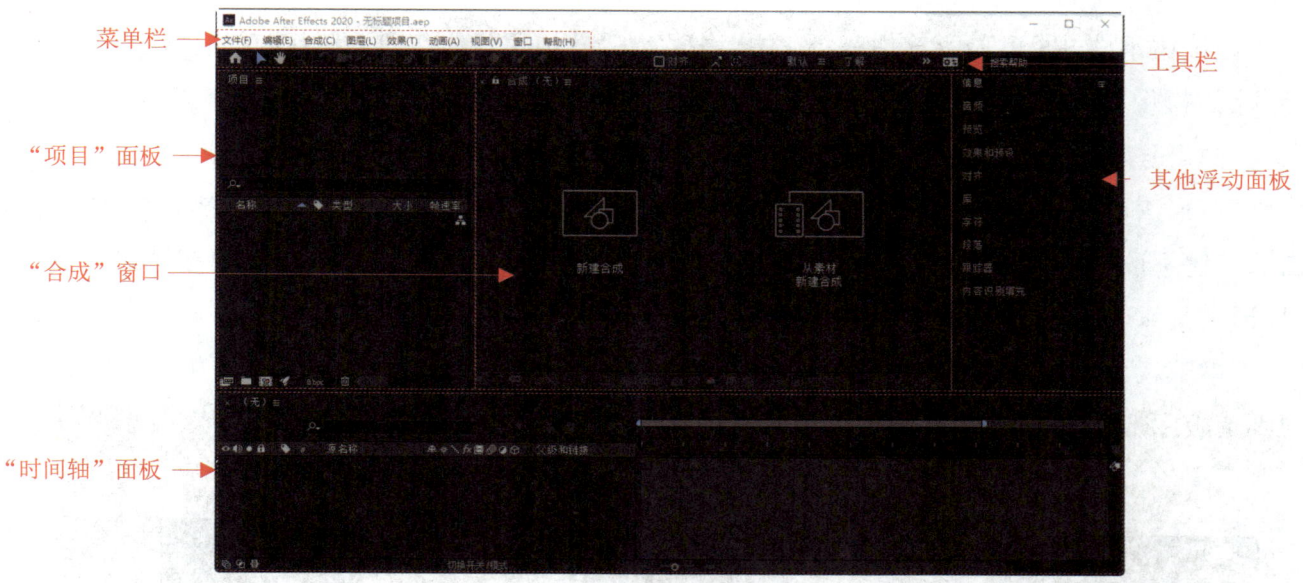

图 1-10 After Effects 的工作界面

**小贴士：** 在实际操作时经常需要调整某些窗口或面板的大小，可以通过拖动鼠标的方式改变工作界面中各区域的大小。将鼠标指针移至工作界面中需要调整大小的两个面板之间，在鼠标指针变为双向箭头时按住鼠标左键进行拖动，即可改变工作界面中两个面板的大小。

1）工具栏

工具栏中包含了常用的编辑工具。使用这些工具可以在"合成"窗口中对素材进行编辑操作，如移动、缩放、旋转、绘制图形和输入文字等，如图 1-11 所示。

图 1-11 工具栏

"主页"：单击该按钮，可以弹出"主页"窗口，在"主页"窗口中可以执行创建项目、打开项目等常用快捷操作。

"选取工具"：使用该工具，可以在"合成"窗口中选择和移动对象。

"手形工具"：当素材或对象被放大到超过"合成"窗口的显示范围时，可以使用该工具在"合成"窗口中拖动，以查看超出部分。

"缩放工具"：使用该工具，在"合成"窗口中单击可以放大显示比例；按住【Alt】键不放，在"合成"窗口中单击可以缩小显示比例。

"旋转工具"：使用该工具，可以在"合成"窗口中对素材进行旋转操作。

"统一摄像机工具"：在建立摄像机后，该按钮被激活，可以使用该工具操作摄像机。

单击该按钮不放，即可显示其他 3 个工具，分别是"轨道摄像机工具""跟踪 XY 摄像机工具""跟踪 Z 摄像机工具"，如图 1-12 所示。

"向后平移（锚点）工具"：使用该工具，可以调整对象的中心点位置。

"矩形工具"：使用该工具，可以绘制矩形或者为当前所选择的对象添加矩形蒙版。单击该按钮不放，即可显示其他 4 个工具，分别是"圆角矩形工具""椭圆工具""多边形工具""星形工具"，如图 1-13 所示。

"钢笔工具"：使用该工具，可以绘制不规则形状图形或者为当前所选择的对象添加不规则蒙版图形。单击该按钮不放，即可显示其他 4 个工具，分别是"添加'顶点'工具""删除'顶点'工具""转换'顶点'工具""蒙版羽化工具"，如图 1-14 所示。

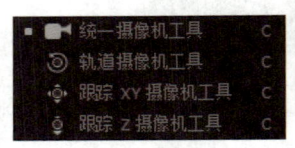
图 1-12　摄像机工具组

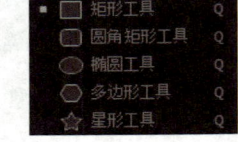
图 1-13　几何形状工具组

图 1-14　钢笔工具组

"横排文字工具"：使用该工具，可以为合成图像添加文字。该工具支持文字的特效制作，功能强大。单击该按钮不放，即可显示另一个"直排文字工具"，如图 1-15 所示。

"画笔工具"：使用该工具，可以对"合成"窗口中的素材进行编辑绘制。

"仿制图章工具"：使用该工具，可以复制素材中的像素。

"橡皮擦工具"：使用该工具，可以擦除多余的像素。

"Roto 笔刷工具"：使用该工具，可以帮助用户在正常时间片段中独立出移动的前景元素。单击该按钮不放，即可显示另一个"调整边缘工具"，如图 1-16 所示。

"人偶位置控点工具"：使用该工具，可以确定人偶动画的关节点位置。单击该按钮不放，即可显示其他 4 个工具，分别是"人偶固化控点工具""人偶弯曲控点工具""人偶高级控点工具""人偶重叠控点工具"，如图 1-17 所示。

图 1-15　文字工具组

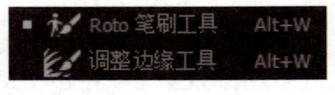
图 1-16　笔刷工具组

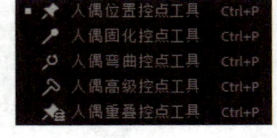
图 1-17　人偶控点工具组

2)"项目"面板

"项目"面板主要用于组织、管理当前所制作的项目文件中使用的素材。在项目文件中使用的所有素材都要先导入"项目"面板中，在该面板中可以对素材进行预览，如图 1-18 所示。

**素材预览**：此处显示的是当前选中的素材的缩略图，以及尺寸、颜色等基本信息。

**搜索栏**：当"项目"面板中含有较多的素材、合成或文件夹时，可以通过搜索栏快速查找所需要的素材。

**素材列表**：在该列表中显示当前项目文件中的所有素材。

**"解释素材"按钮**：单击该按钮，可以设置所选择素材的透明通道、帧速率、上下场、像素及循环次数。

**"新建文件夹"按钮**：单击该按钮，可以在"项目"面板中新建一个文件夹。

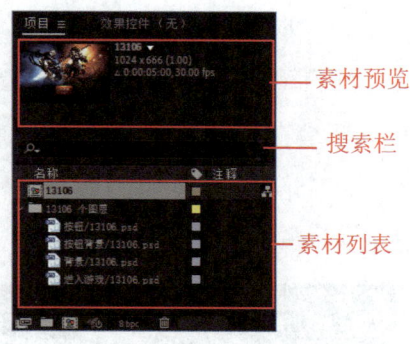

图 1-18 "项目"面板

**"新建合成"按钮**：单击该按钮，在弹出的"合成设置"对话框中，可以对相关选项进行设置并单击"确定"按钮，即可在"项目"面板中新建一个合成。

**"项目设置"按钮**：单击该按钮，在弹出的"项目设置"对话框中，可以对项目的渲染选项进行设置，如图 1-19 所示。

**"项目颜色深度"按钮** 8 bpc：单击该按钮，同样会弹出"项目设置"对话框，但会自动切换到"颜色"选项卡中，可以对项目文件的颜色深度进行设置，如图 1-20 所示。

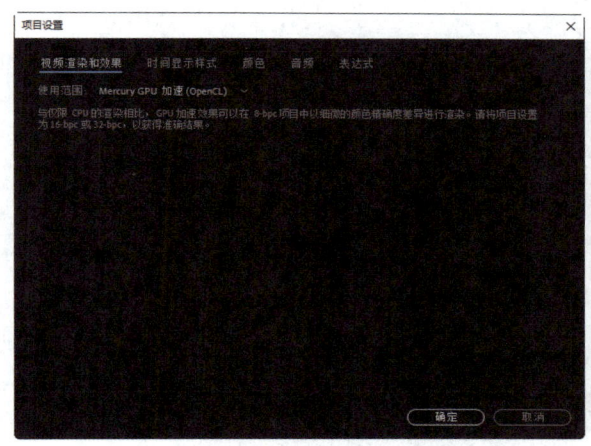

图 1-19 "项目设置"对话框

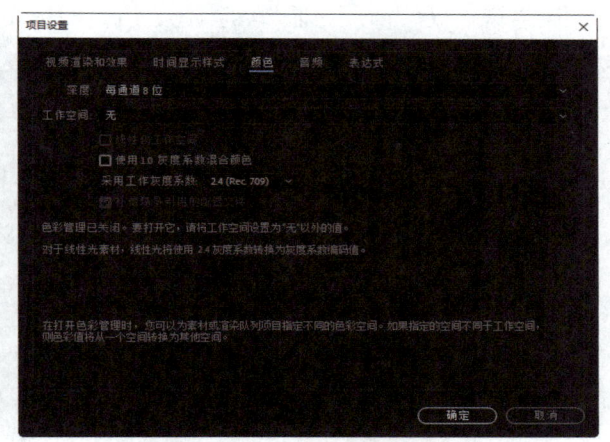

图 1-20 "颜色"选项卡

**"删除所选项目项"按钮**：单击该按钮，可以在"项目"面板中将当前选中的素材删除。

3)"合成"窗口

"合成"窗口是视频效果的预览区域，在进行视频后期处理时，它是最重要的窗口，在该窗口中可以预览到编辑时每一帧的效果。如果要在"合成"窗口中显示画面，只需要将素材添加到时间轴上，并将时间滑块移动到当前素材的有效帧内即可。"合成"窗口如图 1-21 所示。

4)"时间轴"面板

"时间轴"面板是 After Effects 工作界面的核心组成部分。动画与视频编辑制作的大部分操作都是在该面板中进行的，它是进行素材组织和主要操作的区域。在添加不同素材后，会产生多个图层层叠加的效果，可以通过图层的控制来完成动画与视频的编辑制作，如图 1-22 所示。

图 1-21 "合成"窗口

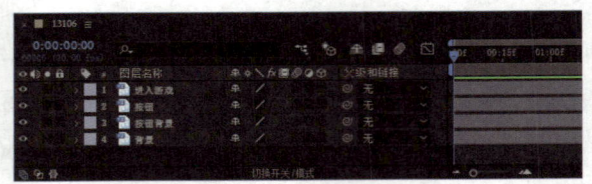

图 1-22 "时间轴"面板

3．After Effects 的基本工作流程

俗话说"万事开头难"，学习 After Effects 也是一样的，在学习如何使用 After Effects 进行视频后期处理之前，这里将向读者介绍在 After Effects 中制作视频后期的一般工作流程，旨在建立一个学习的整体概念。

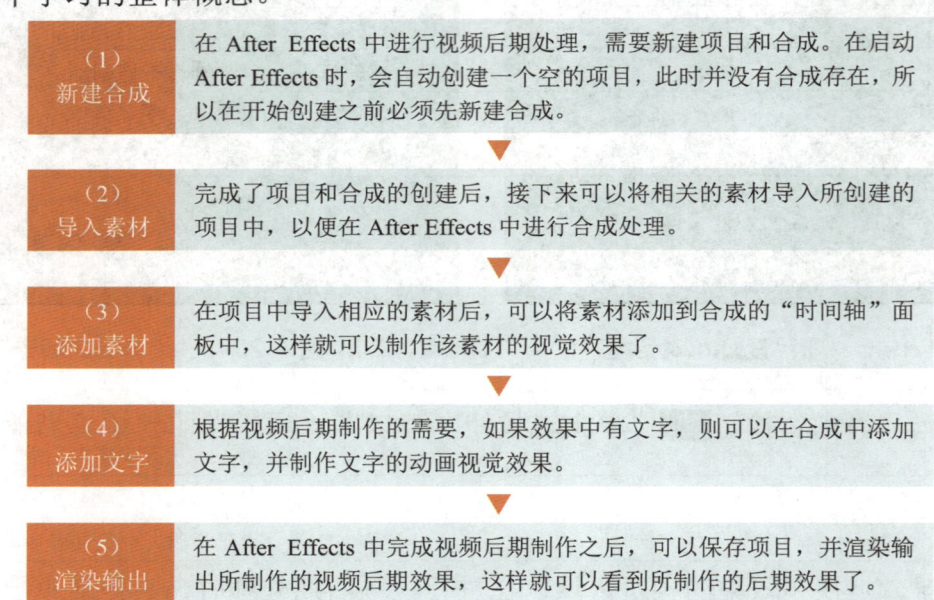

4．After Effects 的基本操作

使用 After Effects 进行后期处理，首先必须在 After Effects 中创建一个新的项目，这也是

After Effects 的基础操作之一，只有创建了项目，才能够在项目中进行其他的编辑工作。

1）创建项目文件

启动 After Effects 时，会在软件工作界面之前显示"主页"窗口，该窗口为用户提供了软件操作的一些快捷功能，如图 1-23 所示。单击"新建项目"按钮，或者关闭该"主页"窗口，进入 After Effects 的工作界面，如图 1-24 所示。在默认情况下，After Effects 会自动新建一个空的项目文件。

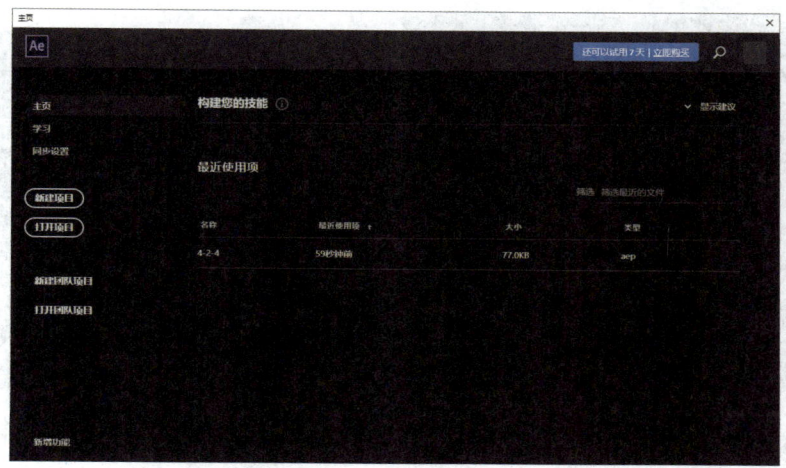

图 1-23　"主页"窗口

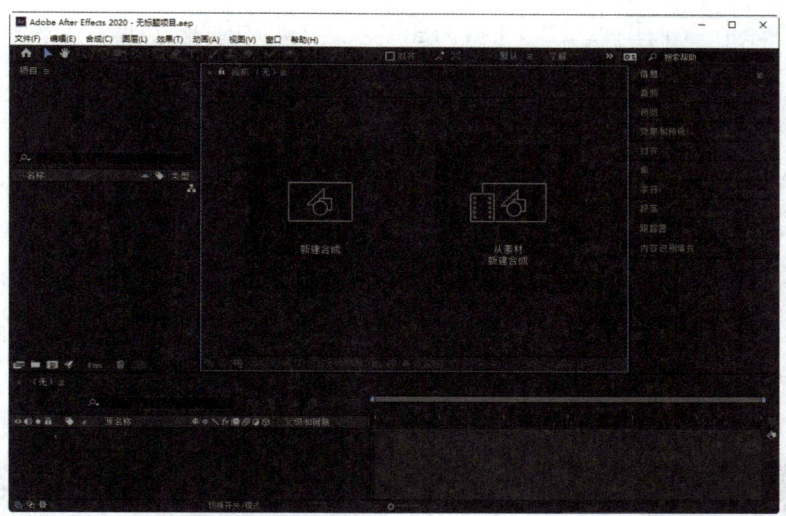

图 1-24　进入 After Effects 的工作界面

**小贴士**：当用户在 After Effects 中编辑一个项目文件时，如果需要创建新的项目文件，则可以执行"文件|新建|新建项目"命令，或者按【Ctrl+Alt+N】快捷键，创建一个新的项目文件。

2）在项目文件中创建合成

在完成项目文件的创建后，就需要在该项目文件中创建合成了。在"合成"窗口中为用户提供了两种创建合成的方法：一种是新建一个空白的合成，另一种是通过导入的素材文件创建合成，如图 1-25 所示。

如果在"合成"窗口中单击"新建合成"图标，则会弹出如图 1-26 所示的"合成设置"对话框，在该对话框中可以对合成的相关选项进行设置。

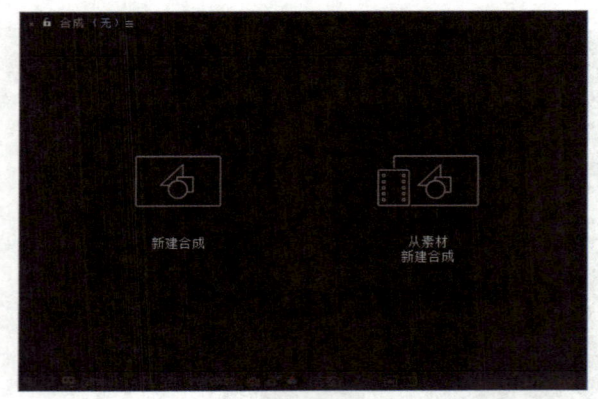
图 1-25　"合成"窗口

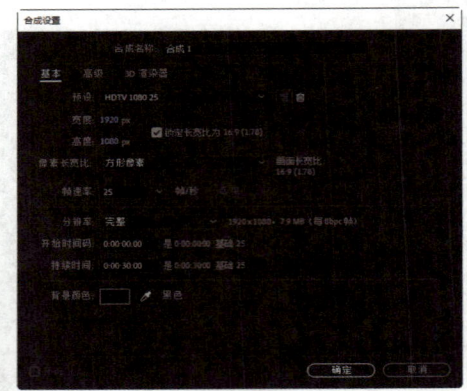
图 1-26　"合成设置"对话框

小贴士：在 After Effects 中，执行"合成|新建合成"命令，或者按【Ctrl+N】快捷键，也会弹出"合成设置"对话框。

如果在"合成"窗口中单击"从素材新建合成"图标，则会弹出"导入文件"对话框，在该对话框中可以选择需要导入的素材文件，After Effects 会根据用户选择导入的素材文件自动创建相应的合成。

在"合成设置"对话框中设置合成的名称、尺寸大小、帧速率、持续时间等选项，单击"确定"按钮，即可创建一个合成。在"项目"面板中可以看到刚创建的合成，如图 1-27 所示。此时，"合成"窗口和"时间轴"面板都变为可操作状态，如图 1-28 所示。

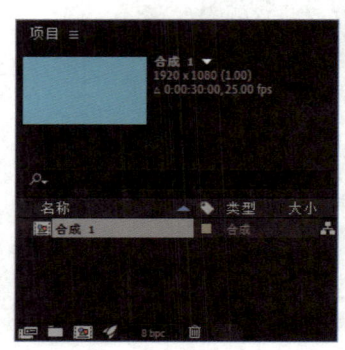
图 1-27　"项目"面板

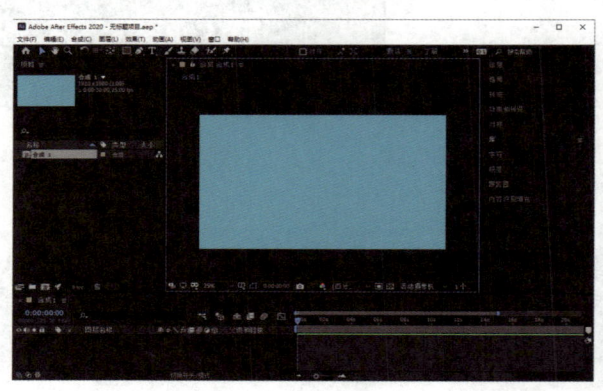
图 1-28　进入合成编辑状态

> **小贴士**：在完成项目文件中合成的创建后，如果在编辑制作过程中需要对合成的相关设置进行修改，则可以执行"合成|合成设置"命令，或者按【Ctrl+K】快捷键，在弹出的"合成设置"对话框中对相关选项进行修改。

3）保存和关闭项目文件

用户在对项目文件进行操作的过程中，需要随时保存项目文件，防止程序出错或发生其他意外情况而带来不必要的麻烦。

在 After Effects 的"文件"菜单中提供了多个用于保存项目文件的命令，如图 1-29 所示。如果是新创建的项目文件，则执行"文件|保存"命令，或者按【Ctrl+S】快捷键，在弹出的"另存为"对话框中进行设置，如图 1-30 所示，单击"保存"按钮，即可保存文件；如果该项目文件已经被保存过一次，则在执行"保存"命令时不会弹出"另存为"对话框，而是直接覆盖原来的文件。

如果当前"合成"窗口有正在编辑的合成，则可以执行"文件|关闭"命令，或者按【Ctrl+W】快捷键，关闭当前正在编辑的合成；如果当前"合成"窗口没有正在编辑的合成，则可以执行"文件|关闭"命令，直接关闭项目文件。

在执行"文件|关闭项目"命令时，无论当前"合成"窗口中是否包含正在编辑的合成，都会直接关闭项目文件。如果当前的项目文件是已经保存过的，则可以直接关闭该项目文件；如果当前的项目文件是未保存的或者做了某些修改后未保存的，则会弹出提示窗口，提示用户是否需要保存当前的项目文件或已做修改的项目文件，如图 1-31 所示。

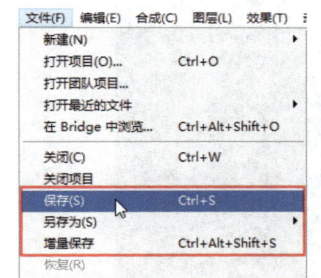   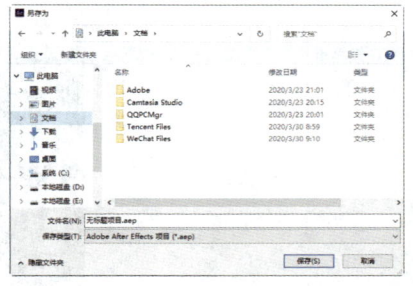   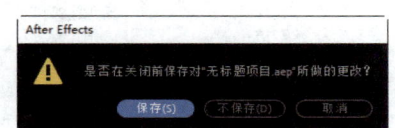

图 1-29　"文件"下拉菜单　　　图 1-30　"另存为"对话框　　　图 1-31　保存提示

### 5．素材的导入

在 After Effects 中创建了新的项目文件和合成后，需要将相关的素材导入"项目"面板中。执行"文件|导入"命令，不仅可以导入单个素材文件，还可以同时导入多个素材文件。

1）导入单个素材

执行"文件|导入|文件"命令，或者按【Ctrl+I】快捷键，在弹出的"导入文件"对话框中选择需要导入的素材文件，如图 1-32 所示。单击"导入"按钮，即可将该素材导入"项目"

17

面板中，如图 1-33 所示。

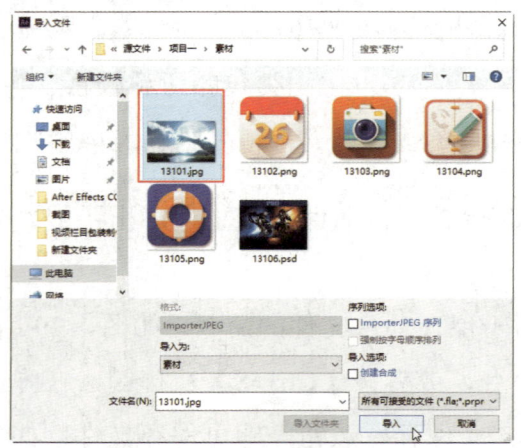

图 1-32　选择需要导入的素材文件

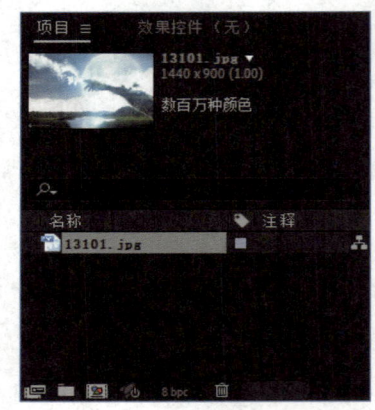

图 1-33　将素材导入"项目"面板中

> **小贴士**：视频和音频素材文件的导入方法与不分层静态图片素材的导入方法是完全相同的，导入后同样显示在"项目"面板中。

2）导入多个素材

执行"文件|导入|文件"命令，在弹出的"导入文件"对话框中，按住【Ctrl】键的同时逐个单击需要导入的素材文件，如图 1-34 所示。单击"导入"按钮，即可同时导入多个素材，在"项目"面板中可以看到导入的多个素材，如图 1-35 所示。

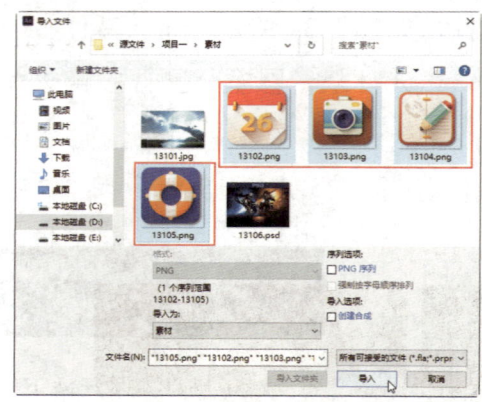

图 1-34　选择多个需要导入的素材文件

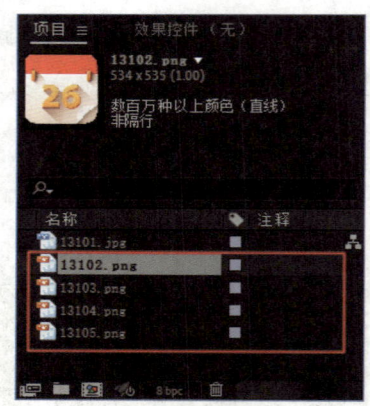

图 1-35　同时导入多个素材

> **小贴士**：执行"文件|导入|多个文件"命令，或者按【Ctrl+Alt+I】快捷键，弹出"导入多个文件"对话框，选择一个或多个需要导入的素材文件，单击"导入"按钮，可以将选中的素材导入"项目"面板中，并再次弹出"导入多个文件"对话框，便于用户再次选择需要导入的素材文件。

3）导入素材序列

素材序列是指由若干张按顺序排列的图片组成的一个图片序列，每张图片代表一帧，用来记录运动的影像。

执行"文件|导入|文件"命令，在弹出的"导入文件"对话框中选择顺序命名的一系列素材中的第 1 个素材，并且勾选对话框下方的"PNG 序列"复选框，如图 1-36 所示。单击"导入"按钮，即可将图片以序列的形式导入。一般导入后的素材序列为动态文件，如图 1-37 所示。

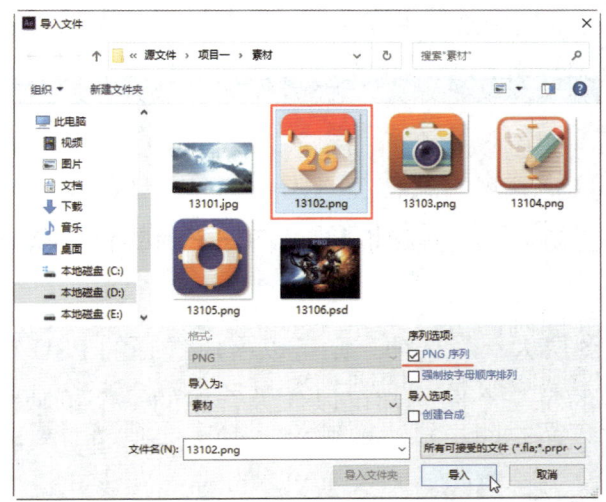

图 1-36　设置"导入文件"对话框

图 1-37　导入素材序列

**小贴士**：在 After Effects 中导入图片序列时，会自动生成一个素材序列，如果将该素材序列添加到"时间轴"面板中，则该序列中每一张图片都占据一帧的位置；如果该图片序列共有 4 张图片，则该素材序列共有 4 帧。

4）导入分层素材

在 After Effects 中，不分层的静态素材的导入方法基本相同，但是想要做出丰富多彩的视觉效果，单凭不分层的静态素材是不够的。可以在专业的图像设计软件中设计效果图，再导入 After Effects 中制作视频动画效果。

在 After Effects 中可以直接导入 PSD 格式或 AI 格式的分层素材文件，在导入过程中可以设置如何对文件中的图层进行处理：是将图层合并为单一的素材，还是保留文件中的图层。

执行"文件|导入|文件"命令，在弹出的"导入文件"对话框中选择一个需要导入的 PSD 格式素材文件，单击"导入"按钮，弹出设置对话框，如图 1-38 所示。在"导入种类"下拉列表中可以选择将 PSD 格式素材文件导入为哪种类型的素材，如图 1-39 所示。

■ 视频栏目包装制作

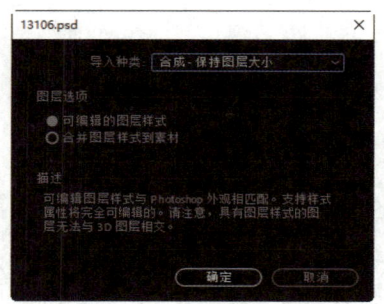

图 1-38　设置对话框

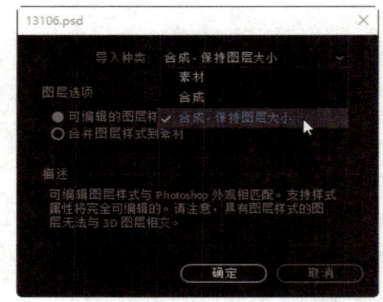

图 1-39　"导入种类"下拉列表

**素材：** 如果选择"素材"选项，则可以在该对话框中选择将 PSD 格式素材文件中的图层先合成再导入为静态素材；或者选择 PSD 格式素材文件中某个指定的图层，将其导入为静态素材。

**合成：** 如果选择"合成"选项，则可以将 PSD 格式素材文件导入为一个合成（PSD 格式素材文件中的每个图层在合成中都是一个独立的图层），并且会将 PSD 格式素材文件中所有图层的尺寸大小统一为合成的尺寸大小。

**合成-保持图层大小：** 如果选择"合成-保持图层大小"选项，则可以将所选择的 PSD 格式素材文件导入为一个合成，PSD 格式素材文件的每一个图层都可以作为合成的一个单独图层，并保持它们原始的尺寸不变。

单击"确定"按钮，即可将该 PSD 格式素材文件导入为合成，在"项目"面板中可以看到自动创建的合成，如图 1-40 所示。在"项目"面板中双击自动创建的合成，可以在"合成"窗口中看到该合成的效果，也可以在"时间轴"面板中看到相应的图层，如图 1-41 所示。

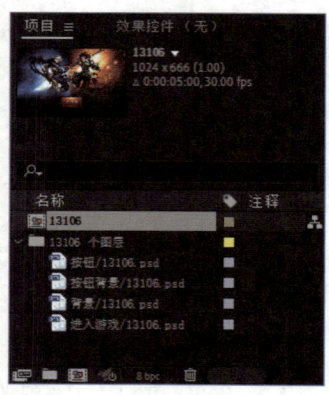

图 1-40　将 PSD 格式素材文件导入为合成 　　图 1-41　"合成"窗口和"时间轴"面板中的合成

> **小贴士：** 在将 PSD 格式素材文件导入为合成时，After Effects 会自动创建一个与 PSD 格式素材文件名称相同的合成和一个素材文件夹，该文件夹中包含所导入 PSD 格式素材文件中每个图层的图像素材。

## 1.3.2 任务制作——使用模板制作风景电子相册

### 1．导入相册素材，并分别添加到相应的合成中

（1）打开 After Effects，执行"文件|打开项目"命令，或者按【Ctrl+O】快捷键，弹出"打开"对话框，选择电子相册模板文件，这里选择"源文件\项目一\素材\创意风景相册模板\风景相册.aep"文件，如图 1-42 所示。单击"打开"按钮，在 After Effects 中打开该电子相册模板文件，如图 1-43 所示。

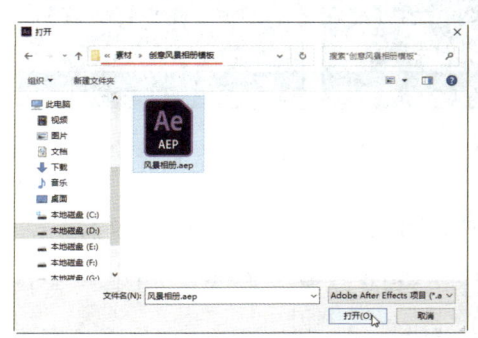

图 1-42　选择需要的电子相册模板文件

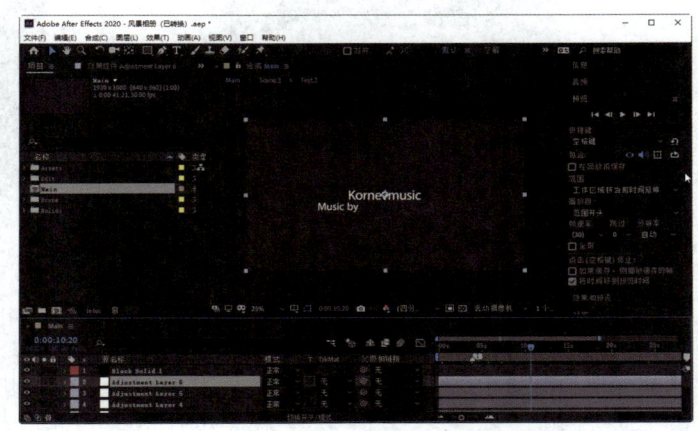

图 1-43　在 After Effects 中打开电子相册模板文件

（2）执行"文件|另存为|另存为"命令，将打开的电子相册模板文件另存为"源文件\项目一\风景电子相册.aep"，如图 1-44 所示。在"项目"面板中可以看到该电子相册模板包含的所有素材和使用的合成，如图 1-45 所示。

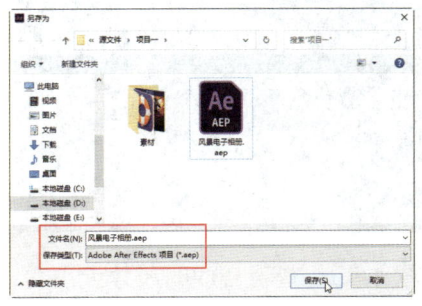

图 1-44　将项目文件另存为一个新的文件

图 1-45　"项目"面板

> **小贴士**：在"项目"面板中展开各文件夹，对各文件夹中所包含的内容进行分析，可以得出："Assets"文件夹为资源文件夹，包含的是项目中的相关资源文件；"Edit"文件夹为编辑文件夹，如果需要替换或修改模板中的内容，则主要在该文件夹中进行操作；"Scene"文件夹为场景文件夹，包含了该项目文件中的主要场景合成；"Solids"文件夹为纯色图层文件夹，包含了该项目文件中的所有纯色图层。

（3）在"项目"面板中展开"Edit"文件夹，可以看到该文件夹中包含 3 个文件夹，如图 1-46 所示。其中，"Footage"文件夹中包含的是该电子相册中所包含的图片素材，展开该文件夹可以看到该文件夹中包含了 21 个素材合成，如图 1-47 所示。

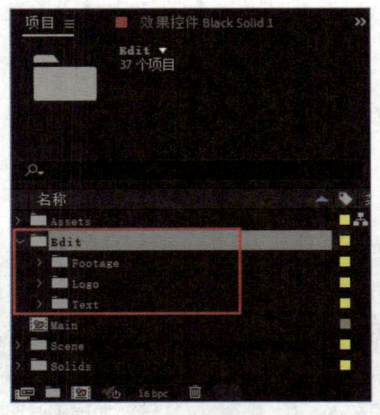

图 1-46　展开"Edit"文件夹

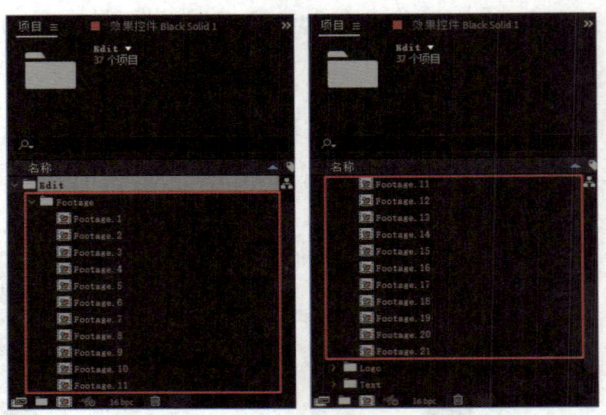

图 1-47　展开"Footage"文件夹

（4）根据"Footage"文件夹中的合成数量，准备好相应数量的素材，如图 1-48 所示。在任意一个素材合成名称上右击，在弹出的快捷菜单中执行"合成设置"命令，弹出"合成设置"对话框。在"合成设置"对话框中可以看到该合成的尺寸大小，如图 1-49 所示。根据合成的尺寸大小，将准备好的素材都处理为与合成相同的尺寸大小。

图 1-48　准备好相应数量的素材

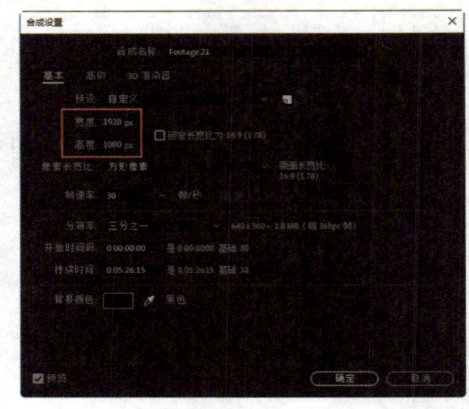

图 1-49　查看合成的尺寸大小

（5）执行"文件|导入|文件"命令，在弹出的"导入文件"对话框中可以同时选择需要导入的多个素材文件，如图 1-50 所示。单击"导入"按钮，将选中的多个素材文件同时导入"项目"面板中，如图 1-51 所示。

（6）在"项目"面板中，双击"Footage"文件夹中的"Footage.1"合成，在"时间轴"面板中打开该合成，将导入的"photo01.jpg"素材拖到该合成的"时间轴"面板中（如图 1-52 所示），在"合成"窗口中可以看到该素材的效果（如图 1-53 所示）。

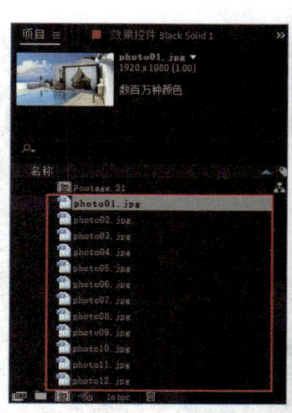

图 1-50　同时选择多个需要导入的素材文件　　　　图 1-51　将多个素材文件导入"项目"面板中

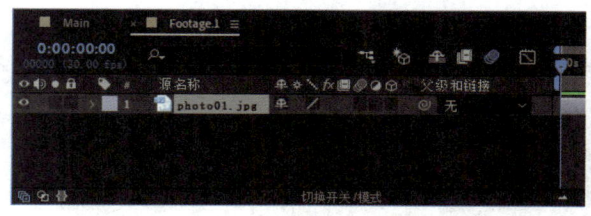

图 1-52　将素材拖到"时间轴"面板中　　　　图 1-53　"合成"窗口中的效果

（7）使用相同的制作方法，将导入的素材分别拖到"Footage"文件夹中"Footage.2"至"Footage.21"合成的"时间轴"面板中。在完成素材的添加后，在"Main"合成的"时间轴"面板中拖动时间指示器，在"合成"窗口中可以预览该电子相册的效果，如图 1-54 所示。

图 1-54　在"合成"窗口中预览电子相册的效果

## 2. 修改相册的 Logo 标题和图片标题文字

（1）根据每部分的素材，可以修改相应的文字。在"项目"面板中，展开"Edit"文件夹中的"Logo"文件夹，双击"Logo"合成，如图 1-55 所示。进入该合成的编辑状态，使用"横排文字工具"，首先在"合成"窗口中单击并输入相册名称，然后在"字符"面板中对文字的相关属性进行设置，最后将原 Logo 形状图层隐藏，如图 1-56 所示。

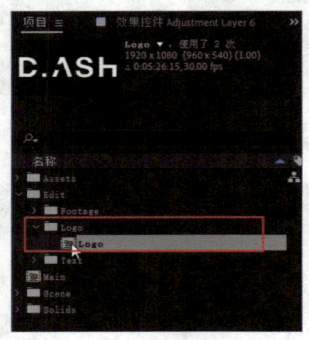

图 1-55 双击"Logo"合成

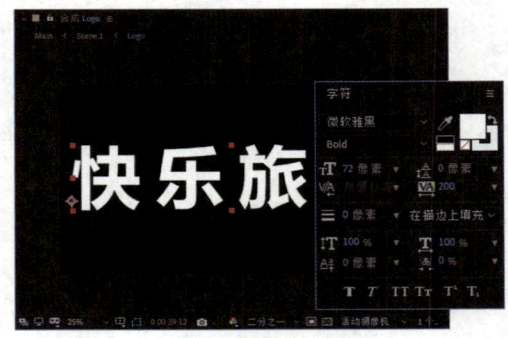

图 1-56 输入相册名称

（2）在"项目"面板中，展开"Edit"文件夹中的"Text"文件夹，双击"Text.1"合成，如图 1-57 所示。进入该合成的编辑状态，在"合成"窗口中对文字内容进行修改，并在"字符"面板中对文字的相关属性进行设置，如图 1-58 所示。

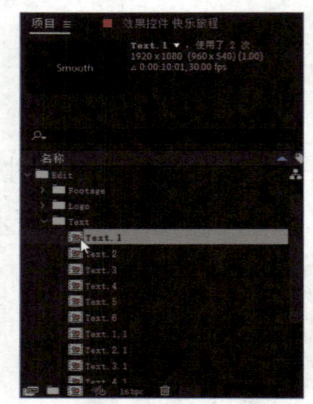

图 1-57 双击"Text.1"合成

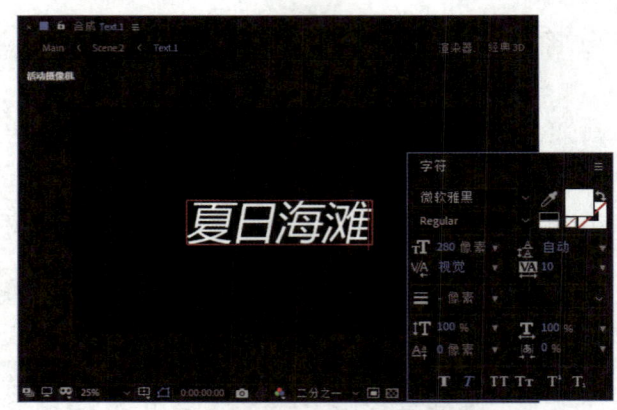

图 1-58 修改文字内容

（3）使用相同的制作方法，可以完成"Text"文件夹中所有合成的文字内容的修改。

## 3. 添加背景音乐并渲染输出电子相册视频

（1）执行"文件|导入|文件"命令，在弹出的"导入文件"对话框中选择需要导入的背景音乐的音频素材，如图 1-59 所示。单击"导入"按钮，将所选择的音频素材导入"项目"面板中，如图 1-60 所示。

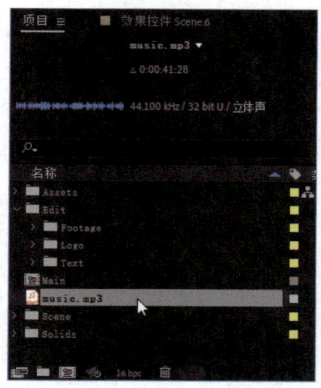

图 1-59　选择需要导入的音频素材　　　　图 1-60　"项目"面板

（2）在"项目"面板中将导入的"music.mp3"音频素材拖入"Main"合成的"时间轴"面板中，如图 1-61 所示，为电子相册添加背景音乐。

图 1-61　将音频素材拖入"时间轴"面板中

（3）在完成该风景电子相册的制作后，执行"合成|添加到渲染队列"命令，将"Main"合成添加到"渲染队列"面板中，如图 1-62 所示。在"输出模块"下拉列表中选择"无损"选项，弹出"输出模块设置"对话框，将"格式"选项设置为"QuickTime"，其他选项均采用默认设置，如图 1-63 所示。

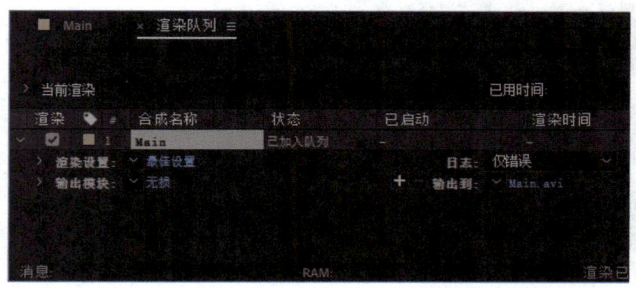
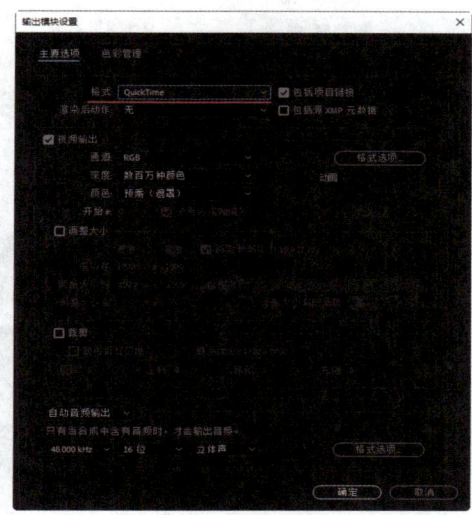

图 1-62　添加到"渲染队列"面板　　　　图 1-63　选择输出格式

(4）选择"渲染队列"面板中"输出到"选项后的"Main.avi"选项，在弹出的"将影片输出到"对话框中，可以设置输出文件的名称、类型和保存位置，如图1-64所示。单击"渲染队列"面板右上角的"渲染"按钮，即可按照当前的渲染输出设置对合成进行渲染输出，输出完成后，在选择的输出位置中可以看到输出的视频文件，如图1-65所示。

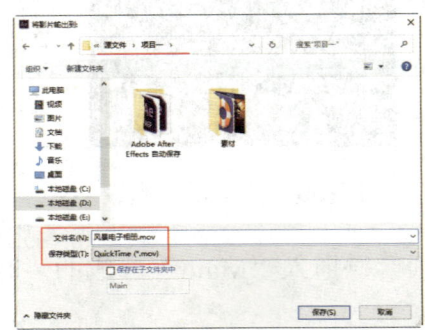
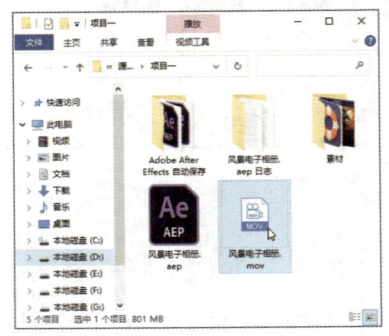

图1-64　设置输出文件的名称、类型和保存位置　　　　图1-65　输出的视频文件

(5）双击所输出的视频文件，即可在视频播放器中预览渲染输出的风景电子相册的效果，如图1-66所示。

图1-66　预览风景电子相册的效果

## 1.4 检查评价

本任务通过使用模板完成了风景电子相册的制作。为了帮助读者理解 After Effects 的基本操作和电子相册的制作方法，在完成本学习情境内容的学习后，需要对读者的学习效果进行评价。

### 1.4.1 检查评价点

（1）了解视频栏目包装的相关基础知识。
（2）掌握 After Effects 的基本操作。
（3）在 After Effects 中使用模板完成电子相册的制作。

### 1.4.2 检查控制表

| 学习情境名称 | 电子相册 | | 组别 | | 评价人 | | |
|---|---|---|---|---|---|---|---|
| \multicolumn{5}{c}{检查检测评价点} | \multicolumn{3}{c}{评价等级} |
| | | | | | A | B | C |
| 知识 | 能够正确描述 3 种电视制式的应用特点及应用场合 | | | | | | |
| | 能够简要说明视频栏目包装的作用 | | | | | | |
| | 能够详细说明视频栏目包装的要素、制作流程 | | | | | | |
| | 能够正确描述 After Effects 的基础操作 | | | | | | |
| | 能够准确说明使用电子相册模板制作电子相册的方法 | | | | | | |
| 技能 | 能够根据电子相册的应用场合确定电子相册的画面风格 | | | | | | |
| | 能够搜索并下载不同风格的电子相册模板 | | | | | | |
| | 能够根据应用需要正确导入各种图片及音频/视频素材 | | | | | | |
| | 能够查看项目文件的组织结构 | | | | | | |
| | 能够对模板中的素材进行替换与修改，形成电子相册 | | | | | | |
| | 能够正确设置视频入点与出点并进行正确格式的渲染输出 | | | | | | |
| 素养 | 能够耐心、细致地聆听制作需求，准确记录任务关键点 | | | | | | |
| | 能够团结协作，一起完成工作任务，具有团队意识 | | | | | | |
| | 善于沟通，能够积极表达自己的想法与建议 | | | | | | |
| | 能够注意素材及文件的安全保存，具有安全意识 | | | | | | |
| | 能够遵守制作规范，具有行业规范意识 | | | | | | |
| | 风景电子相册要展现祖国的大好河山，体现爱国情怀 | | | | | | |
| | 注意保持工位的整洁，工作结束后自觉打扫整理工位 | | | | | | |

### 1.4.3 作品评价表

| 评价点 | 作品质量标准 | 评价等级 A | 评价等级 B | 评价等级 C |
|---|---|---|---|---|
| 主题内容 | 风景电子相册展现祖国大好河山，体现爱国情怀，以及热爱生活的信仰 | | | |
| 直观感觉 | 作品内容完整，可以独立、正常、流畅地播放 | | | |
| | 作品结构清晰，信息传递准确 | | | |
| 技术规范 | 视频的尺寸、规格符合规定的要求 | | | |
| | 画面的风格、动画效果切合主题 | | | |
| | 视频作品输出的规格符合规定的要求 | | | |
| 动画表现 | 视频节奏与主题内容相称 | | | |
| | 音画配合得当 | | | |
| 艺术创新 | 画面色彩、画面构成结构及动画效果、形式有新意 | | | |

## 1.5 巩固扩展

根据本任务所学内容，运用所学的相关知识举一反三，读者可以在互联网中自行查找并下载 After Effects 电子相册模板，使用所下载的电子相册模板完成一个电子相册的制作，重点掌握 After Effects 的基础操作方法。

## 1.6 课后测试

在完成本学习情境内容的学习后，读者可以通过几道课后测试题，检验一下自己的学习效果，同时加深对所学知识的理解。

一、选择题

1. 在 After Effects 中，如果需要导入序列静态图片，应该（　　）。
   A．直接双击序列图片中的第一个文件即可导入
   B．在选择序列图片文件中的第一个图片文件后，勾选"PNG 序列"复选框，单击"导入"按钮
   C．需要选择全部序列图像
   D．执行"导入|合成"命令

2. 将素材添加到合成的正确方法是（　　）。
   A．将素材从"项目"面板拖入"时间轴"面板中

B．直接在"项目"面板中双击素材

C．按【Ctrl+/】快捷键

D．按【Ctrl+\】快捷键

3．在 Photoshop 中绘制 PSD 格式文件并将其导入 After Effects 中之后，怎样保持各个图层信息并对单个图层设置效果？（　　）

A．直接导入为对象　　　　　　　B．直接导入为脚本

C．直接导入为合成　　　　　　　D．导入为 Photoshop 序列

二、判断题

1．视频栏目包装是对影视媒体的整体形象进行一种外在形式要素的规范和强化。（　　）

2．在使用 After Effects 创建新项目文件后，不能在项目文件中直接进行动画的编辑操作，只有在该项目文件中创建合成，才能够进行动画的制作与编辑操作。（　　）

3．在 After Effects 中可以直接导入 PSD 格式或 AI 格式的分层文件，会直接保留所导入的 PSD 或 AI 格式文件中的图层。（　　）

# 学习情境 2
# 栏目 Logo 包装

栏目 Logo 包装是时长最短、暴露频率最高的视频栏目包装，可以使企业或栏目在短时间内建立起有效的品牌识别，也可以在企业或栏目与观众之间建立良好的沟通，还可以直接表达企业或栏目的理念，向观众传达个性、内容与风格。本学习情境重点介绍视频栏目包装和栏目 Logo 包装的相关知识，并通过一个娱乐栏目 Logo 包装的制作，使读者掌握动态 Logo 包装的制作与表现方法。

## 2.1 情境说明

动态的视觉形象总是能够更容易吸引人们的注意力。栏目 Logo 包装是视频栏目包装的主要形式之一，采用动态方式进行表现，可以使品牌形象的表现更加生动。例如，在电影开场前可以看到，各制片公司的品牌 Logo 都是采用动态方式展现的。

### 2.1.1 任务分析——娱乐栏目 Logo 包装

本任务将制作一个娱乐栏目 Logo 包装。该栏目名称为"欢乐运动"，是一个运动与娱乐相结合的栏目，所以采用了欢乐且富有动感的动态 Logo 进行表现。在 Logo 动画的表现方面主要分为两种：一种是 Logo 背景动画，另一种是 Logo 图形动画。在背景动画部分，通过采用多种不同色彩的圆环运动的动画，逐渐覆盖整个 Logo 背景画面，最终表现出白色背景，其中，多种色彩的运动圆环可以给人一种欢乐、动感、朝气蓬勃的感觉；Logo 图形动画部分相对简单一些，主要是通过 Logo 图形的缩放入场动画，结合 Logo 图形向四周扩散的线条，突出 Logo 图形的表现。Logo 背景动画和 Logo 图形动画的巧妙结合，构成了完整的娱乐栏目 Logo 包装。图 2-1 所示为本任务所制作的娱乐栏目 Logo 包装的部分截图。

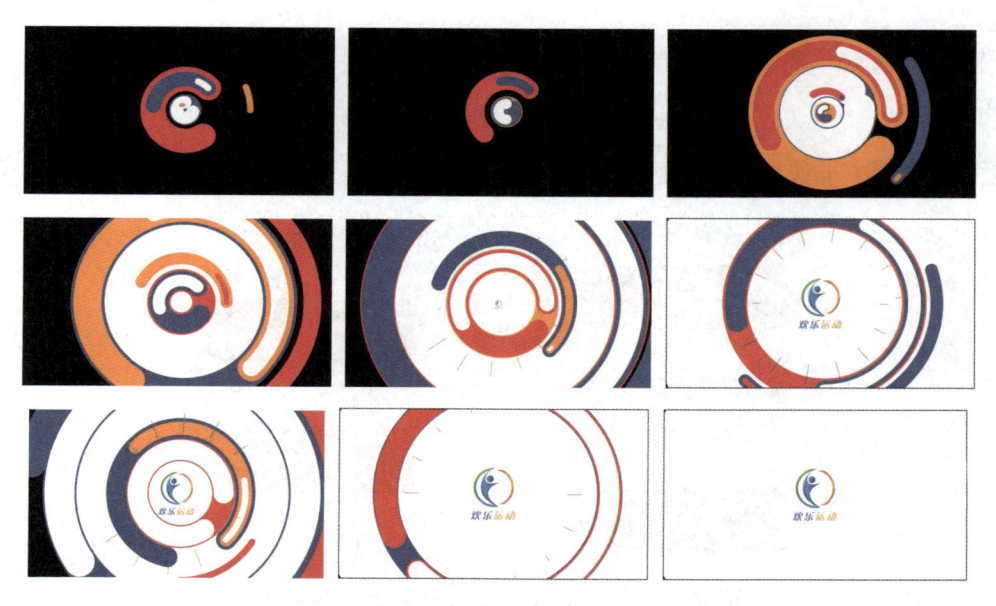

图 2-1  娱乐栏目 Logo 包装的部分截图

## 2.1.2  任务目标——掌握栏目 Logo 包装的制作

想要完成本任务中栏目 Logo 包装的制作，需要掌握以下知识内容。

- 了解视频栏目包装的功能和作用。
- 了解什么是 Logo 包装。
- 了解 Logo 包装的表现形式。
- 了解动态 Logo 包装的表现优势。
- 了解动态 Logo 包装需要注意的问题。
- 认识并掌握 After Effects 中时间轴的操作。
- 掌握在 After Effects 中制作栏目 Logo 包装的方法。

# 2.2  基础知识

视频栏目包装就是对视频栏目整体形象的定位设计，也是对节目关系和编排秩序的梳理，使视频栏目定位明确，识别符号个性化，从而达到影视传播行为识别、视觉识别、理念识别的效果。

## 2.2.1  视频栏目包装的功能

对视频栏目而言，其受众可以分为忠实观众、游离观众和非观众 3 种。在播包装的宣传主要针对忠实观众，离播包装的宣传可以作为补充和扩展；在播包装与离播包装的结合宣传主要针对游离观众，可以在更大范围内树立视频栏目的品牌形象，使更多的游离观众加入忠实观众的行列；而对非观众群而言，则主要依靠离播包装的宣传来扩大视频栏目的影响力，争取更多人的关注。观众构成与视频栏目包装的关系如图 2-2 所示。

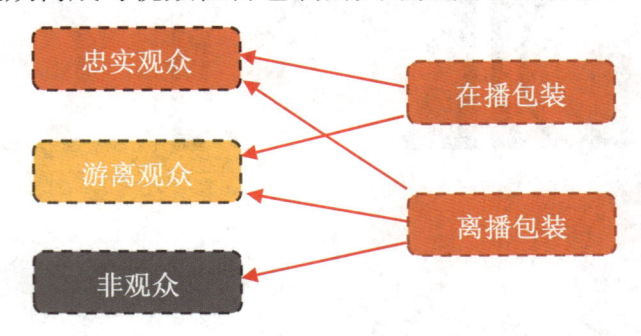

图 2-2 观众构成与视频栏目包装的关系

视频栏目包装实际上是与目标受众进行视觉、听觉的沟通。与其他影视节目一样，视频栏目包装必须传达一定的、准确的信息。明确沟通中所要传达的信息内容，准确地进行沟通，显然比沟通本身更为重要。因此，视频栏目包装的设计不是以美学价值为唯一目的，而是应该以信息传播为首要任务，兼顾美学价值，成为一个集成化的媒体方案，服务于整体的营销宣传活动。

视频栏目包装的主要功能在于突出影视媒体的个性特征，树立品牌；确立并增强受众对影视媒体的识别能力；从美学价值上来讲，视频栏目包装是视频栏目的有机组成部分，优秀的视频栏目包装是赏心悦目的艺术精品。

## 2.2.2 视频栏目包装的作用

从传播价值的层面进行归纳，视频栏目包装的主要作用有以下 3 个方面。

### 1. 建立品牌识别

建立视频栏目品牌的认知和形象就是完成视频栏目的识别，使受众能够比较容易地认识和分辨某个影视媒体（如某个频道、某个栏目、某个节目等），同时建立积极、正面、符合受众预期的品牌形象。目前，受众每天要面对上百个电视频道、难以计数的视频媒体，以及形形色色的影视节目。各个影视媒体、节目之间存在着非常激烈的竞争关系，而广大受众既有主动的选择权，又有非常大的盲目性。新传媒时代的影视媒体，已经将品牌营销作为参与激烈市场竞争的重要抓手。一个成功的视频栏目包装恰恰能够凸显栏目的个性，因此将该视频栏目与其他同类型的视频栏目之间的差异性加以集中和放大，可以使该视频栏目在竞争中脱颖而出，迅速有力地建立品牌形象和品牌识别。

**2．建立理念识别**

视频栏目包装的意义在于建立与观众之间的沟通，就如同商品的广告可以直接对观众说话、直接表达栏目的立场、直接预告节目的内容，从而完成对受众的收视诉求与邀请，说服受众观看节目，逐步建立与受众"约会"的关系。也就是说，视频栏目包装可以干预、控制和管理受众对影视媒体或影视节目的期待。在目前的影视传播活动中，受众选择某个栏目的重要条件是了解进而认同其栏目理念，而视频栏目包装正是影视媒体传递理念的有效手段，是受众了解视频栏目理念最直接的手段。在播包装偏重于表达理念、引起关注、刺激收视，甚至在与受众形成收视约会后，可以在一定程度上操纵观众流。

**3．建立行为识别**

对电视台、电视频道或影视节目等媒体而言，视频栏目包装还有一个更深层次的任务，即采用媒体整体包装的方式，梳理影视节目的编排。整体包装有利于凸显影视媒体播出格式的独特性、播出的顺畅性。同时，这种媒体整体包装的方式可以使受众感受到媒体相对"独特"的编播行为，通过在受众内心深处建立这种"行为识别"，将使该媒体具有更深层次的可识别性，从而达到进一步宣传的目的。

优秀的视频栏目包装能够为媒体从品牌形象到收视上进行提高，再到广告收益上带来积极回报。但是需要指出的是，视频栏目包装只是整个影视传播中的一个组成部分，是影视传播的促进因素，而非决定因素。想要提升影视媒体的传播效果、扩大影响，还必须从根本上着手，提升影视传播的有效信息量，提高具体影视节目的内涵质量，以节目的内在吸引力提升受众对影视媒体的期待。

## 2.2.3 Logo 包装概述

Logo 是品牌识别的核心，这一点是毋庸置疑的。一个企业或栏目的气质，多数是通过 Logo 呈现的。在品牌战略中，Logo 始终是绕不开的关键。一个设计优秀的 Logo 能够和用户、受众产生联系，甚至能够蕴含栏目故事在里面。好的 Logo 设计能够帮助企业或栏目建立足够、有效的形象，是成功营销的基础。

传统的 Logo 都是静态的表现方式，而视频动画的出现，使 Logo 拥有了更多的可能性。

当使用动画来表现 Logo 时，程度不同，所呈现出的样子自然也不尽相同。它可以是短而微妙的变化，也可以是一段完整的视频展示。一个栏目会根据受众人群和想要展示的内容选择使用什么样的动画形式来表现栏目 Logo，以及展示多长时间。

图 2-3 所示为一个 Logo 包装表现效果的部分截图，一个小圆点通过动感模糊的方式分离出 4 个不同颜色的小圆点，接着这 4 个不同颜色的小圆点通过位置的移动、大小缩放和模糊

处理最终融合到一起，表现出清晰的 Logo 图形，整体表现效果现代、动感，给人带来强烈的愉悦感。

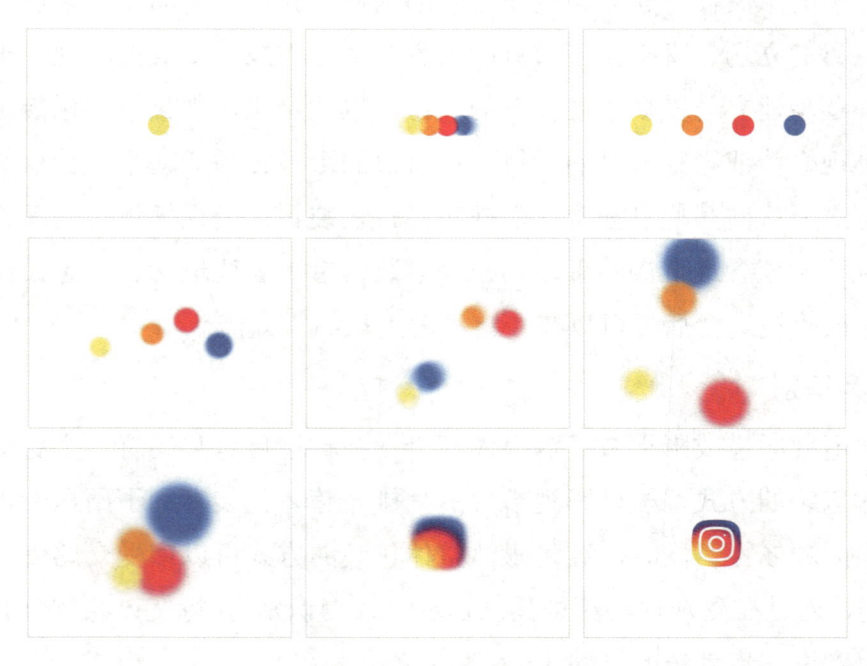

图 2-3　Logo 包装表现效果的部分截图

如果一个栏目的 Logo 包装需要呈现出比较复杂的动画效果，则需要掌握动画设计的专业知识，以及熟练运用视频后期设计软件。

图 2-4 所示为一个 Binned 的 Logo 包装设计的部分截图，Logo 图形采用了名称的首字母通过变形处理而成，并且在主体图形中采用了弧状图形突出流动感。在该 Logo 的动画效果中采用了相同理念的表现方式，通过遮罩的处理，Logo 图形与名称文字都实现了流动性遮罩出现的效果，与该 Logo 的整体设计风格相统一，体现了专业性。

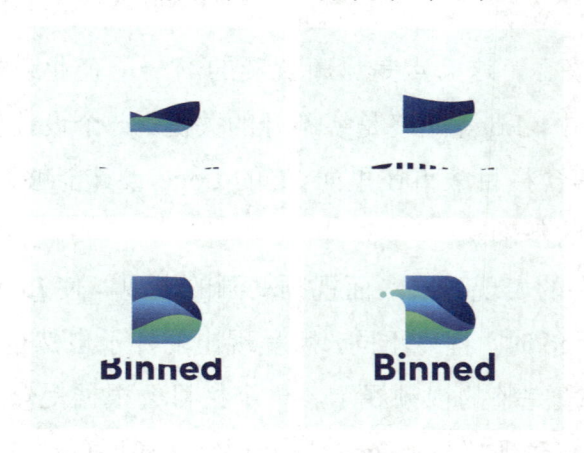

图 2-4　Logo 包装设计的部分截图

## 2.2.4　Logo 包装的表现形式

Logo 包装也被称为 ID 包装，其设计的目的在于提醒受众注意，目前正在收看的是某个影视媒体（什么电视台、什么频道或什么栏目等）。在视频栏目包装中，栏目 Logo 包装一般以角标、标识演绎和品格演绎的形式出现。

### 1．角标

所谓"角标"，就是形象标识恒定、长期地存在于屏幕一角的视频栏目包装形式。角标大多以静止、定格的方式出现，个别的也会以循环旋转或翻转运动等方式出现。角标长时间地刺激观众的视觉感官，从而形成稳定的记忆，建立起简洁、有效的品牌识别。例如，各个电视媒体在播出时出现在屏幕一角的"台标"，就是典型的角标形式的 Logo 包装。

图 2-5 所示为带有互联网视频品牌 Logo 和视频栏目 Logo 角标的视频截图。目前，这种简洁、有效的形式被广泛借鉴，越来越多地出现在电影、视频节目，以及以互联网视频、交互式户外视频为代表的新媒体包装中。

图 2-5　带有互联网视频品牌 Logo 和视频栏目 Logo 角标的视频截图

角标是影视媒体形象最直观、最具体的视觉传达，也是形象识别的物质载体。如同商品的注册商标，通过简单的构图，构成一种"有意味的形式"，往往能传达出影视媒体或节目独特的人文精神和价值追求，具有文化内质和企业品牌的双重价值。

### 2．标识演绎

标识演绎是指影视媒体以多样化的表现形式，对其形象标识进行分解、重组和演绎，用以表明和彰显其品牌的短片，是视频包装重要的传统形式。在视频栏目包装中，标识演绎被称为台标演绎，也被称为频道形象片花。标识演绎的画面一般以形象标识中的图形标志动画为主，引入由音乐、音效构成的声音识别系统，有的还配以广告语，一般时长为 5~10 秒。

图 2-6 所示为某栏目的 Logo 包装设计，它采用了标识演绎的典型形式，以蓝色的海水视频为背景，在画面的中间部分通过气泡的飘动与遮罩相结合，以流动的形式逐渐显示出该栏目的 Logo 标识，非常直观、形象。

图 2-6　某栏目的 Logo 包装设计

标识演绎是在影视媒体上出现频率最高的 Logo 包装形式。在国外进入成熟期的视频节目中，其 Logo 标识演绎一般每小时要播放 6 次左右；如果是新开播的视频节目，为了迅速提高知名度，Logo 标识演绎的播出频率可能会更高。

**3．品格演绎**

品格演绎形式的 Logo 包装，不是单纯地针对 Logo 标识进行设计，而是通过设置一定的故事情节或着力渲染某种气氛，以隐喻、暗示的方式表达和突出媒体的理念和品格，力求在心理上影响观众，从而建立品牌识别。品格演绎可以说是创新形式的 Logo 包装。

图 2-7 所示为某天气栏目的 Logo 包装设计，它使用蓝色作为主色调，通过各种三维图形元素的设计，表现出强烈的现代感，其中反复出现与天气相关的元素，包括天气图标、云朵、风旗等，最后随着三维场景的转换，显示完整的栏目名称，给人以强烈的科技感与现代感。

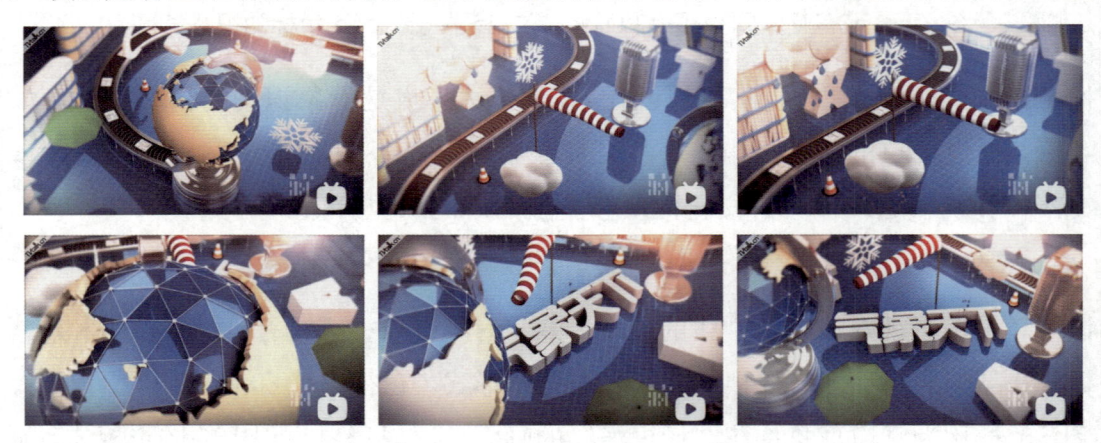

图 2-7　某天气栏目的 Logo 包装设计

在品格演绎中，仍然会出现 Logo 标识元素，但一般不会"直白"地演绎图形标志，而是重在传达其理念。所以，品格演绎形式的 Logo 包装往往更具亲和力，更容易被观众接受而达到品牌理念的认同。但是品格演绎形式的 Logo 包装设计可能相对更为复杂，制作难度更大一些。

## 2.2.5 动态 Logo 包装的表现优势

动态 Logo 是一种更为现代、更为动态的品牌呈现方式，它和传统静态 Logo 一样可以勾勒企业及栏目的形象，吸引用户和客户的注意力。相比之下，动态 Logo 对设计师的原创性要求更高，因此企业采用动态 Logo 无疑是让品牌在当前竞争中脱颖而出的好办法。动态 Logo 的优势还表现在以下几个方面。

### 1. 原创的形象

许多同行业的品牌，在 Logo 的设计上有很多相似之处，这种现象很常见，因为在设计 Logo 的过程中总是需要在 Logo 中加入一些该行业所特有的元素，这些元素和它们的行业、特质有着密切的联系，这就不可避免地导致同行业中不同的 Logo 会出现相似的地方。

为了让 Logo 具有一定的独特性，设计师可以让它"动"起来。当 Logo 变为动态 Logo 时，设计师就可以充分运用自己的想象力，在原创的视觉形象和动态效果相遇时，能让用户以一种全新的方式来感知它们。

图 2-8 所示为优酷视频网站的动态 Logo 效果的部分截图，从其 Logo 标志中提取主要色彩，通过蓝色和红色的小圆点在画面中快速运动，逐渐汇聚在一起形成其 Logo 标识，再搭配欢快的音乐，使动态 Logo 的表现效果更流畅、自然。

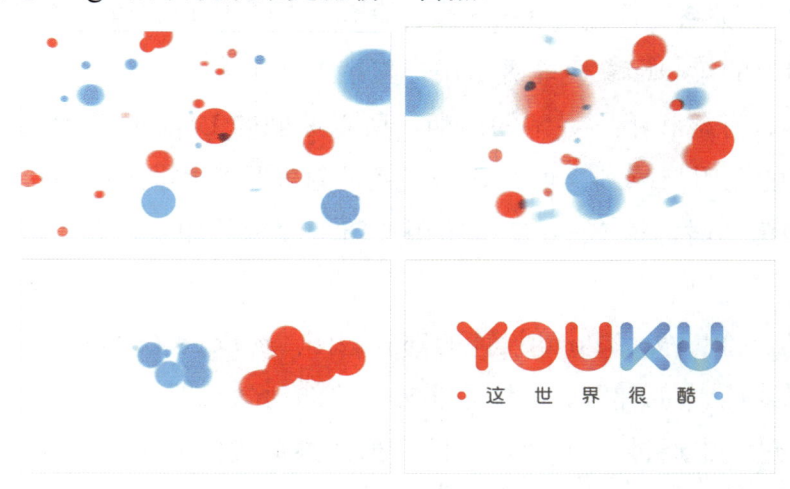

图 2-8　优酷视频网站的动态 Logo 效果的部分截图

### 2. 更高的品牌识别度

许多视觉专家认为，动态图形比静态图像更容易被用户理解，也更容易被记住，动态 Logo 能够更好地吸引潜在用户的注意力。一些动态 Logo 会持续 10 秒左右，和短时间内看到一个静态 Logo 相比，被用户记住的概率大了很多。

图 2-9 所示为谷歌旗下的谷歌应用商店的动态 Logo 设计的部分截图，该动态 Logo 通过

三角形图形的变换、旋转等动画形式，表现出欢乐与愉悦的感觉，动态的表现效果使得品牌形式的表现更加鲜明。

图 2-9　谷歌应用商店的动态 Logo 设计的部分截图

### 3. 为用户留下深刻印象

产品留给用户的第一印象如何，其实有着很深的影响。通常用户只需要几秒钟就会决定是否喜欢某个事物。由于 Logo 是品牌最重要的代表，而潜在用户对品牌产生的第一印象和 Logo 有着颇为密切的关系。原创的 Logo 设计通常能够让用户有更多的惊喜和更为深刻的印象，其中，积极向上的第一印象更能吸引用户持续关注下去。

用户喜欢新鲜、有趣和不同寻常的东西，所以原创的 Logo 更容易带来惊喜。一个有趣的动态 Logo 不仅能让用户感到喜悦、兴奋，还能触发用户不同的情感。当一个 Logo 能够给用户带来积极的情绪时，该 Logo 就能给用户留下深刻的印象，并且能将它和快乐的东西联系起来。

图 2-10 所示为一个纯文字 Logo 设计的部分截图，该 Logo 在视觉包装设计中，通过"点""线"等基本图形在场景中的弹跳、拉伸等非常形象的动画表现，甚至表现出一些拟人化的形象，以及在运动的过程中通过"点""线"的变形最终形成该纯文字 Logo，给用户一种新鲜、有趣的印象，这种富有创意的动态 Logo 视觉包装设计总是能够给用户留下深刻的印象。

### 4. 呈现故事

动态 Logo 不仅能够呈现特殊的效果，还可以呈现出这个企业的业务特质，甚至可以呈现出一个简短的故事。它可以成为产品或企业独有故事的载体，在这个基础上，也能够与用户更好地建立情感联系。

图 2-10　文字 Logo 视觉包装设计的部分截图

5．体现专业性

虽然用户并非营销领域的专家，但是他们中的大多数也都明白大趋势是什么。包括谷歌在内的许多著名企业都已经拥有了属于自己的动态 Logo。所以，其他的企业或栏目也要跟上趋势，在 Logo 设计上有所创新，使用户认可企业或栏目的专业性。

图 2-11 所示为水墨风格 Logo 包装的部分截图，该 Logo 在设计过程中充分运用了中国传统水墨设计风格，先将一个墨点逐渐放大并变形为一个传统的太极图案，再使该墨迹在画面中流动、游走，最终形成 Logo 主体图形。在主体图形的下方，通过两条游走的墨迹形成企业名称的文字。该 Logo 的整体表现效果充满了中国传统文化的韵味，可以更好地体现企业风格，给用户留下深刻的印象。

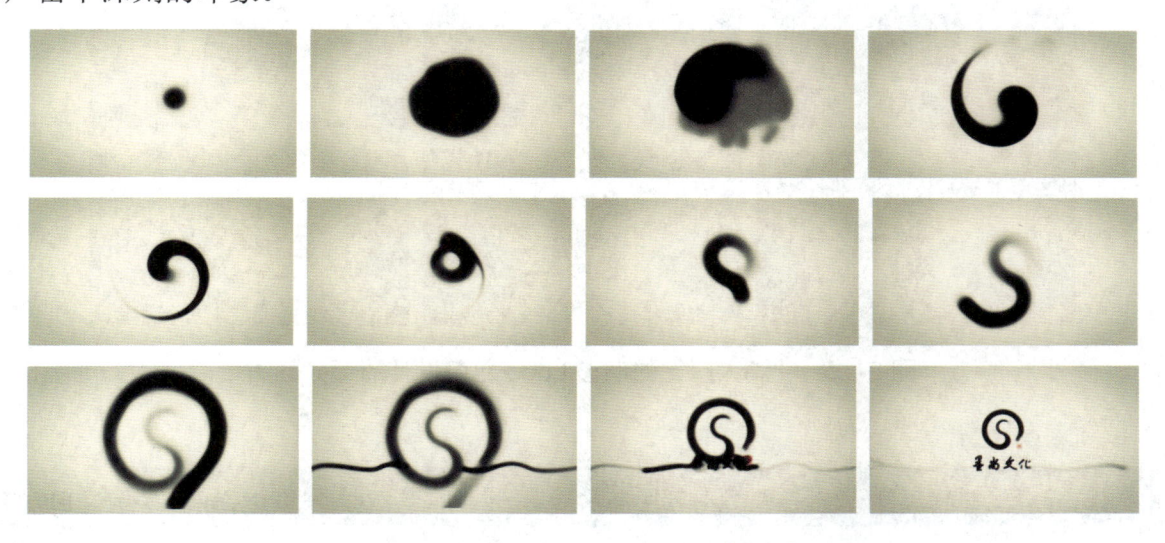

图 2-11　水墨风格 Logo 包装的部分截图

## 2.2.6　动态 Logo 包装需要注意的问题

动态 Logo 包装常常被用来做宣传，它有助于给用户留下更为深刻的印象，提升品牌知名度，改善品牌故事的呈现，创造更为有效的企业形象。不过，在设计、创作动态 Logo 包装的过程中需要注意以下几个方面的问题。

（1）在设计动态 Logo 包装之前，注意分析企业的业务目标，并有针对性地呈现出品牌的个性。

（2）通过用户调研，尽量使所设计的动态 Logo 包装更加贴合用户的喜好。

（3）动态 Logo 包装要让用户感到惊讶或兴奋，如果包装效果在下一秒就被用户预知到了，对用户而言就失去了惊喜。

（4）保持简约，尽量不要制作过于复杂的动态效果，并将动态 Logo 包装的时长控制在 10 秒以内。

图 2-12 所示为 NBA 球队"湖人队"的动态 Logo 包装设计的部分截图，该 Logo 从基础的圆形通过快速穿过的黄色线条拖曳从而变成矩形，接着是该矩形在三维空间中的旋转动画，并且在放置过程中逐渐显示出球队的 Logo 标志。该 Logo 的整体表现富有很强的动感和立体感，同时体现出了球队的活力。

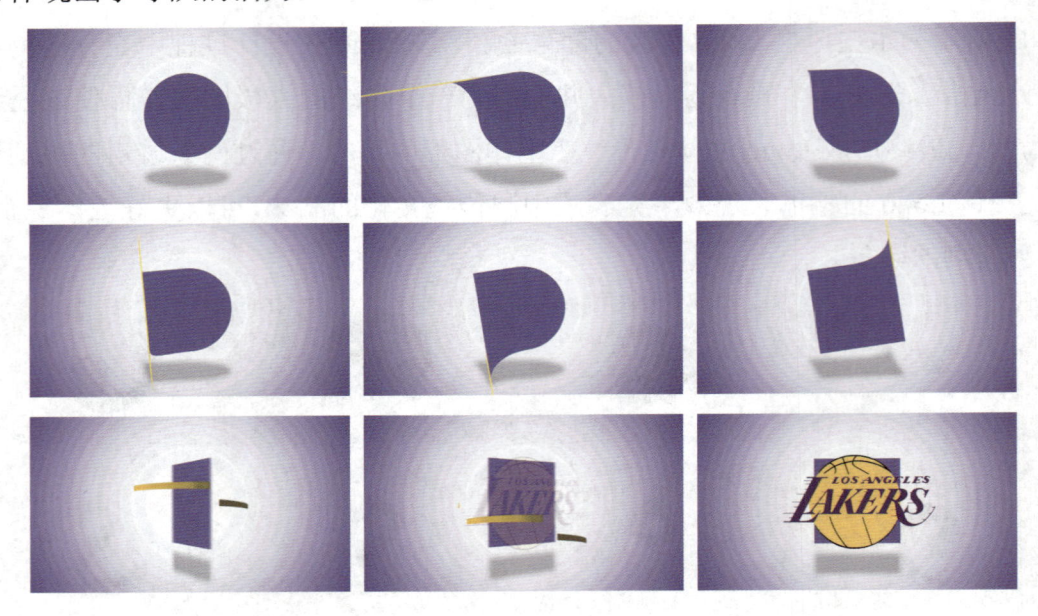

图 2-12 "湖人队"的动态 Logo 包装设计的部分截图

## 2.3 任务实施

在掌握了栏目 Logo 包装设计的相关基础知识后，读者可以使用 After Effects 制作一个栏目动态 Logo 包装，在实践过程中掌握 Logo 包装设计的表现方法和制作技巧。

## 2.3.1 关键技术——掌握 After Effects 中时间轴的操作

在 After Effects 中，图层是"时间轴"面板中的一部分，几乎所有的属性设置和动画效果都是在"时间轴"面板中完成的。

**1．认识"时间轴"面板**

After Effects 的"时间轴"面板中是包含图层的，但是图层只是"时间轴"面板中的一小部分。"时间轴"面板是在 After Effects 中进行动画效果制作的主要操作面板，在"时间轴"面板中可以对各种选项组进行设置从而制作出不同的动画效果。图 2-13 所示为 After Effects 中的"时间轴"面板。

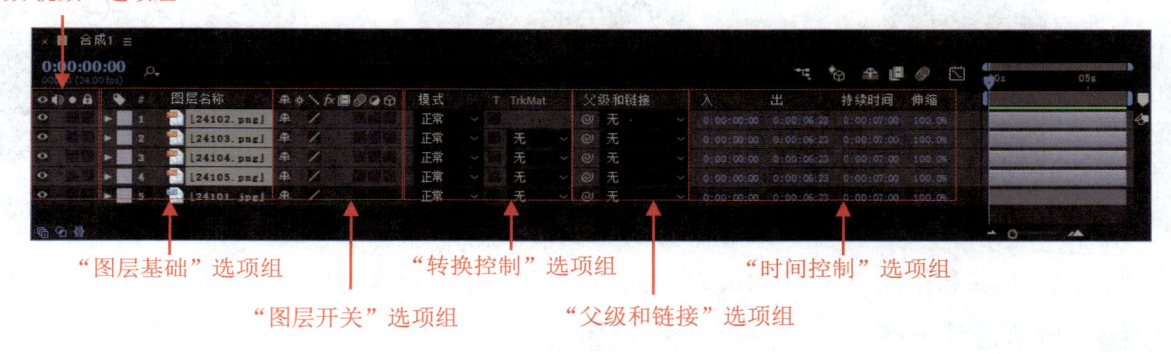

图 2-13 "时间轴"面板

1）"音频/视频"选项组

"时间轴"面板中的"音频/视频"选项组如图 2-14 所示，可以对合成中的每个图层进行一些基础控制。

"视频"按钮 ◎：单击该按钮，可以在"合成"窗口中显示或隐藏该图层上的内容。

"音频"按钮：如果在某个图层上添加了音频素材，则该图层上会自动添加音频图标，可以通过单击该图层的"音频"按钮，显示或隐藏该图层上的音频。

"独奏"按钮：单击某个图层上的该按钮，可以在"合成"窗口中只显示该图层中的内容，而隐藏其他所有图层中的内容。

"锁定"按钮：单击某个图层上的该按钮，可以锁定或取消锁定该图层内容，被锁定的图层将不能操作。

2）"图层基础"选项组

在"时间轴"面板的"图层基础"选项组中包含"标签""编号""图层名称"3 个选项，如图 2-15 所示。

41

"**标签**"**选项**：单击该选项，在弹出的菜单中选择该图层的标签颜色，通过为不同的图层设置不同的标签颜色，可以有效区分不同的图层。

"**编号**"**选项**：从上至下顺序显示图层的编号，不可修改。

"**图层名称**"**选项**：该位置显示的是图层的名称，图层名称被默认为是在该图层上所添加的素材的名称或自动命名的名称。在图层名称上右击，在弹出的快捷菜单中选择"重命名"选项，即可对该图层的名称进行重命名。

3）"图层开关"选项组

单击"时间轴"面板左下角的"展开或折叠'图层开关'窗格"按钮，即可在"时间轴"面板中的每个图层名称右侧显示相应的"图层开关"选项组，如图 2-16 所示。

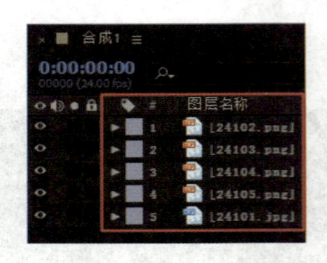

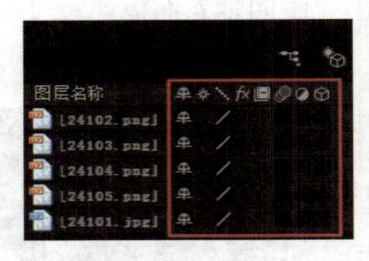

图 2-14　"音频/视频"选项组　　图 2-15　"图层基础"选项组　　图 2-16　"图层开关"选项组

"**消隐**"**按钮**：先单击"时间轴"面板中的"隐藏为其设置了'消隐'开关的所有图层"按钮，再单击某个图层的"消隐"按钮，即可在"时间轴"面板中隐藏该图层。

"**栅格化**"**按钮**：当图层中的内容为合成或矢量图时，单击该图层的"栅格化"按钮，可以栅格化该图层，栅格化后的图层的质量会提高且渲染速度会加快。

"**质量和采样**"**按钮**：单击图层的"质量和采样"按钮，可以将该图层中的内容在"低质量"和"高质量"这两种显示方式之间进行切换。

"**效果**"**按钮**：如果为图层内容应用了效果，则该图层将显示"效果"按钮，单击该按钮，可以显示或隐藏为该图层所应用的效果。

"**帧混合**"**按钮**：如果为图层内容应用了帧混合效果，则该图层将显示"帧混合"按钮，单击该按钮，可以显示或隐藏为该图层所应用的帧混合效果。

"**运动模糊**"**按钮**：用于设置是否开启图层的运动模糊功能，在默认情况下，After Effect 没有开启图层的运动模糊功能。

"**调整图层**"**按钮**：单击该按钮，通过显示"调整图层"上所添加的效果，从而达到调整下方图层的作用。

"**3D 图层**"**按钮**：单击该按钮，可以将普通的 2D 图层转换为 3D 图层。

4）"转换控制"选项组

单击"时间轴"面板左下角的"展开或折叠'转换控制'窗格"按钮，可以在"时间轴"面板中显示出每个图层的"转换控制"选项组，如图 2-17 所示。

"模式"选项：在该选项的下拉列表中可以设置图层的混合模式。

"保留基础透明度"选项：该选项用于设置是否保留图层的基础透明度。

"TrkMat（轨道遮罩）"选项：在该选项的下拉列表中可以设置当前图层与其上方图层的轨道遮罩方式，在该选项的下拉列表中包含 5 个选项，如图 2-18 所示。

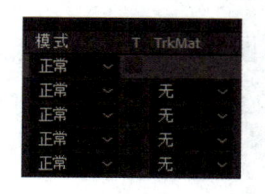

图 2-17　"转换控制"选项组　　　　图 2-18　"TrkMat（轨道遮罩）"选项的下拉列表

5）"父级和链接"选项组

图 2-19 所示为"父级和链接"选项组，可以使图层与图层之间建立从属关系。当对父对象进行操作时，子对象也会执行相应的操作；但是，当对子对象进行操作时，父对象不会发生变化。

在"时间轴"面板中有两种设置父子链接的方式：一种是拖动某个图层的"父子链接按钮"到目标图层，这样目标图层为该图层的父级图层，而该图层为子图层；另一种是在某个图层的下拉列表中选择一个图层作为该图层的父级图层。

6）"时间控制"选项组

单击"时间轴"面板左下角的"展开或折叠'入点'/'出点'/'持续时间'/'伸缩'窗格"按钮，可以在"时间轴"面板中显示出每个图层的"时间控制"选项组，如图 2-20 所示。

图 2-19　"父级和链接"选项组　　　　图 2-20　"时间控制"选项组

"入"选项：此处显示当前图层的入点时间。如果在此处单击，会弹出"图层入点时间"对话框，如图 2-21 所示，输入要设置为入点的时间，单击"确定"按钮，即可完成该图层入点时间的设置。

"出"选项：此处显示当前图层的出点时间。如果在此处单击，会弹出"图层出点时间"对话框，输入要设置为出点的时间，单击"确定"按钮，即可完成该图层出点时间的设置。

> **小贴士**：在默认情况下，添加到"时间轴"面板中的素材都会持续与当前合成保持相同的时间长度。如果需要在某个时间点显示该图层中的内容，但在某个时间点隐藏该图层中的内容，则可以为该图层设置"入"和"出"选项。简而言之，"入"选项相当于设置该图层内容在什么时间出现在合成中；"出"选项就相当于设置该图层内容在什么时间于合成中隐藏该图层内容。

"**持续时间**"选项：显示当前图层从入点到出点的时间范围，即起点到终点之间的持续时间。如果在此处单击，会弹出"时间伸缩"对话框，如图2-22所示，可在此对话框中对该图层中内容的持续时间进行修改。

图 2-21　"图层入点时间"对话框

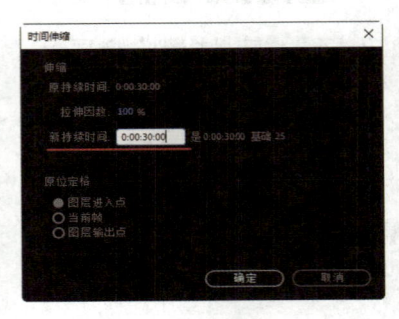

图 2-22　"时间伸缩"对话框

"**伸缩**"选项：用于调整动画的长度，通过控制动画的播放速度以达到快放或慢放的效果。如果在此处单击，会弹出"时间伸缩"对话框，可以在该对话框中对"拉伸因数"选项进行修改。该选项的默认值为100%。如果大于100%，则动画就会在长度不变的情况下变慢；如果小于100%，则会变快。

**2．图层类型与操作**

在After Effects中共有8种图层类型，下面分别对其进行简单介绍。

1）素材图层

素材图层是通过将外部的图像、音频、视频导入After Effects中，再添加到"时间轴"面板中自动生成的图层。它可以通过设置"变换"选项的相关属性达到移动、缩放、透明度变化等效果。如图2-23所示为新建的素材图层。

图 2-23　新建的素材图层

2）文字图层

After Effects 中的文字图层能够在合成中添加相应的文字及文字动画，单击工具栏中的"横排文字工具"或"直排文字工具"，在"合成"窗口中单击并输入文字，即可在"时间轴"面板中自动创建文字图层，如图 2-24 所示。在创建文字图层后，可以在"字符"面板中对文字的大小、颜色、字体等属性进行设置，如图 2-25 所示，其设置方法与 Photoshop 中"字符"面板的设置方法相似。

图 2-24　新建文字图层　　　　　　　　　　图 2-25　"字符"面板

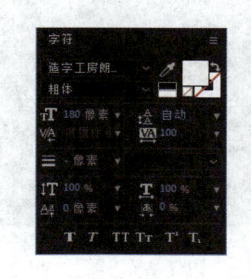

3）纯色图层

纯色图层在动画效果中主要用来制作蒙版效果，也可以作为承载编辑的图层，在纯色图层上制作各种效果。执行"图层|新建|纯色"命令，弹出"纯色设置"对话框，如图 2-26 所示。在完成"纯色设置"对话框中相关选项的设置后，单击"确定"按钮，即可创建纯色图层，如图 2-27 所示。

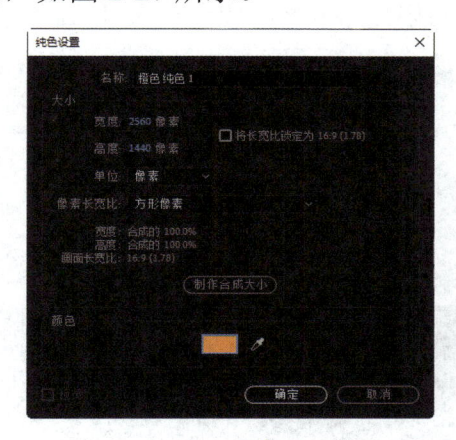

图 2-26　"纯色设置"对话框　　　　　　　　图 2-27　新建纯色图层

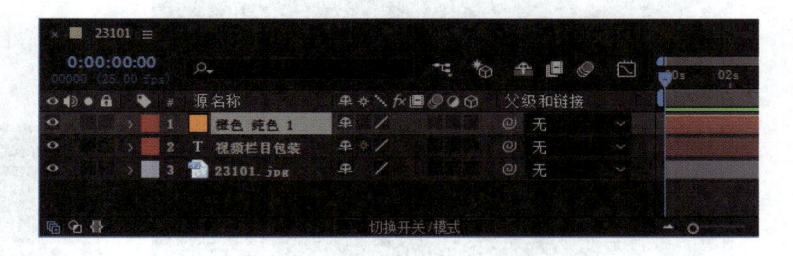

4）灯光图层

灯光图层用于模拟不同种类的真实光源，如家用电灯、舞台灯等。灯光图层包含 4 种灯光类型，分别为平行光、聚光、点光和环境光，不同类型的灯光可以营造出不同的效果。

执行"图层|新建|灯光"命令，弹出"灯光设置"对话框，如图 2-28 所示。在完成"灯光设置"对话框中相关选项的设置后，单击"确定"按钮，即可创建一个灯光图层，如图 2-29

所示。灯光只对 3D 图层产生效果，因此需要添加光照效果的图层必须开启"3D 图层"按钮。

图 2-28  "灯光设置"对话框

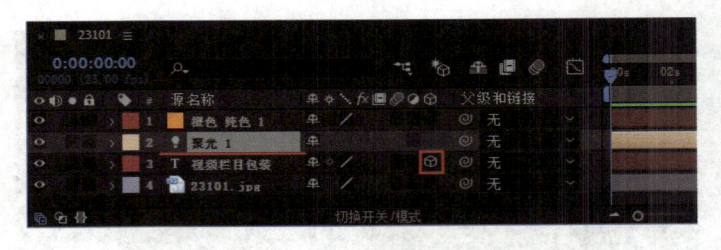

图 2-29  新建灯光图层

5）摄像机图层

摄像机图层用于控制合成最后的显示角度，可以通过对摄像机图层创建动画的方式完成一些特殊的效果。想要通过摄像机图层制作特殊效果就需要 3D 图层的配合，因此必须开启图层上的"3D 图层"按钮。

执行"图层|新建|摄像机"命令，弹出"摄像机设置"对话框，如图 2-30 所示。在完成"摄像机设置"对话框中相关选项的设置后，单击"确定"按钮，即可创建一个摄像机图层，如图 2-31 所示。

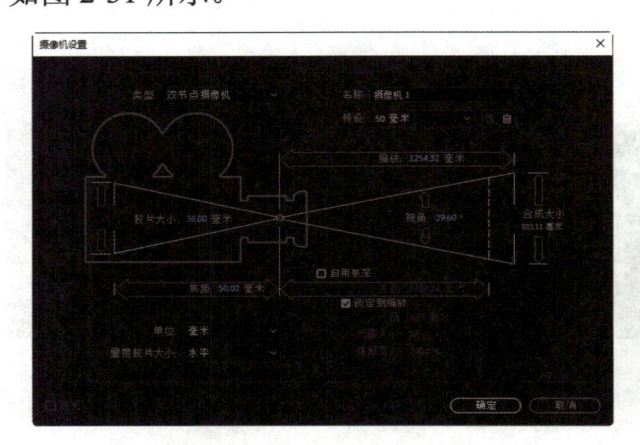

图 2-30  "摄像机设置"对话框

图 2-31  新建摄像机图层

6）空对象图层

空对象图层是没有任何特殊效果的图层，它主要用于辅助动画的制作。新建空对象图层并以该图层为父对象建立父子链接，从而控制多个图层的运动或移动，也可以通过修改空对象图层上的参数，从而同时修改多个子对象参数，控制子对象的合成效果。

执行"图层|新建|空对象"命令，即可新建空对象图层，如图 2-32 所示。空对象图层在"合成"窗口中显示为一个与该图层标签颜色相同的透明边框，如图 2-33 所示，但在输出时，空对象图层是没有任何内容的。

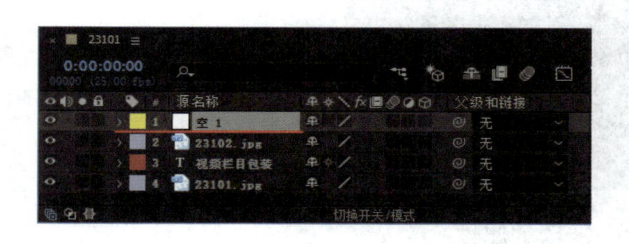

图 2-32　新建空对象图层　　　　　图 2-33　空对象图层的显示效果

> **小贴士**：如果需要在图层中创建父子链接关系，则可以通过单击图层上的"父子链接"按钮 ◎ 并将链接线指到父级图层上，或者在子图层的"父子链接"按钮 ◎ 后的下拉列表中选择父级图层的名称。

7）形状图层

形状图层是指使用 After Effects 中的各种矢量绘图工具绘制图形所得到的图层。想要创建形状图层，可以执行"图层|新建|形状"命令，创建一个空白的形状图层，也可以直接单击工具栏中的"矩形工具""椭圆工具""钢笔工具"等绘图工具，在"合成"窗口中绘制形状图形，从而得到形状图层。

8）调整图层

调整图层是用于调节动画中的色彩或特效的图层。在该图层上制作的效果可以对该图层下方的所有图层都应用该效果，因此，调整图层对控制动画的整体色调具有很重要的作用。

执行"图层|新建|调整图层"命令，即可新建一个调整图层，如图 2-34 所示。为调整图层添加特效前后的效果对比如图 2-35 所示。

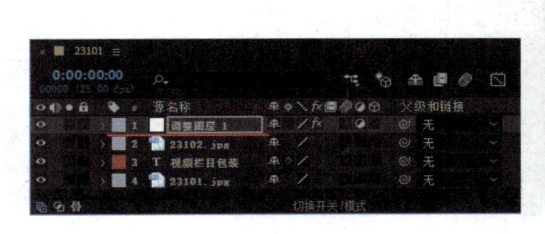

图 2-34　新建调整图层　　　　　图 2-35　为调整图层添加特效前后的效果对比

### 3. "变换"选项的系列属性

在图层左侧的小三角按钮 ▶ 上单击，可以展开该图层的相关选项，素材图层默认包含"变换"选项。单击"变换"选项左侧的小三角按钮 ▼，可以看到5个基础变换属性，分别为"锚点""位置""缩放""旋转""不透明度"，如图2-36所示。

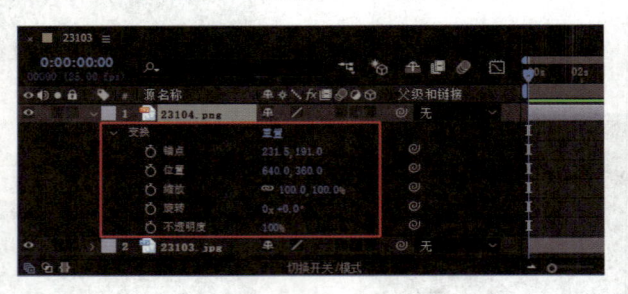

图2-36 "变换"选项的属性

#### 1) "锚点"属性

"锚点"属性主要用来设置素材的中心点位置。由于素材的锚点位置不同，因此在对素材进行缩放、旋转等操作时，所产生的效果也会不同。

在默认情况下，素材的锚点位于素材图层的中心位置，如图2-37所示。选择某个图层，按【A】快捷键，可以直接在该图层下方显示出"锚点"属性，如果需要修改锚点，则只需要修改"锚点"属性后的坐标参数即可，如图2-38所示。

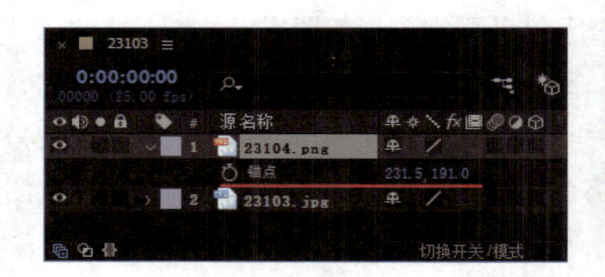

图2-37 默认锚点位置　　　　图2-38 在图层下方显示"锚点"属性

调整锚点位置，除了可以直接修改"锚点"属性后的坐标参数，还可以使用"向后平移（锚点）工具" ，可以在"合成"窗口中通过拖动的方式来调整元素锚点的位置，如图2-39所示。另外，也可以使用"选取工具" ，在"合成"窗口中双击素材，进入"图层"窗口，就可以直接使用"选取工具"调整锚点的位置，如图2-40所示。在调整完成后，关闭"图层"窗口，返回"合成"窗口即可。

图 2-39 使用"向后平移（锚点）工具"调整锚点 　　图 2-40 使用"选取工具"调整锚点

2）"位置"属性

"位置"属性用来控制元素在"合成"窗口中的相对位置，也可以通过该属性结合关键帧制作出元素移动的动画效果。

选择相应的图层，按【P】快捷键，直接在所选择图层下方显示出"位置"属性，如图 2-41 所示。当修改"位置"属性后的坐标参数或者在"合成"窗口中直接使用"选取工具"移动位置时，元素都是以锚点为基准进行移动的，如图 2-42 所示。

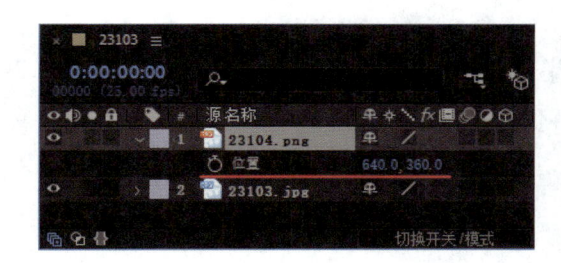

图 2-41 在图层下方显示"位置"属性 　　图 2-42 移动元素位置

3）"缩放"属性

"缩放"属性可以设置元素的尺寸大小，通过该属性结合关键帧可以制作出元素缩放的动画效果。

选择相应的图层，按【S】快捷键，在该图层下方显示出"缩放"属性，如图 2-43 所示。元素的缩放同样是以锚点的位置为基准的，可以直接通过修改"缩放"属性中的参数来修改元素的缩放比例，也可以在"合成"窗口中直接使用"选取工具"拖动元素四周的控制点来调整元素的缩放比例，如图 2-44 所示。

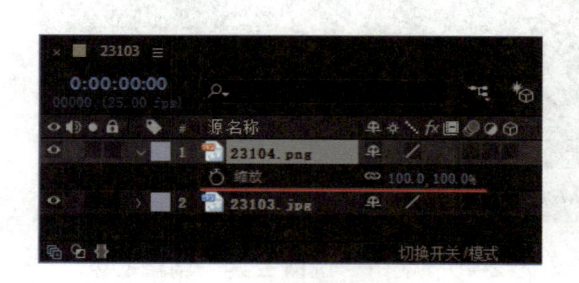

图 2-43 在图层下方显示"缩放"属性 　　　　图 2-44 拖动控制点对元素进行缩放

> **小贴士**：在"缩放"属性值左侧有一个"约束比例"按钮 ⚭，在默认的情况下，修改元素的"缩放"属性值时，元素将会等比例进行缩放。如果单击该按钮，则可以分别对"水平缩放"和"垂直缩放"属性值进行不同的设置。

当使用"选取工具"在"合成"窗口中通过拖动控制点的方法对元素进行缩放操作时，按住【Shift】键并拖动元素 4 个角中的任意一角，都可以进行等比例缩放操作。

4)"旋转"属性

"旋转"属性可以用来设置元素的旋转角度，通过该属性结合关键帧可以制作出元素旋转的动画效果。

选择相应的图层，按【R】快捷键，直接在该图层下方显示出"旋转"属性，如图 2-45 所示。元素的旋转同样是以锚点位置为基准的，可以直接修改"旋转"属性中的参数，也可以在"合成"窗口中选中需要旋转的元素，使用"旋转工具" ⟲，在元素上拖动鼠标进行旋转操作，如图 2-46 所示。

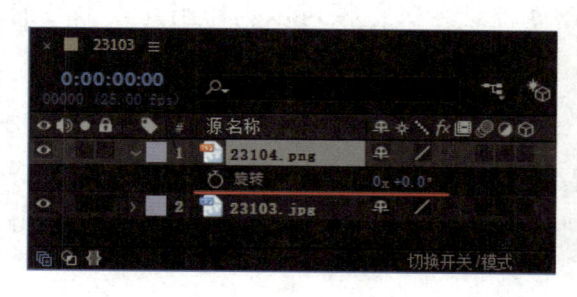

图 2-45 在图层下方显示"旋转"属性 　　　　图 2-46 使用"旋转工具"进行旋转操作

> 小贴士："旋转"属性包含两个参数。第1个参数用于设置元素旋转的圈数，如果设置为正值，则表示顺时针旋转指定的圈数，例如，"1x"表示顺时针旋转1圈；如果设置为负值，则表示逆时针旋转指定的圈数。第2个参数用于设置旋转的角度，取值范围在0°～360°或-360°～0°。

5）"不透明度"属性

"不透明度"属性可以用来设置图层的不透明度，当不透明度值为0%时，图层中的对象完全透明；当不透明度值为100%时，图层中的对象完全不透明。通过该属性结合关键帧可以制作出元素淡入淡出的动画效果。

例如，选中"23104.png"图层，按【T】快捷键，直接在该图层下方显示出"不透明度"属性，如图2-47所示。修改"不透明度"属性值，即可调整该图层的不透明度，效果如图2-48所示。

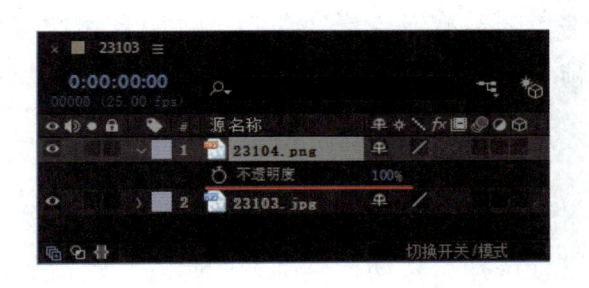

图2-47 在图层下方显示"不透明度"属性

图2-48 设置"不透明度"属性的效果

### 4. 创建属性关键帧

在After Effects中，基本上每一个特效或属性都有一个对应的"秒表"按钮，可以通过单击属性名称左侧的"秒表"按钮，激活关键帧功能。

在"时间轴"面板中选择需要添加关键帧的图层，展开该图层的属性列表，如图2-49所示。如果需要为某个属性添加关键帧，则只需单击该属性名称左侧的"秒表"按钮，即可激活关键帧功能，并在当前时间位置插入一个该属性关键帧，如图2-50所示。

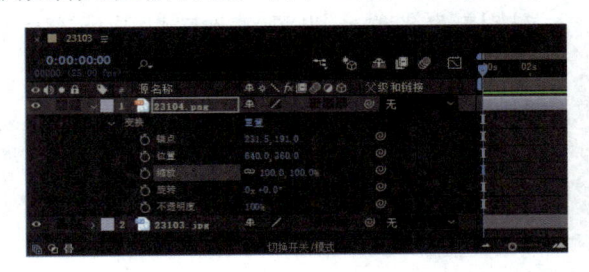

图2-49 展开图层的属性列表

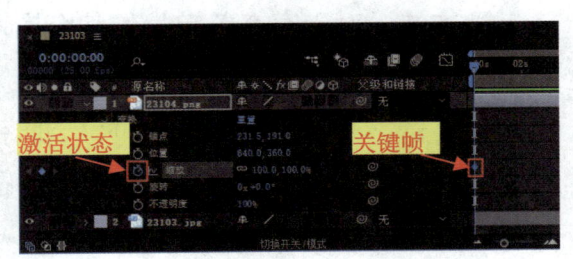

图2-50 插入属性关键帧

当激活该属性的关键帧后，在该属性的最左侧将出现 3 个按钮，分别是"转到上一个关键帧"按钮◀、"添加或移除关键帧"按钮◆和"转到下一个关键帧"按钮▶。在"时间轴"面板中，将时间指示器移至需要添加下一个关键帧的位置，单击"添加或移除关键帧"按钮◆，即可在当前时间位置插入该属性的第 2 个关键帧，如图 2-51 所示。

如果再次单击该属性名称左侧的"秒表"按钮○，则会取消该属性关键帧的激活状态，并且该属性所添加的所有关键帧也会被同时删除，如图 2-52 所示。

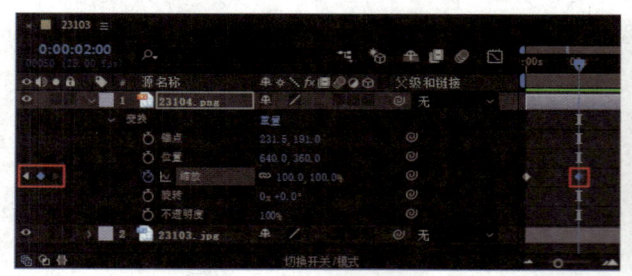

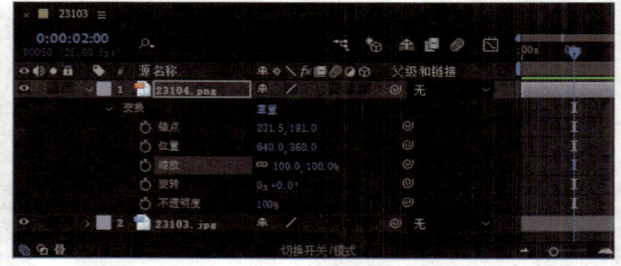

图 2-51  添加属性关键帧　　　　　　图 2-52  清除属性关键帧

> **小贴士**：当为某个属性在不同的时间位置插入关键帧后，可以在属性名称的右侧修改所添加关键帧位置的属性参数值。不同的关键帧在设置不同的属性参数值后，就能够形成关键帧之间的动画过渡效果。

### 5．关键帧的编辑操作

在完成属性关键帧的插入后，可以对关键帧进行选择、移动、复制和删除等编辑操作。

1）选择关键帧

在创建关键帧后，有时还需要对关键帧进行修改和设置的操作，这时就需要选中需要编辑的关键帧。选择关键帧的方法有 4 种，下面分别进行介绍。

**第 1 种方法**：在"时间轴"面板中直接单击某个关键帧图标，当关键帧显示为蓝色时，则表示已经选中该关键帧，如图 2-53 所示。

**第 2 种方法**：在"时间轴"面板中的空白位置单击并拖动出一个矩形框，在矩形框内的多个关键帧将被同时选中，如图 2-54 所示。

**第 3 种方法**：对于存在关键帧的某个属性，单击该属性名称，即可将该属性的所有关键帧全部选中，如图 2-55 所示。

**第 4 种方法**：配合【Shift】键可以同时选择多个关键帧，即按住【Shift】键的同时在多个关键帧上单击，就可以同时选择多个关键帧。然而对于已选中的关键帧，按住【Shift】键不放再次单击，则可以取消选择。

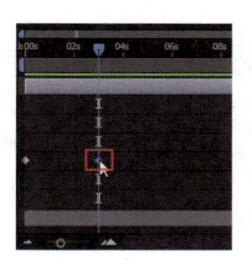

图 2-53　选择单个关键帧 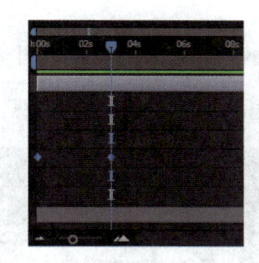　　图 2-54　选择多个关键帧 　　图 2-55　选择某个属性的全部关键帧

2）移动关键帧

如果想要移动单个关键帧，则可以选中需要移动的关键帧，按住鼠标左键拖动关键帧到需要的位置即可，如图 2-56 所示。

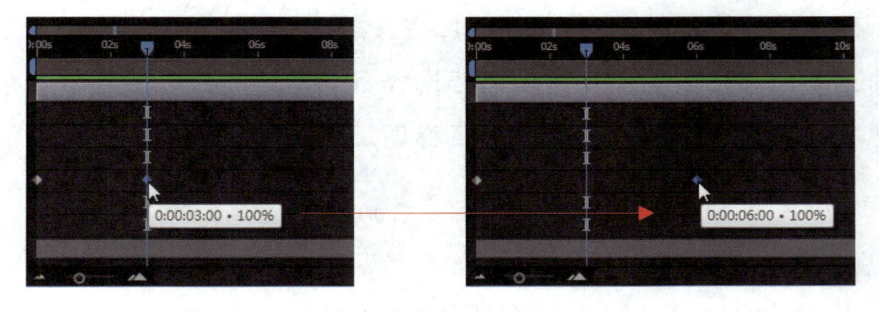

图 2-56　拖动关键帧到需要的位置

**小贴士**：如果想要移动多个关键帧，则可以在按住【Shift】键的同时单击需要移动的多个关键帧，然后将其拖动至目标位置即可。

3）复制关键帧

如果需要进行关键帧的复制操作，首先需要在"时间轴"面板中选择一个或多个需要复制的关键帧，如图 2-57 所示。执行"编辑|复制"命令，即可复制所选中的关键帧。将时间指示器移至需要粘贴关键帧的位置，执行"编辑|粘贴"命令，即可将所复制的关键帧粘贴到当前的位置，如图 2-58 所示。

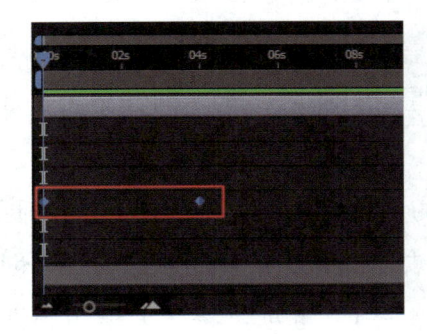

图 2-57　选择需要复制的关键帧 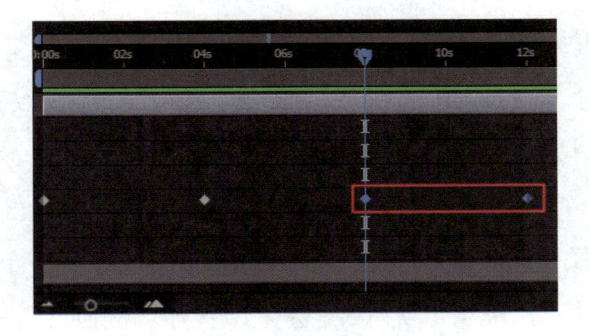　　　　　　图 2-58　粘贴所复制的关键帧

当然也可以将复制的关键帧粘贴到其他的图层中。例如，选择"时间轴"面板中需要粘

贴关键帧的图层，展开该图层属性，将时间指示器移至需要粘贴关键帧的位置，执行"编辑|粘贴"命令，即可将所复制的关键帧粘贴到当前所选择的图层中，如图 2-59 所示。

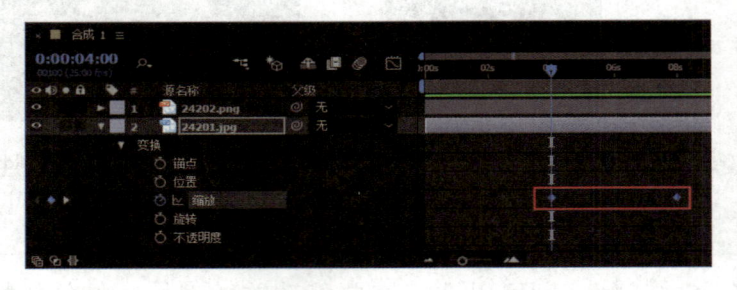

图 2-59　将所复制的关键帧粘贴到其他图层中

> **小贴士**：如果复制的是相同属性的关键帧，则只需要选择目标图层就可以粘贴关键帧了；如果复制的是不同属性的关键帧，则需要选择目标图层的目标属性才能粘贴关键帧。需要特别注意的是，如果粘贴的关键帧与目标图层上的关键帧在同一时间位置，则会覆盖目标图层上的关键帧。

4）删除关键帧

删除关键帧的方法很简单，选中需要删除的单个或多个关键帧，执行"编辑|清除"命令，即可将选中的关键帧删除；也可以选中多余的关键帧，直接按键盘上的【Delete】键，即可将所选中的关键帧删除；还可以在"时间轴"面板中将时间指示器移至需要删除的关键帧位置，单击该属性左侧的"添加或移除关键帧"按钮◆，即可将当前时间的关键帧删除，这种方法一次只能删除一个关键帧。

### 2.3.2　任务制作 1——Logo 背景动画

**1. 制作单个圆环动画**

（1）在 After Effects 中新建一个空白的项目，执行"合成|新建合成"命令，弹出"合成设置"对话框，对相关属性进行设置，如图 2-60 所示，单击"确定"按钮，新建合成。再次执行"合成|新建合成"命令，弹出"合成设置"对话框，新建名称为"背景过渡"的合成，如图 2-61 所示。

（2）使用"椭圆工具"，在工具栏中设置"填充"为无，"描边"为白色，"描边宽度"为 20 像素，在"合成"窗口中拖动鼠标绘制一个椭圆形，如图 2-62 所示。在完成自动创建形状图层后，展开"形状图层 1"下方"椭圆 1"的"椭圆路径 1"选项，将"大小"属性值设置为"100.0, 100.0"，如图 2-63 所示。

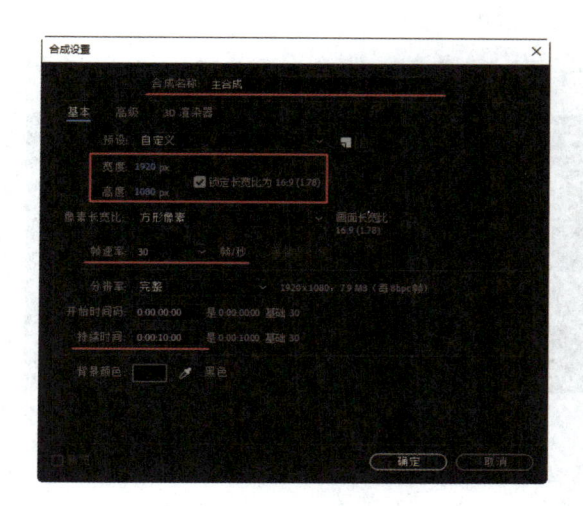

图 2-60 "合成设置"对话框

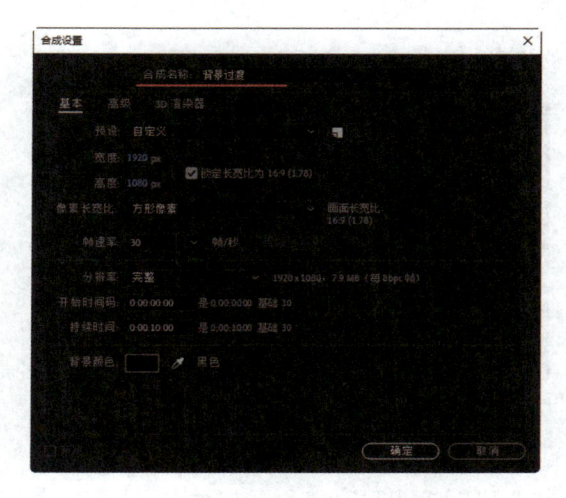

图 2-61 新建名为"背景过渡"的合成

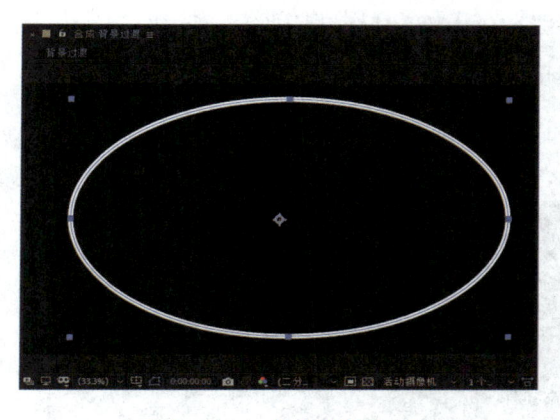

图 2-62 绘制椭圆形

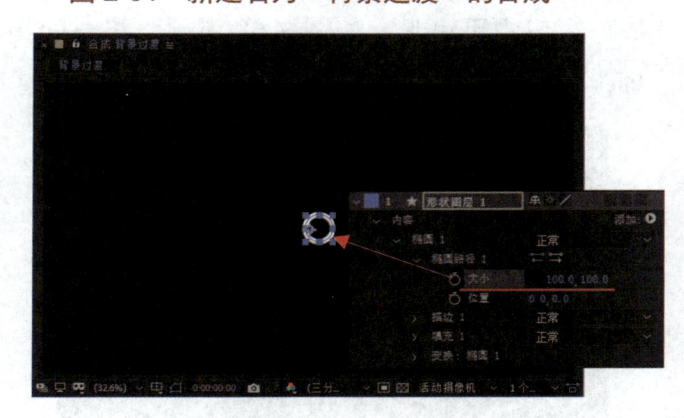

图 2-63 修改"大小"属性值

(3) 展开"形状图层 1"下方的"描边 1"选项,将"描边宽度"设置为"100.0","线段端点"设置为"圆头端点",如图 2-64 所示。单击"形状图层 1"下方"内容"选项右侧的"添加"按钮,在弹出的菜单中执行"修剪路径"命令,如图 2-65 所示。

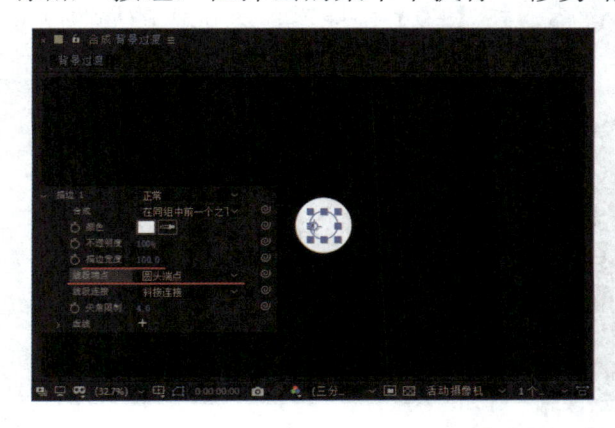

图 2-64 设置"描边宽度"和"线段端点"属性

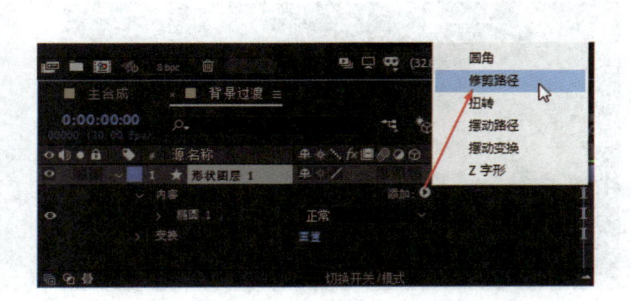

图 2-65 执行"修剪路径"命令

(4) 在"形状图层 1"下方添加"修剪路径"相关属性,如图 2-66 所示。将时间指示器移至 0 秒 20 帧的位置,单击"修剪路径 1"选项中"开始"属性名称左侧的"秒表"按钮,插入该属性关键帧，如图 2-67 所示。

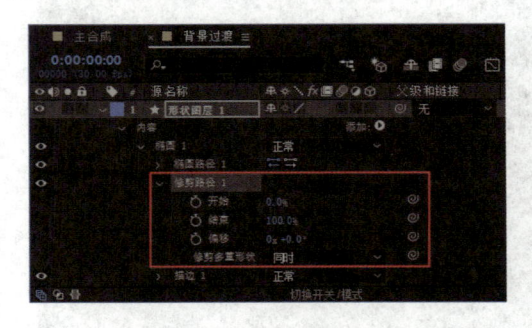

图 2-66　添加"修剪路径"相关属性 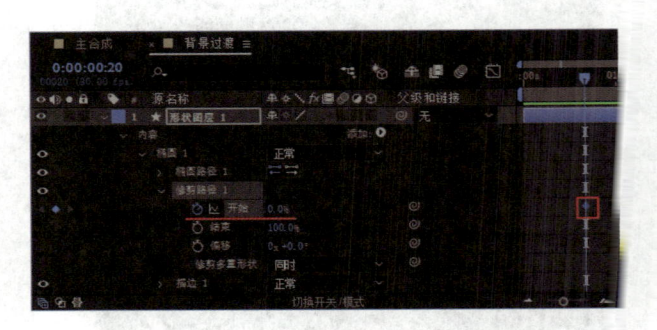　　　　图 2-67　插入"开始"属性关键帧

（5）将时间指示器移至起始位置，再将"开始"属性值设置为"100.0%"，此时圆环在"合成"窗口中不可见，如图 2-68 所示。将时间指示器移至 0 秒 20 帧的位置，展开"描边 1"选项，为"描边宽度"属性插入关键帧，如图 2-69 所示。

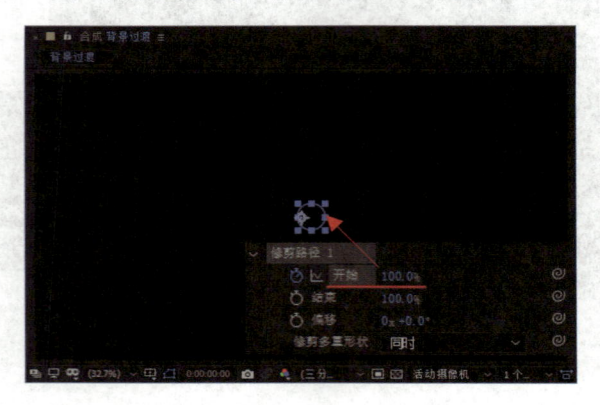

图 2-68　设置"开始"属性效果 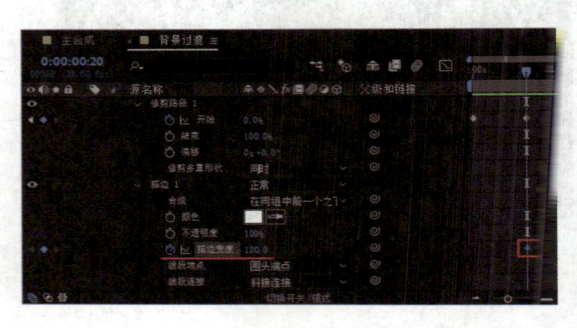　　　　图 2-69　插入"描边宽度"属性关键帧

（6）将时间指示器移至起始位置，再将"描边宽度"属性值设置为"30.0"，如图 2-70 所示。拖动鼠标同时选中该图层中的所有属性关键帧，按【F9】快捷键，为选中的属性关键帧应用缓动效果，如图 2-71 所示。

图 2-70　设置"描边宽度"属性值 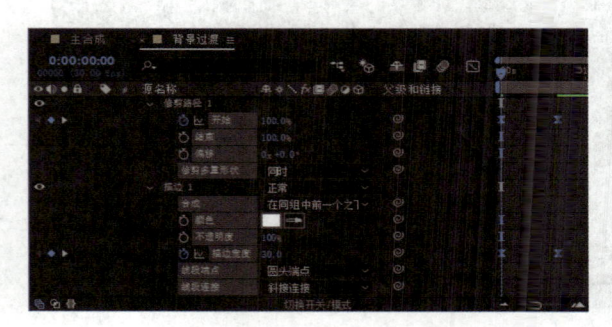　　　　图 2-71　为属性关键帧应用缓动效果

**2. 通过复制的方法制作出多个不同颜色的圆环动画**

（1）选中"形状图层 1"，按【Ctrl+D】快捷键两次，将该图层复制两次。将时间指示器

移至 0 秒 05 帧的位置，选中"形状图层 2"，将该图层内容向右拖至时间指示器所在的位置，如图 2-72 所示。将时间指示器移至 0 秒 10 帧的位置，选中"形状图层 3"，将该图层内容向右拖至时间指示器所在的位置，如图 2-73 所示。

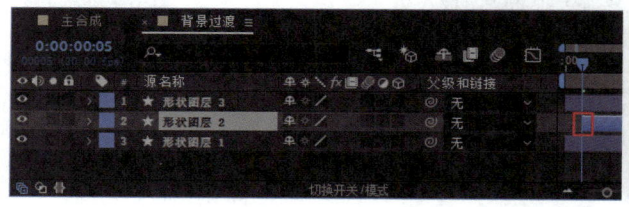

图 2-72　调整图层内容起始位置（1） 　　　　图 2-73　调整图层内容起始位置（2）

（2）选中"形状图层 2"，执行"效果|生成|填充"命令，为该图层应用"填充"效果，在"效果控件"面板中将"颜色"设置为"#2F629C"，效果如图 2-74 所示。选中"形状图层 1"，为该图层应用"填充"效果，在"效果控件"面板中将"颜色"设置为"#FF8E20"，效果如图 2-75 所示。

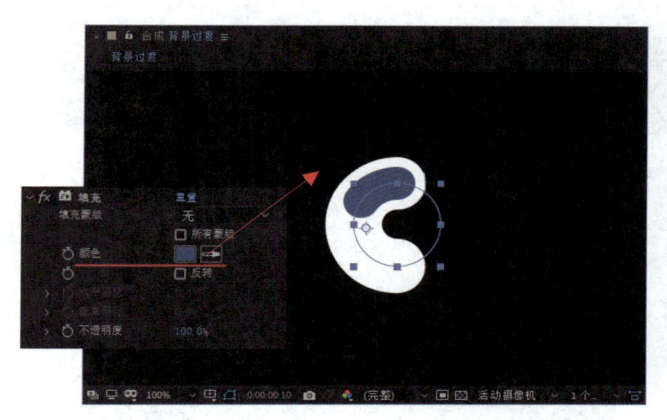

图 2-74　设置颜色填充的效果（1） 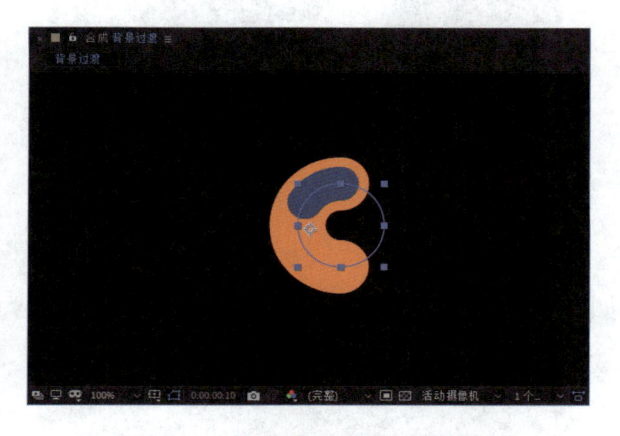　　　　图 2-75　设置颜色填充的效果（2）

（3）选中"形状图层 3"，按【Ctrl+D】快捷键，原位复制该图层，得到"形状图层 4"。展开"形状图层 4"下方"椭圆 1"的"椭圆路径 1"选项，将"大小"属性值设置为"400.0，400.0"，如图 2-76 所示。选中"形状图层 4"，按【U】快捷键，在该图层下方只显示添加了关键帧的属性，将时间指示器移至 1 秒的位置，并在该位置将"描边宽度"属性值修改为"202.0"，效果如图 2-77 所示。

（4）选中"形状图层 4"，按【R】快捷键，将"旋转"属性值设置为"45.0°"，如图 2-78 所示。选中"形状图层 4"，按【Ctrl+D】快捷键两次，将该图层复制两次，分别调整复制得到的"形状图层 5"和"形状图层 6"的起始位置，使它们之间有 5 帧的时间差，如图 2-79 所示。

57

■ 视频栏目包装制作

图 2-76 修改"大小"属性值

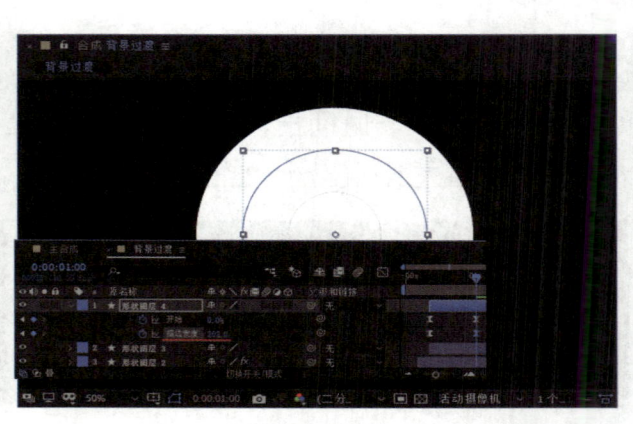

图 2-77 修改"描边宽度"属性值

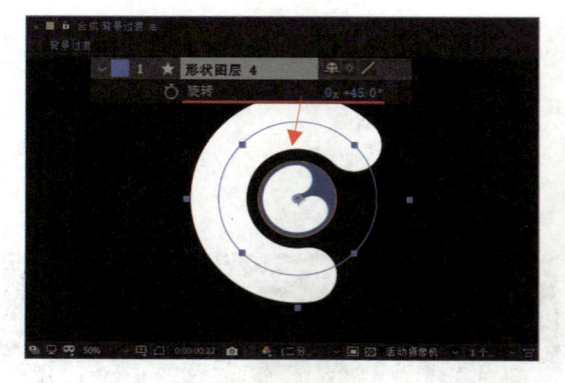

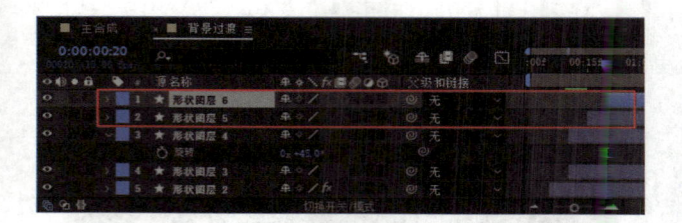

图 2-78 设置"旋转"属性值

图 2-79 复制图层并分别进行调整

（5）选中"形状图层 4"，为其应用"填充"效果，将"颜色"设置为"#DF3745"，效果如图 2-80 所示。选中"形状图层 5"，为其应用"填充"效果，将"颜色"设置为"#2F€29C"，效果如图 2-81 所示。

图 2-80 应用"填充"效果并设置颜色（1）

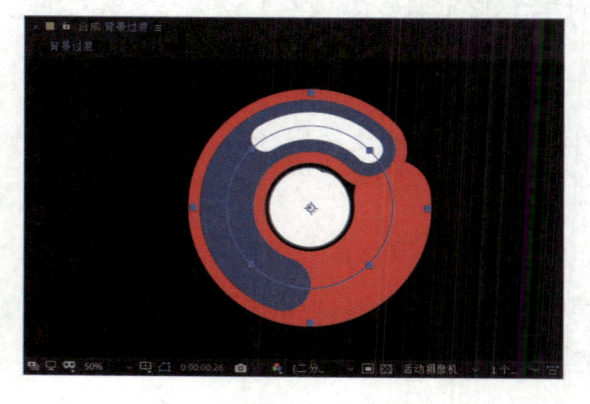

图 2-81 应用"填充"效果并设置颜色（2）

（6）选中"形状图层 6"，按【U】快捷键，将时间指示器移至 1 秒 10 帧的位置，并在该位置将"描边宽度"属性值修改为"210.0"，确保圆环中间没有漏缝隙，如图 2-82 所示。同时选中"形状图层 4"至"形状图层 6"，将这 3 个图层的标签颜色设置为红色，如图 2-83 所示，便于区分不同尺寸大小的圆环动画效果。

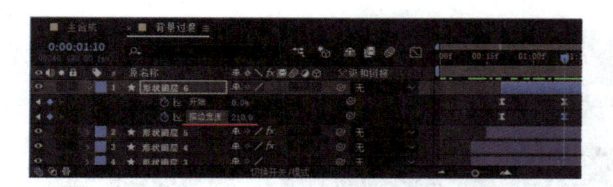

图 2-82　修改"描边宽度"属性值（2）　　　　图 2-83　设置图层标签颜色

**3. 通过复制图层并修改的方法完成 Logo 背景动画的制作**

（1）选中"形状图层 6"，按【Ctrl+D】快捷键，原位复制该图层，将"形状图层 7"的标签颜色修改为黄色。展开"形状图层 7"下方"椭圆 1"的"椭圆路径 1"选项，将"大小"属性值修改为"800.0，800.0"，如图 2-84 所示。按【R】快捷键，将"旋转"属性值设置为"90.0°"，如图 2-85 所示。

图 2-84　修改"大小"属性值　　　　图 2-85　设置"旋转"属性值

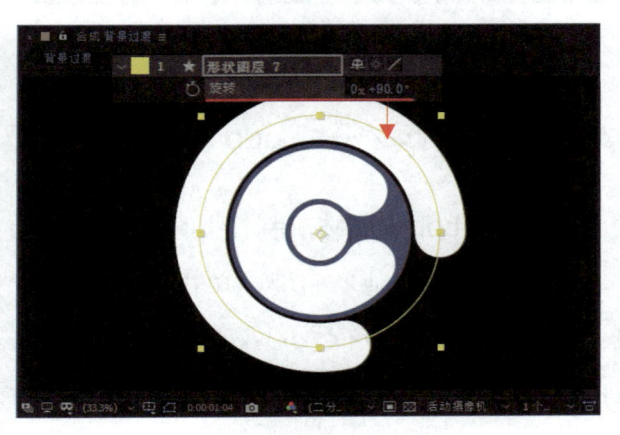

（2）将"形状图层 7"复制两次，根据与"形状图层 5"和"形状图层 6"相同的制作方法，可以分别完成复制得到的"形状图层 8"和"形状图层 9"中圆环动画效果的调整，"时间轴"面板如图 2-86 所示，在"合成"窗口中的效果如图 2-87 所示。

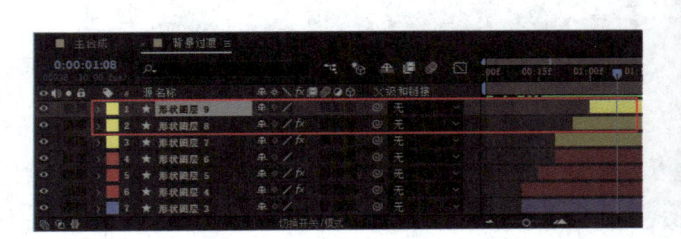

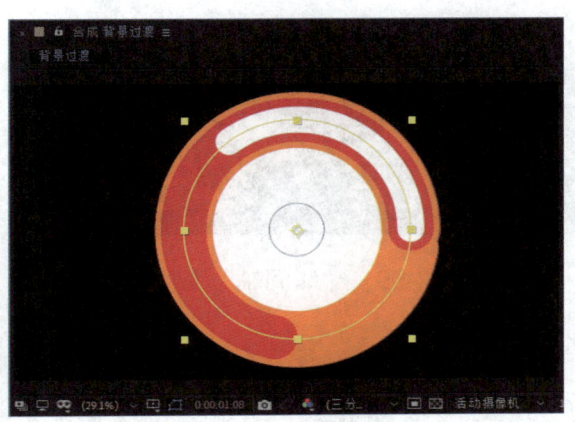

图 2-86　"时间轴"面板（1）　　　　图 2-87　"合成"窗口的效果（1）

（3）使用相同的制作方法，制作出不同尺寸大小的圆环动画效果，直到能够覆盖整个合成背景，"时间轴"面板如图 2-88 所示，在"合成"窗口中的效果如图 2-89 所示。

图 2-88　"时间轴"面板（2）

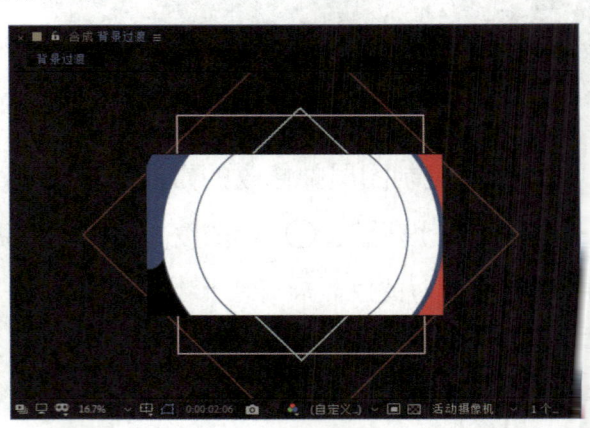

图 2-89　"合成"窗口的效果（2）

### 2.3.3　任务制作 2——Logo 动画

**1. 导入 Logo 素材，制作 Logo 缩放动画**

（1）在"时间轴"面板中单击"主合成"，返回"主合成"编辑状态。将"项目"面板中的"背景过渡"合成拖入"主合成"的"时间轴"面板中，如图 2-90 所示。执行"合成|新建合成"命令，弹出"合成设置"对话框，新建名称为"Logo"的合成，如图 2-91 所示。

图 2-90　"时间轴"面板

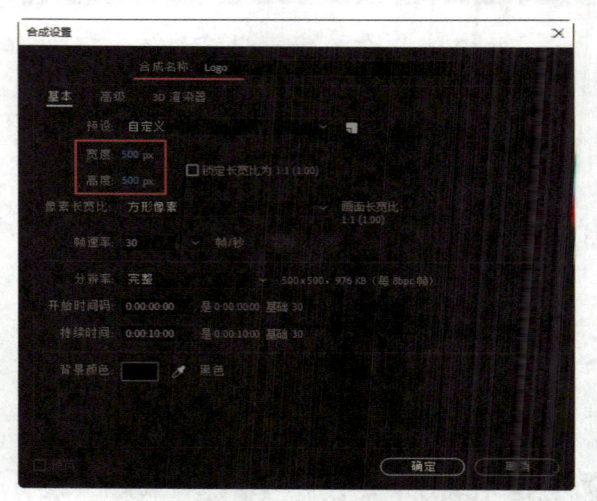

图 2-91　设置"合成设置"对话框

（2）执行"文件|导入|文件"命令，先将 Logo 素材导入"项目"面板中，再将 Logo 素材拖入"时间轴"面板中，如图 2-92 所示。返回"主合成"的编辑状态，在"项目"面板中将 Logo 合成拖入"时间轴"面板中，如图 2-93 所示。

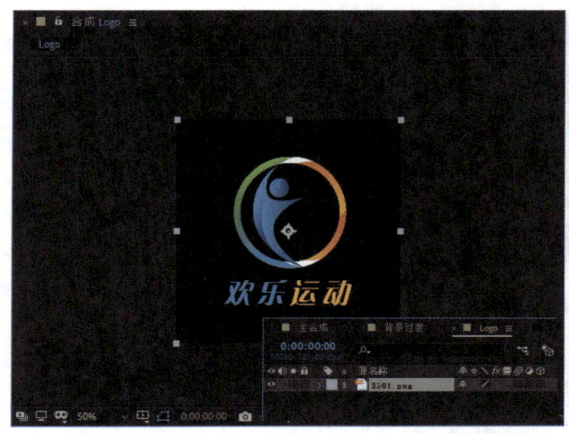

图 2-92　导入 Logo 素材并拖入　　　　　　图 2-93　拖入 Logo 合成

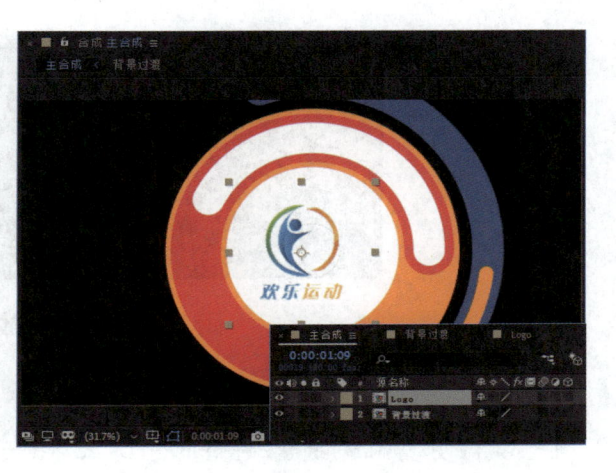

（3）将时间指示器移至 2 秒的位置，向右拖动 Logo 图层内容，调整该图层内容从 2 秒处开始，如图 2-94 所示。选中 Logo 图层，按【S】快捷键，显示该图层的"缩放"属性，插入该属性关键帧，并将其属性值设置为"0.0，0.0%"，如图 2-95 所示。

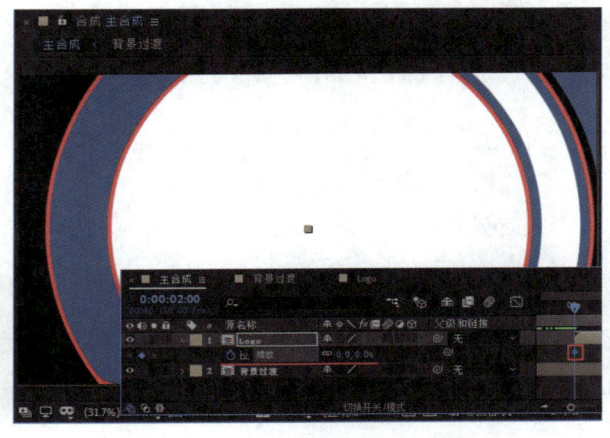

图 2-94　调整图层内容位置　　　　　　图 2-95　插入关键帧并设置属性值

（4）将时间指示器移至 2 秒 20 帧的位置，再将"缩放"属性值设置为"100.0，100.0%"，就会自动在当前位置添加"缩放"属性关键帧，如图 2-96 所示。按住【Alt】键不放，单击"缩放"属性名称左侧的"秒表"按钮，显示针对该属性的表达式输入窗口，并输入表达式，如图 2-97 所示。

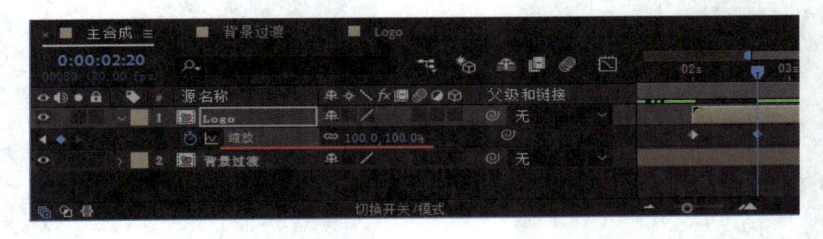

图 2-96　设置"缩放"属性值

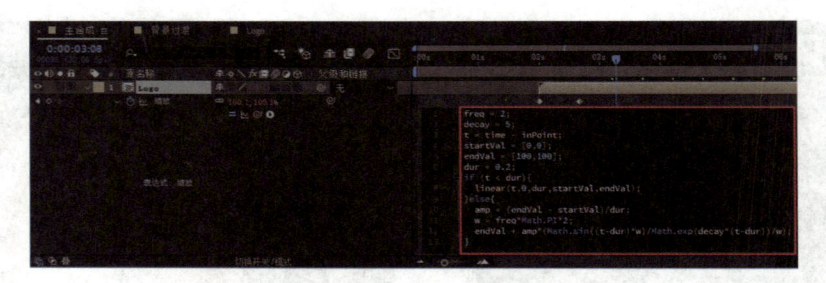

图 2-97　为"缩放"属性添加表达式

**小贴士**：此处为"缩放"属性添加的表达式主要实现缩放动画的弹性，使简单的缩放动画表现得更具有动感。完整的表达式代码如下：

```
freq = 2;
decay = 5;
t = time - inPoint;
startVal = [0,0];
endVal = [100,100];
dur = 0.2;
if (t < dur){
  linear(t,0,dur,startVal,endVal);
}else{
  amp = (endVal - startVal)/dur;
  w = freq*Math.PI*2;
  endVal + amp*(Math.sin((t-dur)*w)/Math.exp(decay*(t-dur))/w);
}
```

**2. 制作向四周发散的线条动画效果，辅助栏目 Logo 的表现**

（1）执行"合成|新建合成"命令，弹出"合成设置"对话框，新建名称为"线条装饰"的合成，如图 2-98 所示。单击"合成"窗口底部的"选择网格和参考线选项"按钮，在弹出的菜单中选择"标题/动作安全"选项，在"合成"窗口中显示"标题/动作安全"提示框，如图 2-99 所示。

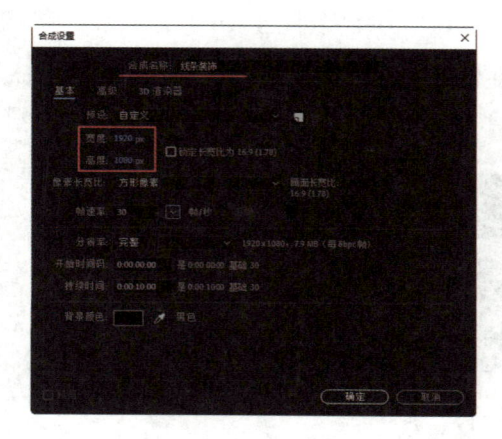

图 2-98　新建名称为"线条装饰"的合成 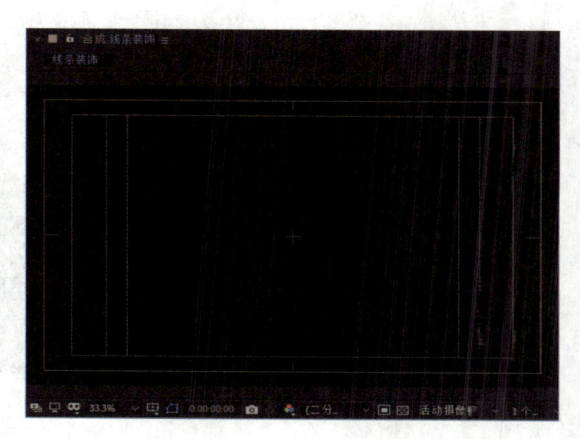　　　图 2-99　显示"标题/动作安全"提示框

（2）使用"钢笔工具"，在工具栏中将"填充"设置为无，"描边"设置为白色，"描边宽度"设置为 3 像素，在"合成"窗口中绘制一条直线，如图 2-100 所示。使用"向后平移锚点工具"，将该图层的锚点移至所绘制直线的中心位置，如图 2-101 所示。

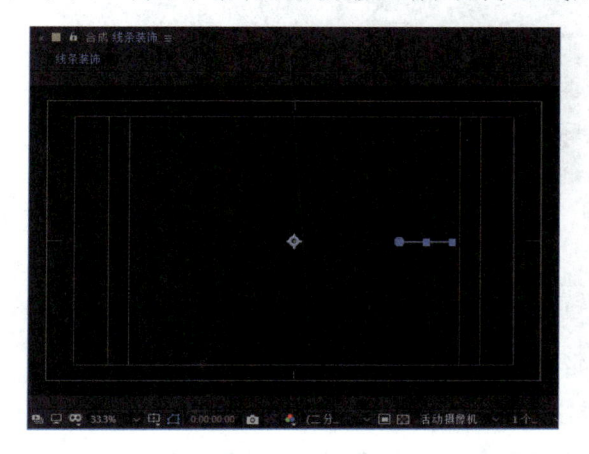

图 2-100　绘制直线 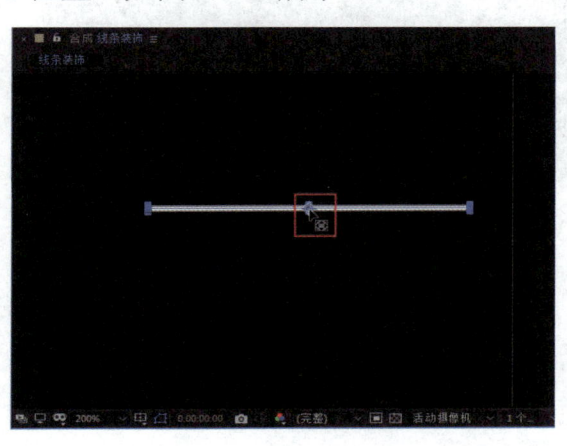　　　　　　　　　图 2-101　调整锚点至直线中心位置

（3）单击"形状图层 1"下方"内容"选项右侧的"添加"按钮，在弹出的菜单中执行"修剪路径"命令，即可在"形状图层 1"下方添加"修剪路径 1"的相关属性，如图 2-102 所示。将"结束"属性值设置为"0.0%"，并为该属性插入关键帧，如图 2-103 所示。

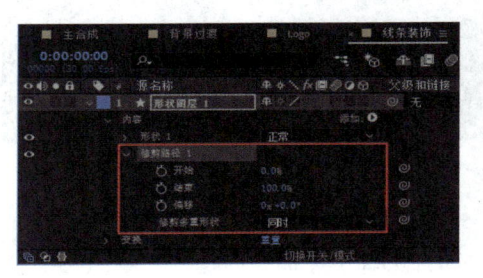

图 2-102　添加"修剪路径"相关属性 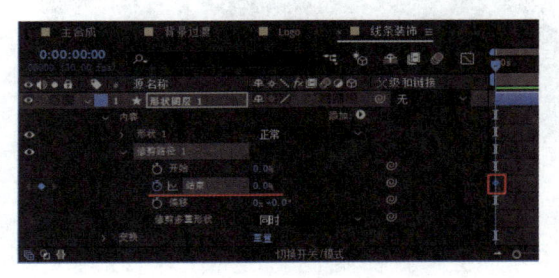　　　图 2-103　设置"结束"属性值并插入关键帧

（4）将时间指示器移至 0 秒 20 帧的位置，再将"结束"属性值设置为"100.0%"，如图 2-104 所示。将时间指示器移至 0 秒 10 帧的位置，再将"开始"属性值设置为"0.0%"，单击"开始"属性名称左侧的"秒表"按钮，为该属性插入关键帧，如图 2-105 所示。

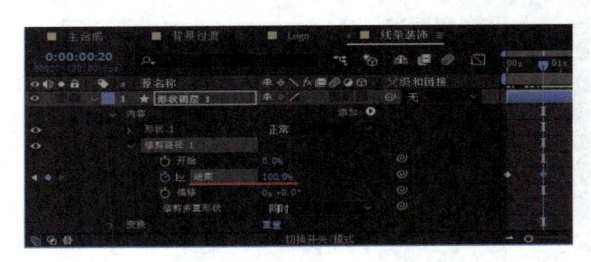

图 2-104　设置"结束"属性值 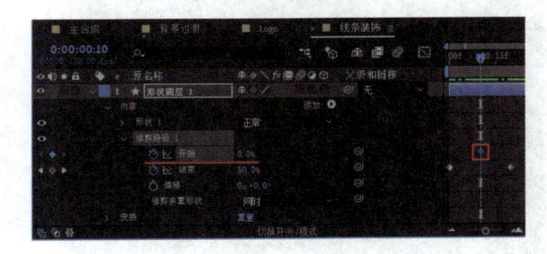　　　　　图 2-105　设置"开始"属性值并插入关键帧

（5）将时间指示器移至 1 秒的位置，再将"开始"属性值设置为"100.0%"，如图 2-106

所示。拖动鼠标，框选该图层中的所有属性关键帧，按【F9】快捷键，为属性关键帧应用缓动效果，如图 2-107 所示。

图 2-106　设置"开始"属性值

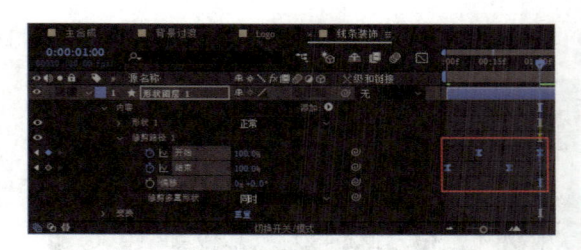

图 2-107　为属性关键帧应用缓动效果

（6）使用"向后平移锚点工具"，将该图层的锚点移至合成的中心位置，如图 2-108 所示。按【Ctrl+D】快捷键，原位复制该图层得到"形状图层 2"，按【R】快捷键，将"旋转"属性值设置为"25.0°"，从而实现将复制得到的直线围绕锚点顺时针旋转 25°，如图 2-109 所示。

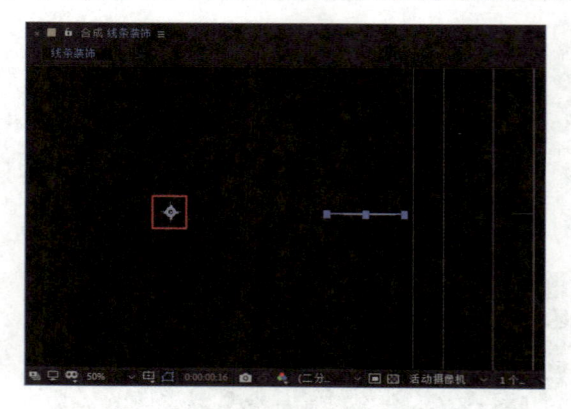

图 2-108　调整锚点至合成的中心位置

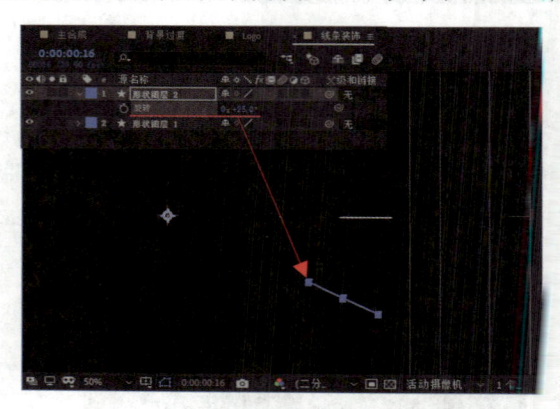

图 2-109　旋转复制得到的直线

（7）这里需要制作的是圆形向四周发散的线条。使用相同的制作方法，多次复制图层，并分别设置其旋转角度，从而完成该线条向圆形四周发散动画的制作，效果如图 2-110 所示。将时间指示器移至 0 秒 01 帧的位置，选中所有的图层，按【Alt+]】快捷键，剪切掉图层 0 秒 01 帧后面的内容，如图 2-111 所示。

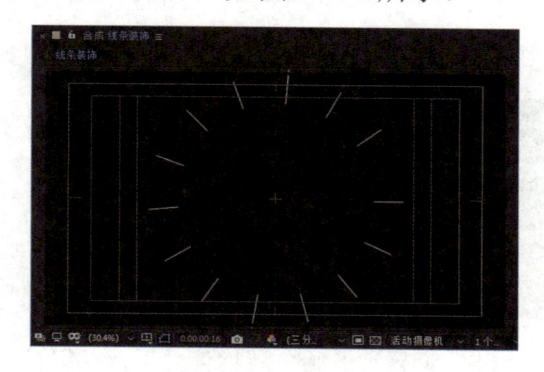

图 2-110　"合成"窗口的效果（1）

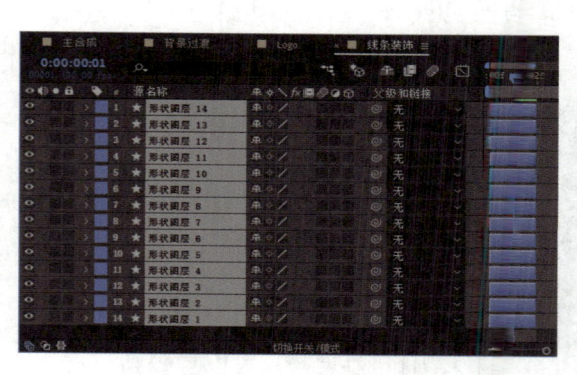

图 2-111　剪切掉不需要的内容

（8）保持所有图层的选中状态，执行"动画|关键帧辅助|序列图层"命令，弹出"序列图层"对话框，如图 2-112 所示。单击"确定"按钮，对选中的所有图层进行序列排序，在"时间轴"面板上的效果如图 2-113 所示。

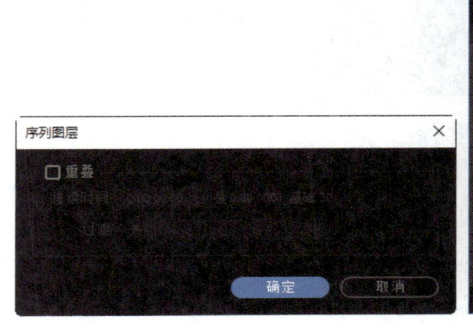

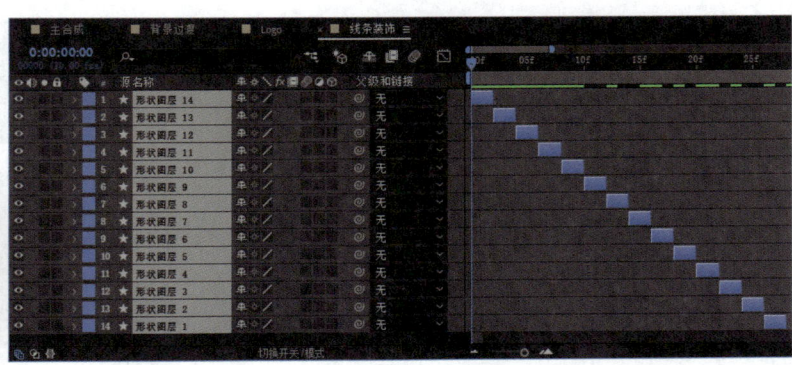

图 2-112　"序列图层"对话框

图 2-113　对选中的所有图层进行序列排序

（9）保持所有图层的选中状态，拖动其中某个图层的右侧，同时调整所有选中图层内容的持续时长，使得所有图层中的线条动画都能正常播放，如图 2-114 所示。返回"主合成"编辑状态，将"项目"面板中的"线条装饰"合成拖入"时间轴"面板中，并将其调整为从 1 秒 16 帧的位置开始，如图 2-115 所示。

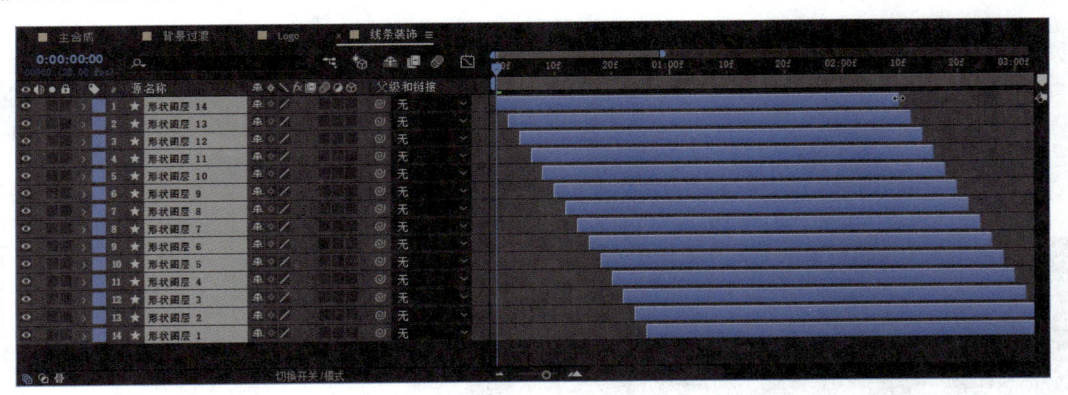

图 2-114　调整图层内容持续时长

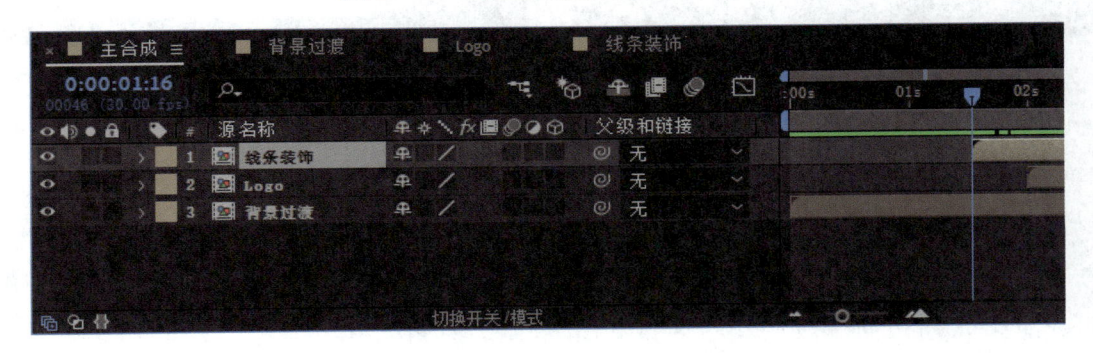

图 2-115　拖入"线条装饰"合成并调整其起始位置

（10）选中"线条装饰"图层，执行"效果|生成|填充"命令，为该图层应用"填充"效

果，在"效果控件"面板中将"颜色"设置为"#2088C6"，效果如图 2-116 所示。按【Ctrl+D】快捷键，原位复制"线条装饰"图层，按【R】快捷键，将"旋转"属性值设置为"180.0°"，在"效果控件"面板中将"颜色"修改为"#D57831"，效果如图 2-117 所示。

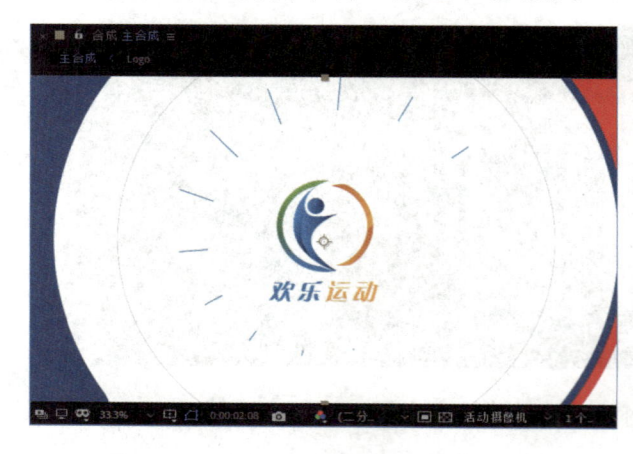

图 2-116 应用"填充"效果的效果 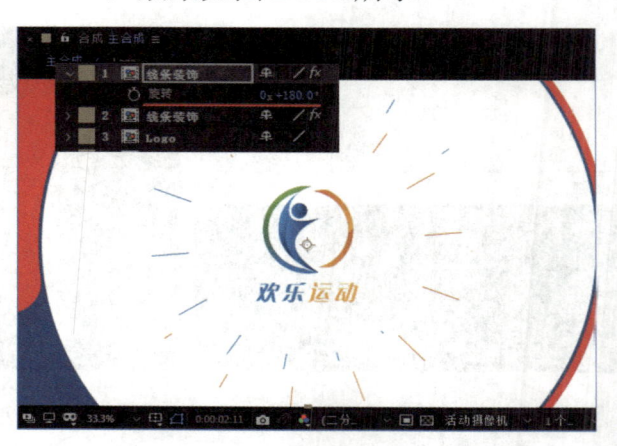　　　　图 2-117 复制图层并修改线条颜色

（11）想要背景动画的表现更加复杂一些，可以选中"背景过渡"图层，按【Ctrl+D】快捷键，原位复制该图层，将复制得到图层内容稍向后移动一些位置，按【S】快捷键，将"缩放"属性值设置为"70.0, 70.0%"，在"时间轴"面板中的效果如图 2-118 所示，在"合成"窗口中的效果如图 2-119 所示。

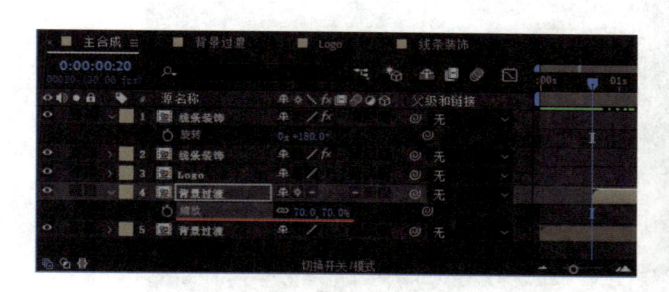

图 2-118 复制图层并设置"缩放"属性 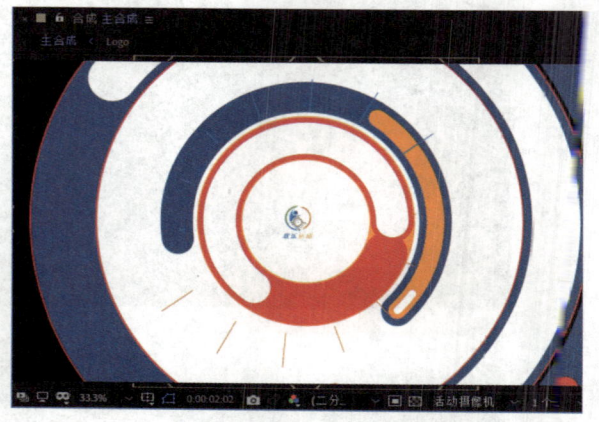　　　图 2-119 "合成"窗口的效果（2）

### 3. 渲染输出栏目 Logo 动画视频

（1）在"项目"面板的"主合成"上右击，在弹出的快捷菜单中执行"合成设置"命令，弹出"合成设置"对话框，将"持续时间"属性值修改为 5 秒，如图 2-120 所示。执行"合成|添加到渲染队列"命令，将"主合成"添加到"渲染队列"面板中，如图 2-121 所示。

（2）选择"输出模块"选项后的"无损"选项，弹出"输出模块设置"对话框，将"格式"选项设置为"QuickTime"，其他选项均采用默认设置，如图 2-122 所示。选择"输出到"

选项后的"尚未指定"选项,弹出"将影片输出到"对话框,在该对话框中可以设置输出文件的名称、类型和保存位置,如图2-123所示。

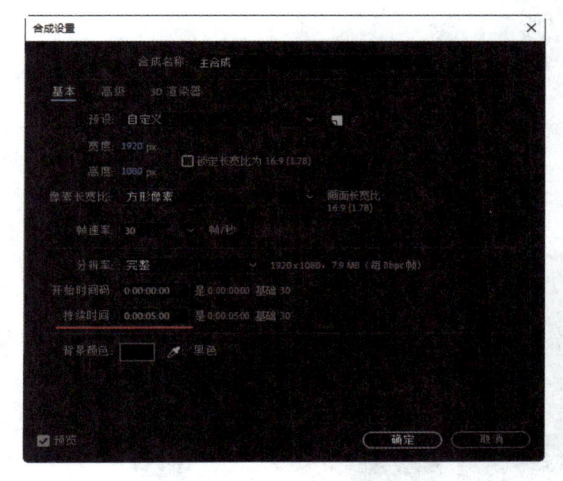

图2-120 修改"持续时间"选项

图2-121 将"主合成"添加到"渲染队列"面板

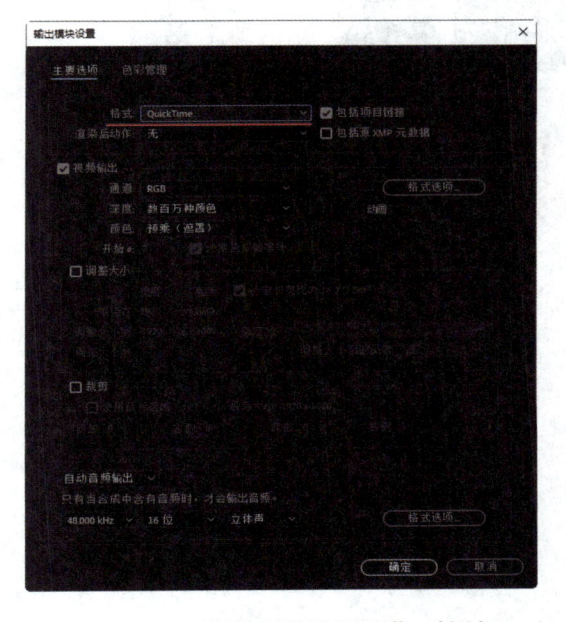

图2-122 "输出模块设置"对话框

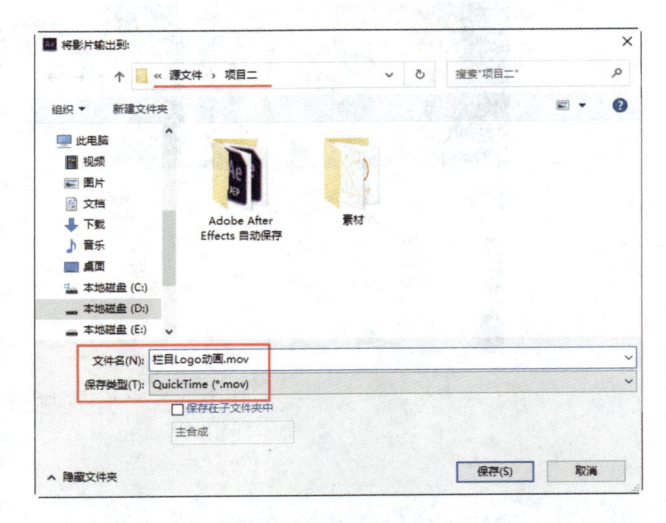

图2-123 设置输出文件的名称、类型和保存位置

(3)单击"渲染队列"面板右上角的"渲染"按钮,即可按照当前的渲染输出设置对合成进行渲染输出,在"渲染队列"面板中显示渲染进度,如图2-124所示。输出完成后,在选择的输出位置可以看到所输出的视频文件,如图2-125所示。

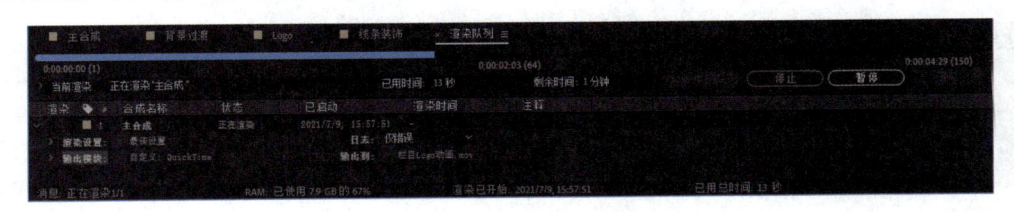

图2-124 显示渲染进度

图 2-125　得到输出的视频文件

（4）双击所输出的视频文件，即可在视频播放器中预览所渲染输出的栏目 Logo 动画效果，如图 2-126 所示。

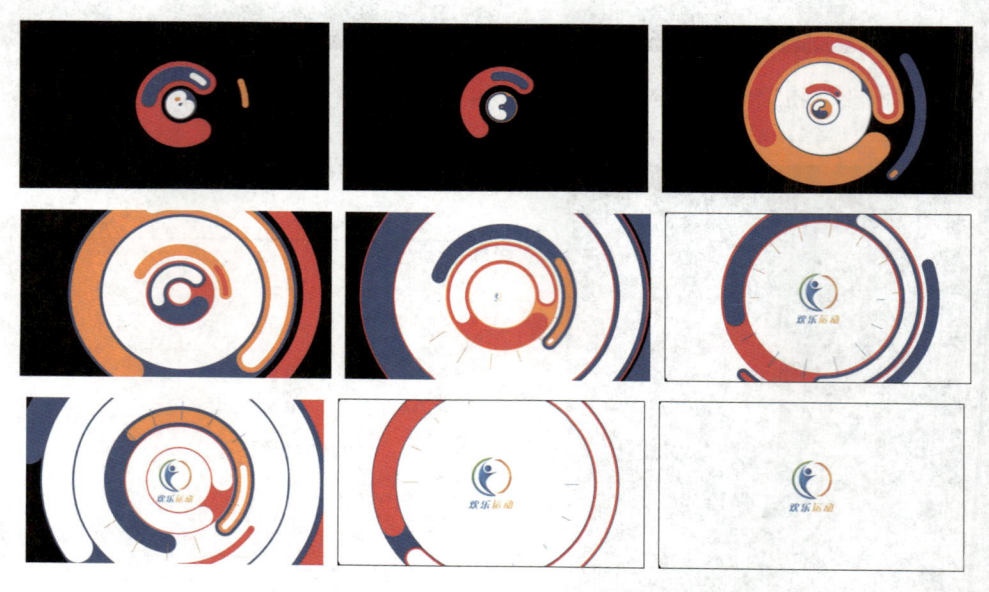

图 2-126　预览栏目 Logo 动画效果

## 2.4　检查评价

本任务完成了一个娱乐栏目 Logo 动画的制作，为了帮助读者理解 Logo 动画的制作方法和表现技巧，在完成本学习情境内容的学习后，需要对读者的学习效果进行评价。

### 2.4.1　检查评价点

（1）了解 Logo 动画的表现优势。

（2）掌握 After Effects 中时间轴和关键帧的操作。

（3）在 After Effects 中完成 Logo 动画的制作。

## 2.4.2 检查控制表

| 学习情境名称 | | 栏目 Logo 包装 | | 组别 | | 评价人 | | |
|---|---|---|---|---|---|---|---|---|
| 检查检测评价点 | | | | | | 评价等级 | | |
| | | | | | | A | B | C |
| 知识 | 能够阐述视频栏目包装的 3 种作用 | | | | | | | |
| | 能够正确区分 Logo 包装的表现形式 | | | | | | | |
| | 能够详细描述 Logo 包装提升品牌识别度的注意事项 | | | | | | | |
| | 能够详细说明"时间轴"面板中的各按钮的作用及使用方法 | | | | | | | |
| | 能够详细描述各种图层的作用及应用特点 | | | | | | | |
| 技能 | 能够应用形状图层完成基本图形的绘制与修改 | | | | | | | |
| | 能够应用图层的基本属性完成位移、旋转、渐隐等动画 | | | | | | | |
| | 画面衔接自然,动画效果顺畅、速度适中 | | | | | | | |
| | 能够设置关键帧动画,并借鉴、复制其他对象的动画效果 | | | | | | | |
| | 能够正确设置视频入点、出点,渲染所需格式的视频 | | | | | | | |
| 素养 | 能够耐心、细致地聆听制作需求,准确记录任务关键点 | | | | | | | |
| | 能够团结协作,一起完成工作任务,具有团队意识 | | | | | | | |
| | 善于沟通,能够积极表达自己的想法与建议 | | | | | | | |
| | 能够注意素材及文件的安全保存,具有安全意识 | | | | | | | |
| | Logo 包装的主题要积极向上,能够传递正能量 | | | | | | | |
| | 注意保持工位的整洁,工作结束后自觉打扫整理工位 | | | | | | | |

## 2.4.3 作品评价表

| 评价点 | 作品质量标准 | 评价等级 | | |
|---|---|---|---|---|
| | | A | B | C |
| 主题内容 | Logo 包装的内容积极、健康,能够传递正能量 | | | |
| 直观感觉 | 作品内容完整,可以独立、正常、流畅地播放 | | | |
| | 作品结构清晰 | | | |
| | 镜头运用合理 | | | |
| 技术规范 | 视频的尺寸、规格符合规定的要求 | | | |
| | 画面的风格、动画效果切合主题 | | | |
| | 视频作品输出的规格符合规定的要求 | | | |
| 动画表现 | 视频节奏与主题内容相称 | | | |
| | 音画配合得当 | | | |
| 艺术创新 | 根据视频内容搭配新颖、时尚的文字变化 | | | |
| | 视频整体表现形式有新意 | | | |

## 2.5 巩固扩展

根据本任务所学内容，运用所学的相关知识，读者可以使用 After Effects 完成一个栏目 Logo 动画的制作，并通过图层的基础变换属性来制作动画。

## 2.6 课后测试

在完成本学习情境内容的学习后，读者可以通过几道课后测试题，检验一下自己的学习效果，同时加深对所学知识的理解。

### 一、选择题

1. 在图层左侧的小三角按钮上单击，可以展开该图层的相关属性，在"变换"选项的系列属性中不包含下列哪个属性？（　　）

   A．位置　　　　B．不透明度　　　C．尺寸　　　　D．旋转

2. 选中图层，按（　　）快捷键显示该图层的"位置"属性。

   A.【P】　　　　B.【S】　　　　C.【T】　　　　D.【R】

3. 选择图层，如果需要在该图层下方只显示添加了关键帧的属性，可以按（　　）快捷键。

   A.【Ctrl+D】　　B.【Ctrl+K】　　C.【O】　　　　D.【U】

### 二、判断题

1. 在视频栏目包装中，Logo 包装设计一般以"标识演绎"和"品格演绎"的形式出现。（　　）

2. 栏目 Logo 包装是时长最短、暴露频率最高的视频栏目包装。（　　）

3. "锚点"属性主要用来设置素材的中心点位置。素材的中心点位置不同，并不会影响对素材进行缩放、旋转等操作的效果。（　　）

# 学习情境 3

# 节目导视

节目导视可以让观众更便利、轻松地收看节目，是建议和促进观众继续收看节目的有效方法。节目导视除了版面设计精美，一般播出频率都比较高，播出时间也相对固定，从而充分地发挥了其引导收视的作用。本学习情境重点介绍节目导视和导视宣传片的相关知识，并通过一个节目导视包装的制作，使读者掌握节目导视包装的制作与表现方法。

## 3.1 情境说明

节目导视这一视频栏目包装形式主要应用于电视媒体，是由电视媒体的"顺序传播方式"决定的。在网络等新媒体的影视传播中，可以通过其交互式的点播系统完成对受众的收视引导，电视的节目播出是按照一定顺序进行的，播出时间相对固定，因此只能借助插播节目的导视宣传片来引导观众收看节目。

### 3.1.1 任务分析——节目导视

本任务将制作一个电视节目导视包装。在该节目导视包装的制作过程中，首先使用视频素材作为节目导视的背景；然后通过蒙版遮罩的方式将画面划分为两个不规则的区域，面积较大的左侧区域用于显示各节目的视频画面，面积较小的右侧区域则显示节目导视列表，并且节目导视列表中的文字动画与视频画面是相互关联的；最后通过动画的形式使节目名称和时间文字与该节目的视频画面相关联，从而实现视觉表现效果流畅、自然。接近黑色的深灰色背景搭配白色的节目文字，对显示的节目文字使用红色突出表现，有效突出节目视频与文字的视觉表现，使整个节目导视包装的效果更加简洁、大方，视觉表现突出。图 3-1 所示为本任务所制作的节目导视包装的部分截图。

图 3-1　节目导视包装的部分截图

### 3.1.2　任务目标——掌握节目导视的制作

想要完成本任务中节目导视的制作，需要掌握以下知识内容。
- 了解节目导视与导视宣传片。
- 了解节目导视的分类。
- 了解单节目导视宣传片的创作方法。
- 了解组合节目导视宣传片的创作方法。
- 掌握在 After Effects 中形状路径的绘制和蒙版路径的创建。
- 掌握在 After Effects 中蒙版路径的编辑和蒙版属性的设置。
- 了解并掌握在 After Effects 中轨道遮罩的使用。
- 掌握在 After Effects 中制作节目导视包装的方法。

## 3.2　基础知识

节目导视的表现形式多种多样，它直接关系到某个节目、某几个节目或者某个连续节目的某一期的播出时间、频道、卖点、精彩内容等。节目导视是当前出现频率较高的视频栏目包装形式，也被称为"收视指南"。

### 3.2.1　节目导视与导视宣传片

传统表现形式的电视节目导视是节目字幕导视，也被称为节目播出菜单，就是展示将要播出的节目时间和内容的顺序列表，一般由精致衬底加字幕再辅以优美音乐组成。图 3-2 所示为传统表现形式的电视节目导视。

图 3-2　传统表现形式的电视节目导视

视频栏目包装中的节目导视也被称为"标题宣传片""特指宣传片"，它以发布具体的节目播映、收视信息为主要目的，直接关系列某个或某几个节目的播出时间、播出媒介、卖点、精彩内容等。视频栏目包装中的节目导视针对的是一个发布多类型节目的影视媒体，所以它最初主要出现在电视媒体的包装中。

宣传片在整个视频栏目包装体系中比重非常大，地位相当突出，尤其是节目导视宣传片，其更新频率还相对较快（因为要不断地对新生产的节目做包装宣传、对临近推出的节目做时间宣传上的更新等）。视频栏目包装多数是以节目导视宣传片的方式来触及影视媒体的节目层面，也主要通过它来激发观众对节目的关注、兴趣。同时，由于导视宣传片更新频率相对较快，因此它的更新与维护也是设计师们日常工作的重点。可以这样说，缺乏宣传片的视频栏目包装是不成体系、不完整的，而缺乏足够节目导视宣传片的视频栏目包装，是不可能将宣传成本转化为收视利润的。

**小贴士**：在节目导视宣传片的创作过程中，悬念策略、悬疑手法是节目导视宣传片的常用技巧，通过将节目看点悬念化的方式来增强观众的收看兴趣。

## 3.2.2　节目导视的分类

节目导视宣传片的播出频率较高，可以起到吸引观众收看的作用，同时能够通过反复出现的方式来强化影视媒体的形象宣传。

### 1. 单节目导视宣传片和组合节目导视宣传片

按照一条导视宣传片中所推荐的节目的数量，导视宣传片可以进一步分为单节目导视宣传片和组合节目导视宣传片。单节目导视宣传片又被称为"单一节目宣传片"；组合节目导视宣传片又被称为"多节目宣传片"。顾名思义，单节目导视宣传片就是针对一个节目的导视宣传片，而组合节目导视宣传片则同时顾及若干个节目，是一种特定的综合方式的节目宣传片。

**2. "每日标题"导视宣传片和"特定日期"导视宣传片**

根据导视宣传片所陈列节目的日期不同，导视宣传片又可以分为"每日标题"导视宣传片和"特定日期"导视宣传片两种。"每日标题"导视宣传片常常以"今天""今晚""接下来"等来指示时间，属于当天的垂直预告，其"寿命"只有一天，但非常有效。它提醒观众将要出现的节目是什么、怎么样，直接诱使观众关注节目。图3-3所示为"接下来"所播放节目的导视宣传片。

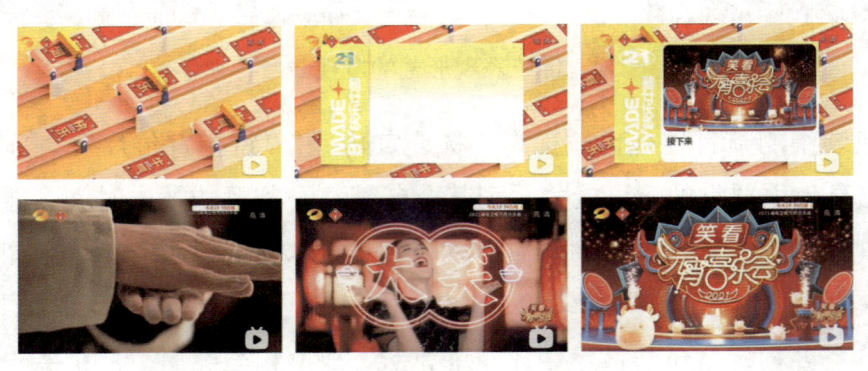

图3-3 "接下来"所播放节目的导视宣传片

"特定日期"导视宣传片是一种给出未来某天、某时间将出现某节目的中期预告性的预告片，多用于宣传优先级别较高的节目，例如，电影、重要综艺晚会等。"特定日期"导视宣传片的"寿命"一般在一周左右，并标有诸如"某月某日""星期几晚几点"这样的时间信息，属于对影视节目的预告。图3-4所示为"特定日期"的节目导视宣传片。

图3-4 "特定日期"的节目导视宣传片

节目导视宣传片的目的是直接诱发观众的收视行为，所以收视行为的"时间"和"地点"是最重要的信息。也就是说，"什么时间""在什么媒体播出"这两方面的信息甚至比"什么节目"更重要，更需要传递给目标观众。在导视宣传片中如果只是一味地突出节目名称、内容或明星，就是对媒体资源的浪费，因为观众每天被太多的广告包围，所以可能对这些信息已经不太敏感。如果观众模模糊糊地记得"今天几时几分几台有个什么节目我可能会喜欢看"，那么这条导视宣传片就已经很成功了。

"每日标题"导视宣传片主要是对节目进行短期或临近的预告,"特定日期"导视宣传片是对节目进行中期的预告,更长期的导视宣传片可以被看作是"特定日期"导视宣传片的补充和延伸。例如,"某某节目近期播出"就属于长期的导视宣传片。这种导视宣传片不强调节目时间,是因为节目时间离宣传片投放的时间还比较长,观众可能根本记不住。另外,这种宣传片还兼具另一功能,就是向广告商发出暗示性的邀约,诱使其在即将播出的节目中投放广告,这在国内电视连续剧的节目宣传中很常见。但是,这种更长期的导视宣传片只有与"特定日期"导视宣传片配套设计、使用才有意义,才能使观众形成"时间逼近"的心理感受,颇有"非看不可"的感觉。

### 3.2.3 单节目导视宣传片的创作

单节目导视宣传片是最主要、最重要的导视宣传形式。它原则上应该包含的信息有影视媒体名称、节目日期时间、节目名称和节目独特卖点等,其中,媒体名称和节目日期时间是实质性的信息,是绝对不可以含糊或省略的。

时间长度能够影响单节目导视宣传片的创意与设计。

30秒的单节目导视宣传片可以比较充分地展开一个想法,有相对充足的时间传递某种情绪。例如,典型的影视剧宣传片往往开始于一个开场白,接着可能是剪辑剧中的精彩场景(含人物关键对白),最后通过一句富有冲击力的结束语来传达必要的信息。目前,许多电影和电视剧的导视宣传片都采用这种套路,这种篇幅和形式的单节目导视宣传片可以比较充分地传达卖点,感染观众情绪。

当单节目导视宣传片只有5至10秒的容量时,信息将被快速传达。这种简短的单节目导视宣传片的画面运动往往比较简单,音效替代了对白,人声解说词是介绍节目信息的主要方式。这种单节目导视宣传片一般会"看图说话",声画信息传递双管齐下。图3-5所示为单节目导视宣传片。

图3-5 单节目导视宣传片

单节目导视宣传片的创作没有公式，更不可能有标准模式。近年来，国际、国内的各种宣传营销会议和学者们都提出了创作单节目导视宣传片的方法，主要包括以下几种。

### 1．单节目导视宣传片要有明确的对象感

视频栏目包装设计者要了解并准确界定节目及其导视宣传片的目标观众的年龄段、性别、职业，甚至文化水平等，信息内容和传递形式都要有强烈的针对性。

### 2．单节目导视宣传片要尽可能地传递某种情绪

不管是体育运动的激情、爱国豪情、家庭亲情、爱情之类的特定情感，还是感动、开心等普通情绪，导视宣传片都应当着力渲染和突出这种情绪。例如，"幽默"是极具感染力的，许多成功的导视宣传片都是利用它感染目标观众的。

### 3．单节目导视宣传片一定要有节奏感

节奏感形成韵律，尤其是以"表现"而不是"情节"为主线的导视宣传片，利用好拍摄与剪辑技巧，可以形成推动情绪走向的动势，从心理上打动目标观众。图 3-6 所示为有节奏感的单节目导视宣传片。

图 3-6　有节奏感的单节目导视宣传片

## 3.2.4　组合节目导视宣传片的创作

组合节目导视宣传片是由多个节目信息组合在一起的导视宣传片。它将节目时间、内容等有相似性的节目板块化地介绍给目标观众，或者将一个媒体连续的节目放在一起进行宣传推广。

在通常情况下，组合节目导视宣传片的具体设计方法是：将一个固定时长的导视宣传片的结构和格式分解为几个段落，分别对不同的节目进行快节奏的宣传推广，最后列出这些节目的名称、时间、顺序，以及影视媒体的形象标识。在划分的段落中，某些段落的设计可能

采用情绪渲染的方式（类似于 30 秒单节目导视宣传片的设计方式），某些可能采用"看图说话"较直接的方式（类似于 5 至 10 秒单节目导视宣传片的设计方式），通常新推出的节目会分配到更长的段落。

按照所组合节目之间的距离，组合节目导视宣传片可以分为"纵向组合节目导视"和"横向组合节目导视"。纵向组合节目导视是指所组合的节目是按照时间顺序播出的，这样的组合宣传不仅可以将不同的节目连接在一起，使观众从上一个节目流向下一个节目，还可以将新推出的节目与成功的品牌节目组合在一起，有利于新节目迅速被观众接受。

横向组合节目导视宣传片一般用于两种情况下：一是每天固定时刻播出的节目，例如，电视台的日播栏目，可以一次介绍几期；二是将不在同一时间播出的同类型的节目组合在一起，以某种主题串联起来进行推广。

图 3-7 所示为某电视台在每周一至周五同一时间段所安排的多档不同类型的节目的导视宣传片，配合人声说明，使观众能够一次了解到一周的多档节目安排。

图 3-7　组合节目导视宣传片

需要注意的是，除去开头、专场、结尾的设计，组合节目导视宣传片真正用于节目宣传的有效时间将更为有限。从经典的组合节目导视宣传片案例分析中发现，一般 30 秒的宣传片只介绍 2 至 4 个节目，5 个以上的几乎没有。

> **小贴士**：相对于组合节目导视宣传片，单节目导视宣传片主要用来推广比较重要的节目。一旦这个节目被观众认知后，就可以利用组合节目导视宣传片在有限的时间内发挥更为理想的节目推广作用。

有一种特殊的单节目导视宣传片，就是下一节目的导视宣传片，在上一节目结束时与片尾同时出现，也被称为"片尾导视宣传片"。在时间资源更加宝贵的新传媒时代，片尾导视宣传片正受到更多的重视。这种方式更大的优势在于，可以实现所谓的"节目无缝连接"，营造出更顺畅的播出流，还能在一定程度上保持观众的持续关注。

图 3-8 所示为片尾导视宣传片，在当前所播放节目的片尾部分播出接下来所播放节目的导视宣传片，从而实现节目的"无缝连接"，使观众保持持续关注。

图 3-8 片尾导视宣传片

## 3.3 任务实施

在掌握了节目导视包装设计的相关基础知识后，读者可以使用 After Effects 制作一个节目导视包装，在实践过程中掌握节目导视设计的表现方法和制作技巧。

### 3.3.1 关键技术——掌握路径与蒙版的创建和操作

蒙版是实现许多特殊效果的处理方式，在 After Effects 中通过蒙版与蒙版属性的设置，能够制作出许多出色的蒙版效果。

**1. 形状路径**

在 After Effects 中使用形状工具不仅可以很容易地绘制出矢量图，而且可以为这些形状图形制作动画效果。形状工具为动画制作提供了无限的可能，尤其是路径形状中的颜色和变形属性。

1）认识形状路径

形状工具可以处理矢量图、位图和路径等，如果绘制的路径是封闭的，则可以将封闭的路径作为蒙版使用，因此，在 After Effects 中形状工具常用于绘制路径和蒙版。

在 After Effects 中使用形状工具所绘制的形状和路径，以及使用文字工具输入的文字都是矢量图，将这些图形放大 N 倍，仍然可以清楚地观察到图形的边缘是光滑平整的。

After Effects 中的形状和遮罩都是基于路径的概念。一条路径是由点和线构成的，线可以是直线，也可以是曲线，用线来连接点，而点则定义了线的起点和终点。

在 After Effects 中，可以使用形状工具绘制标准的几何路径形状，也可以使用"钢笔工具"绘制复杂的路径形状，通过调整路径上的点或者调整点的控制手柄，可以改变路径的形状，如图 3-9 所示。

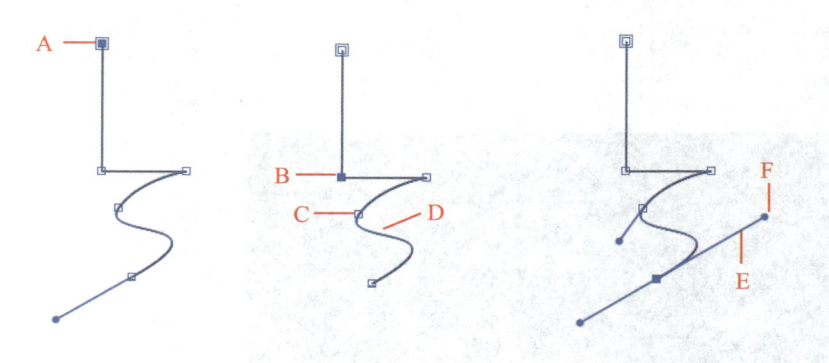

图 3-9 使用"钢笔工具"绘制的路径

A 为选中的顶点，B 为选中的顶点，C 为未选中的顶点，D 为曲线路径，E 为方向线，F 为控制手柄。

路径有两种顶点：平滑点和边角点。在平滑点上，路径段被连接成一条光滑的曲线，平滑点两侧的方向线在同一直线上；在边角点上，路径突然更改方向，边角点两侧的方向线在不同的直线上。用户可以使用平滑点和边角点的任意组合绘制路径，如果绘制了错误种类的平滑点或边角点，还可以使用"转换'顶点'工具"对其进行修改。

当移动平滑点的方向线时，点两侧的曲线会同时进行调整，如图 3-10 所示。相反，当移动边角点的方向线时，只会调整与方向线在该点的相同边的曲线，如图 3-11 所示。

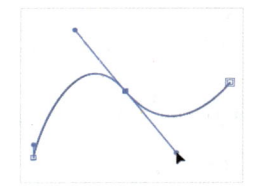

图 3-10 调整平滑点方向线　　　图 3-11 调整边角点方向线

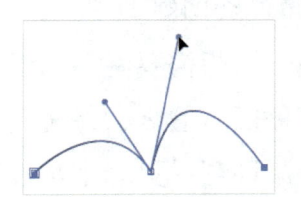

2）形状路径属性

在"合成"窗口中绘制一个路径形状后，可以在该形状图层下方的"内容"选项右侧单击"添加"按钮，在弹出的菜单中可以选择为该形状或形状组添加属性设置，如图 3-12 所示。

路径属性：执行"矩形""椭圆""多边星形"命令，即可在当前路径形状中添加一个相应的子路径；如果执行"路径"命令，将切换到"钢笔工具"状态，可以在当前路径形状中绘制一个不规则的子路径。

路径颜色属性：包含"填充""描边""渐变填充""渐变描边" 4 种，其中，"填充"属性主要用来设置路径形状内部的填充颜色；"描边"属性用来设置路径描边颜色；"渐变填充"

79

属性用来设置路径形状内部的渐变填充颜色;"渐变描边"属性用来为路径设置渐变描边颜色,效果如图 3-13 所示。

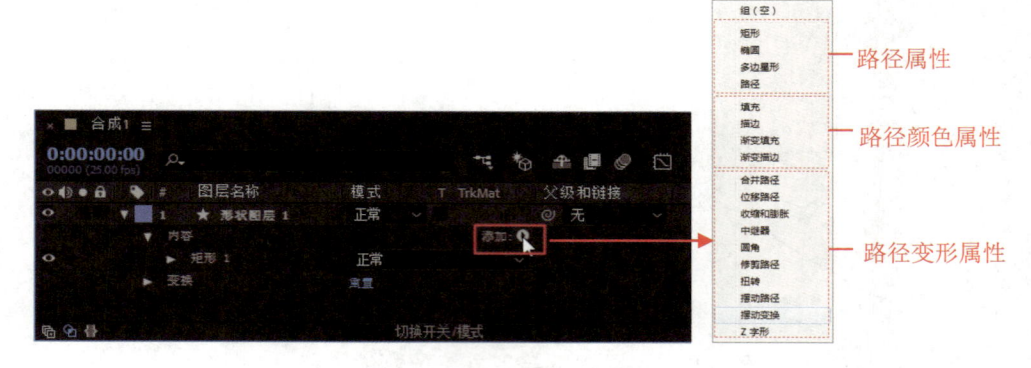

图 3-12 添加路径形状属性

（填充）　（描边）　（渐变填充）　（渐变描边）

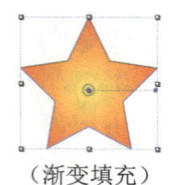

图 3-13 设置不同的路径颜色属性的效果

**路径变形属性**：可以对当前所选择的路径或者路径组中的所有路径起作用，另外，可以对路径变形属性进行复制、剪切、粘贴等操作。

### 2．蒙版路径的创建

一般来说，蒙版需要两个图层，而在 After Effects 中，可以在一个素材图层上绘制形状轮廓从而制作蒙版，看上去像是一个图层，但读者可以将其理解为两个图层：一个为形状轮廓图层，即蒙版图层；另一个是被蒙版图层，即蒙版下面的素材图层。

蒙版图层的轮廓形状决定着看到的图像形状，而被蒙版图层决定着看到的内容。在为某个对象创建了蒙版后，位于蒙版范围内的区域是可以被显示的，而位于蒙版范围以外的区域将不被显示。因此，蒙版的形状和范围也就决定了所看到的图像的形状和范围，如图 3-14 所示。

图 3-14 添加圆形蒙版前后的显示效果

**小贴士**：After Effects 中的蒙版是由线段和控制点构成的，其中，线段是连接两个控制点的直线或曲线；控制点则是定义了每条线段的开始点和结束点。路径可以是开放的也可以是闭合的，开放路径有着不同的开始点和结束点，如直线或曲线；而闭合路径是连续的，没有开始点和结束点。

蒙版动画可以理解为一个人拿着望远镜眺望远方，在眺望时不停地移动望远镜，看到的内容就会有不同的变化，这样就形成了蒙版动画。当然也可以理解为望远镜静止不动，而看到的画面在不停地移动，即被蒙版图层不停地运动，以此来产生蒙版动画。

1）使用形状工具创建蒙版

在 After Effects 中，使用形状工具既可以创建形状图层，也可以创建形状遮罩，形状工具如图 3-15 所示。

如果当前选择的是形状图层，则在工具栏中单击选择一个形状工具之后，在工具栏的右侧会出现"工具创建形状"按钮★和"工具创建蒙版"按钮▓，如图 3-16 所示。

图 3-15　形状工具　　　　　　　图 3-16　创建形状或遮罩的选择按钮

例如，在"时间轴"面板中选中一个形状图层，如图 3-17 所示。使用"星形工具"，在工具栏中单击"工具创建形状"按钮★，在"合成"窗口中拖动鼠标可以在当前所选中的形状图层中添加所绘制的星形路径图形，如图 3-18 所示。

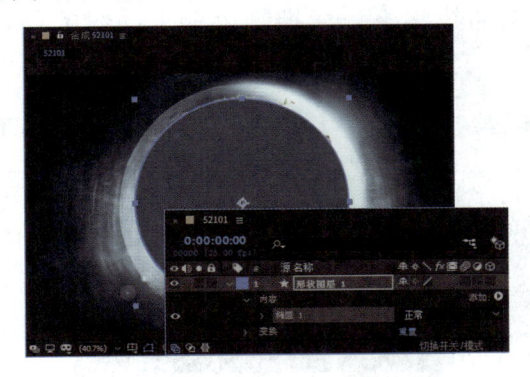

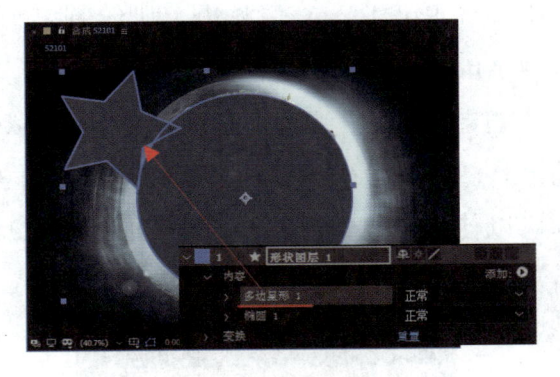

图 3-17　选择形状图层　　　　　　图 3-18　添加所绘制的路径图形

选择一个形状图层，使用"星形工具"，在工具栏中单击"工具创建蒙版"按钮▓，在"合成"窗口中拖动鼠标可以在当前所选中的形状图层中绘制星形路径蒙版，在"时间轴"面板中的效果如图 3-19 所示。在"合成"窗口中可以看到添加蒙版后的效果，如图 3-20 所示。

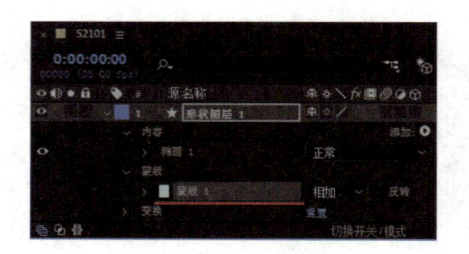

图 3-19　在形状图层中添加蒙版　　　　　图 3-20　添加蒙版的效果

需要注意的是，在没有选择任何图层的情况下，使用形状工具在"合成"窗口中进行绘制，可以绘制出形状图形并得到相应的形状图层，而不是蒙版；如果选择的图层是形状图层，则可以使用形状工具创建图形或者为当前所选择的形状图层创建蒙版；如果选择的图层是素材图层或纯色图层，则在使用形状工具时，只能为当前所选择的图层创建蒙版。

2）使用"钢笔工具"创建蒙版

使用"钢笔工具"可以在"合成"窗口中绘制出各种不规则的路径。铅笔工具组还包含4个辅助工具，如图 3-21 所示。在工具栏中选择"钢笔工具"之后，工具栏的右侧会出现一个 RotoBezier 复选框，如图 3-22 所示。

图 3-21　钢笔工具组　　　　　图 3-22　RotoBezier 复选框

在默认情况下，是没有勾选 RotoBezier 复选框的，这时使用"钢笔工具"绘制的贝塞尔曲线的顶点是含有控制手柄的，用户可以通过调整控制手柄的位置调整贝塞尔曲线的形状；如果勾选 RotoBezier 复选框，则绘制出来的贝塞尔曲线将不包含控制手柄，曲线的顶点曲率是由 After Effects 自动计算得出的。

如果当前没有选择任何图层，则可以使用"钢笔工具"在"合成"窗口中绘制出不规则的形状图形，并得到新的形状图层，如图 3-23 所示。如果当前选择的是素材图层或纯色图层，则可以使用"钢笔工具"在"合成"窗口中为当前所选择的图层添加不规则蒙版，如图 3-24 所示。

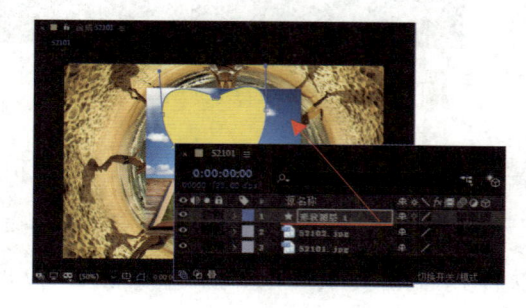

图 3-23　绘制不规则的形状图形　　　　　图 3-24　添加不规则蒙版

小贴士：如果当前选中的是形状图层，则在使用"钢笔工具"时，工具栏的右侧会出现"工具创建形状"按钮★和"工具创建蒙版"按钮■，选择不同的按钮可以在当前所选择的形状图层中绘制形状图形或添加形状蒙版。

### 3. 编辑蒙版路径

1）选择路径顶点

想要选择路径上的顶点，只需要使用"选取工具"，在路径顶点上单击，即可选中一个路径顶点，其中，被选中的路径顶点呈现实心方形的效果，而没有选中的节点则呈现空心方形的效果，如图3-25所示。

想要选择多个顶点，可以按住【Shift】键不放，分别单击需要选择的顶点即可，如图3-26所示。除此之外，还可以通过框选的方式同时选中多个路径顶点，使用"选取工具"，在"合成"窗口中的空白位置单击并拖动鼠标，将出现一个矩形选框，如图3-27所示。被矩形框选中的路径顶点都会被同时选中，如图3-28所示。

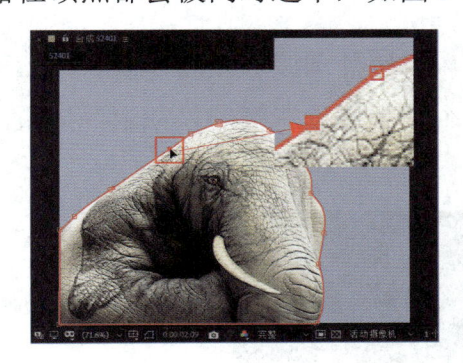

图 3-25　选择一个顶点　　　　　　图 3-26　选择多个顶点

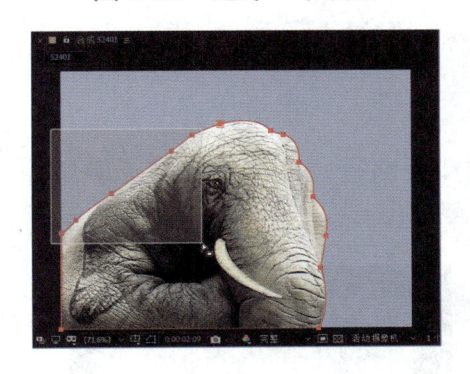

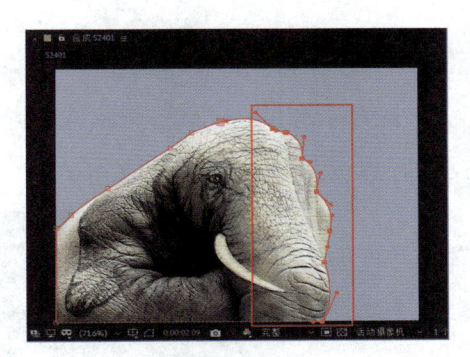

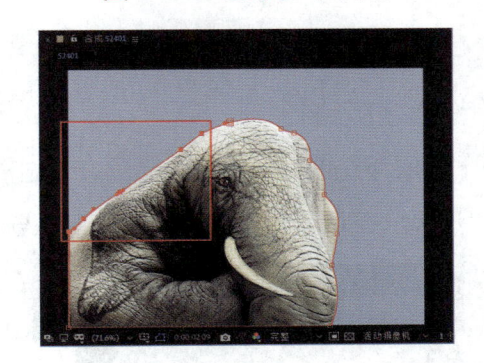

图 3-27　拖动绘制一个矩形选框　　图 3-28　矩形框中的锚点都会被选中

2）移动路径顶点

在选中路径上的顶点后，可以使用"选取工具"拖动顶点移动其位置，如图3-29所示，也可以使用键盘上的方向键微调所选中顶点的位置，从而改变路径形状。

按住【Alt】键不放，使用"选取工具"单击路径上的任意一个顶点，可以快速选择整个路径中的所有顶点。在该状态下,使用"选取工具",通过拖动可以调整整个路径的位置,如图 3-30 所示。

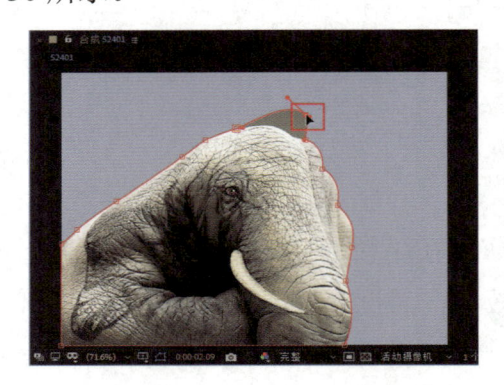

图 3-29　移动所选中的顶点　　　　　　　图 3-30　移动整个路径

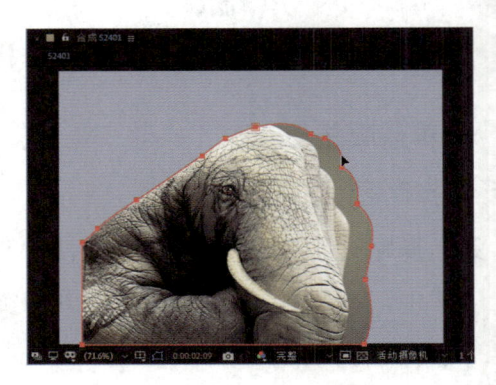

3) 锁定蒙版路径

在视频动画的制作过程中,为了避免操作中的失误,After Effects 提供了锁定蒙版路径的功能,锁定后的蒙版路径不能进行任何编辑操作。

锁定蒙版路径的方法非常简单,在"时间轴"面板中展开图层下方的"蒙版"选项,显示在该图层中所添加的一个或多个蒙版路径,单击某个蒙版选项左侧的"锁定"按钮,即可将该蒙版路径锁定,如图 3-31 所示。

图 3-31　锁定蒙版路径

4) 变换蒙版路径

展开图层下方的"蒙版"选项,单击需要选择的蒙版路径,即可选中整个蒙版路径,如图 3-32 所示。在所选中的蒙版路径上双击,会显示一个路径变换框,如图 3-33 所示。

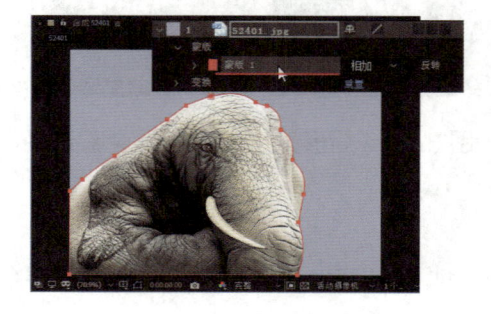

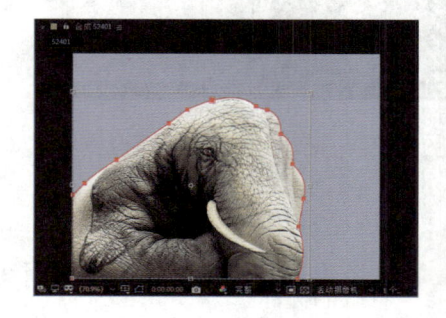

图 3-32　选中蒙版路径　　　　　　　图 3-33　显示路径变换框

将鼠标指针移动到路径变换框周围的任意位置，在出现旋转图标↻后，拖动鼠标即可对整个蒙版路径进行旋转操作，如图3-34所示。将鼠标指针放置在变换框的其中任意一个节点上，在出现双向箭头图标后，拖动鼠标即可对蒙版路径进行缩放操作，如图3-35所示。

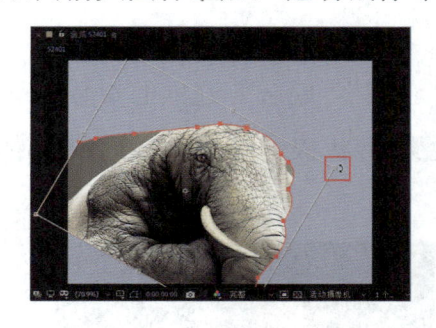

图 3-34　旋转蒙版路径　　　　　　　　　图 3-35　缩放蒙版路径

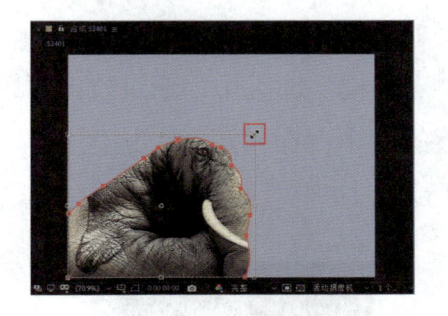

### 4. 蒙版属性

完成图层蒙版的添加后，在"时间轴"面板中展开该图层下方的"蒙版"选项，可以看到用于对蒙版进行设置的各种属性，如图3-36所示。这些属性不仅可以对该图层蒙版的效果进行设置，还可以为蒙版属性添加关键帧，制作出相应的蒙版动画效果。

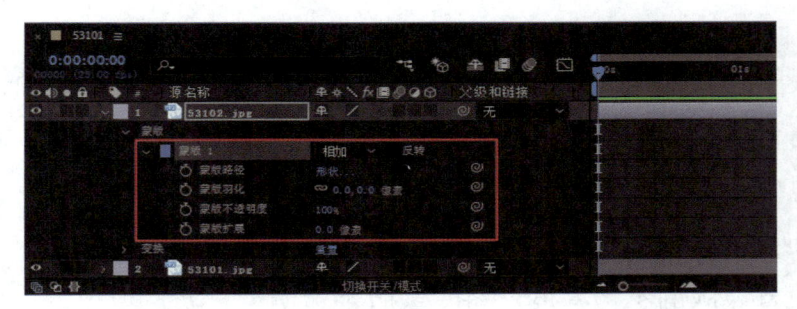

图 3-36　蒙版属性列表

1）反转

勾选"反转"复选框，可以反转当前蒙版的路径范围和形状，反转蒙版效果，如图3-37所示。

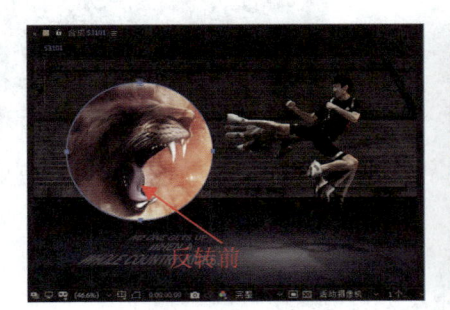

图 3-37　反转蒙版效果

2）蒙版路径

该属性用于设置蒙版的路径范围，也可以为蒙版节点制作关键帧动画。选择该属性右侧的"形状…"选项，弹出"蒙版形状"对话框，在该对话框中可以对蒙版的定界框和形状进行设置，如图3-38所示。

在"定界框"选区中，通过修改"顶部""左侧""右侧""底部"选项的参数，可以修改当前蒙版的大小；在"形状"选区中，可以将当前的蒙版形状快速修改为矩形或椭圆形，如图3-39所示。

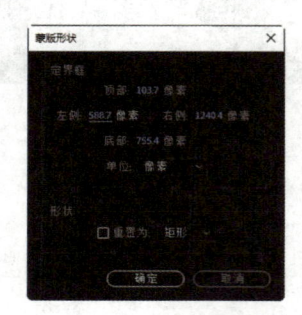

图3-38　"蒙版形状"对话框　　　　图3-39　修改蒙版形状为矩形

3）蒙版羽化

该属性用于设置蒙版羽化的效果，可以通过蒙版羽化得到更自然的融合效果，并且在水平和垂直方向上可以设置不同的羽化值，单击该属性右侧的"约束比例"按钮，可以锁定或解除水平和垂直方向的约束比例如图3-40所示。

4）蒙版不透明度

该属性用于设置蒙版的不透明度。将"蒙版不透明度"属性值设置为"40%"的效果，如图3-41所示。

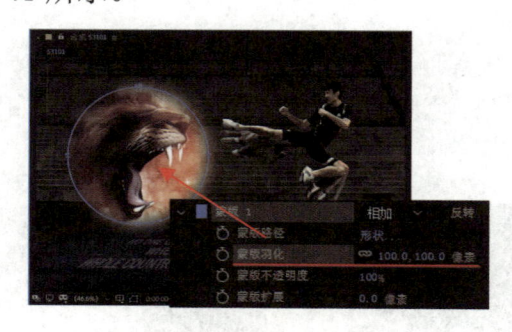

图3-40　蒙版羽化效果　　　　图3-41　蒙版不透明度效果

5）蒙版扩展

该属性可以设置蒙版图形的扩展程度，如果将"蒙版扩展"属性值设置为正值，则扩展蒙版区域；如果将"蒙版扩展"属性值设置为负值，则收缩蒙版区域，如图3-42所示。

6) 蒙版的叠加处理

当一个图层中同时包含有多个蒙版时，就可以设置蒙版的"混合模式"选项，使蒙版与蒙版之间产生叠加的效果，如图 3-43 所示。

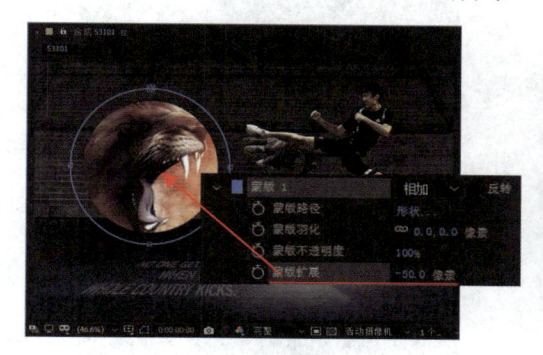

图 3-42　收缩蒙版区域　　　　　　　图 3-43　蒙版"混合模式"选项

### 5．轨道遮罩

如果需要为当前图层创建轨道遮罩效果，只需要在当前图层上方绘制遮罩图形即可，如图 3-44 所示。在需要被遮罩图层的"TrkMat（轨道遮罩）"选项中设置当前图层与其上方图层的轨道遮罩方式，该选项的下拉列表中包含 5 个选项，如图 3-45 所示。

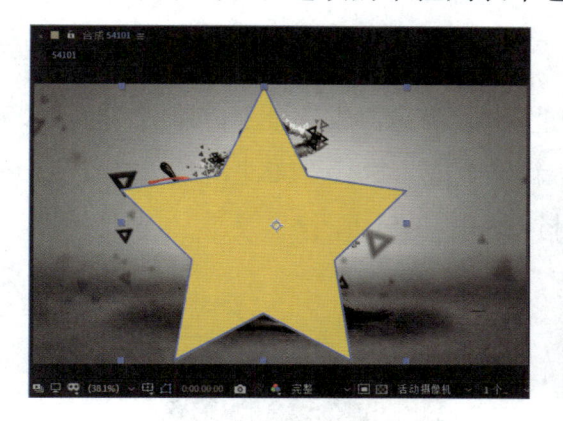

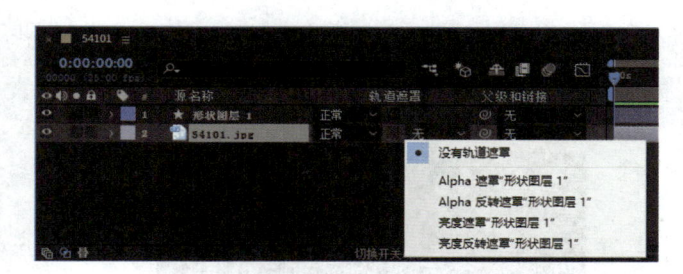

图 3-44　绘制遮罩图形　　　　　　　图 3-45　"TrkMat（轨道遮罩）"下拉列表中的选项

"没有轨道遮罩"选项为默认选项，表示不使用遮罩效果；如果将"TrkMat（轨道遮罩）"选项设置为"Alpha 遮罩"，则利用上方图层的 Alpha 通道创建遮罩效果，效果如图 3-46 所示；如果将"TrkMat（轨道遮罩）"选项设置为"Alpha 反转遮罩"，则反转上方图层的 Alpha 通道创建遮罩效果，效果如图 3-47 所示；如果将"TrkMat（轨道遮罩）"选项设置为"亮度遮罩"，则使用上方图层中内容的亮度创建遮罩效果，效果如图 3-48 所示；如果将"TrkMat（轨道遮罩）"选项设置为"亮度反转遮罩"，则反转上方图层中内容的亮度创建遮罩效果，效果如图 3-49 所示。

图 3-46 设置"Alpha 遮罩"的效果　　　　图 3-47 设置"Alpha 反转遮罩"的效果

图 3-48 设置"亮度遮罩"的效果　　　　图 3-49 设置"亮度反转遮罩"的效果

### 3.3.2 任务制作 1——制作节目导视背景和标题动画

**1. 制作背景视频模糊入场**

（1）在 After Effects 中新建空白的项目，执行"合成|新建合成"命令，弹出"合成设置"对话框，设置如图 3-50 所示，单击"确定"按钮，新建合成。执行"文件|导入|文件"命令，导入"源文件/项目三/素材/movie01.mp4"视频素材，如图 3-51 所示。

图 3-50 "合成设置"对话框的设置　　　　图 3-51 导入视频素材

（2）将"movie01.mp4"素材从"项目"面板拖入"时间轴"面板中，在"合成"窗口中可以看到该视频素材的效果，如图 3-52 所示。执行"效果|模糊和锐化|快速方框模糊"命令，为该图层应用"快速方框模糊"效果，确认时间指示器位于 0 秒的位置，在"效果控件"面

板中将"模糊半径"属性值设置为"30.0",并为该属性插入关键帧,如图3-53所示。

(3)选择"movie01.mp4"图层,按【U】快捷键,在该图层下方显示添加了关键帧的属性。将时间指示器移至0秒12帧的位置,再将"模糊半径"属性值设置为"0.0",如图3-54所示。按【S】快捷键,显示"缩放"属性,在当前位置插入该属性关键帧,如图3-55所示。

图3-52 视频素材效果

图3-53 设置"模糊半径"属性值并插入关键帧

图3-54 设置"模糊半径"属性值

图3-55 插入"缩放"属性关键帧

(4)将时间指示器移至0秒位置,再将"缩放"属性值设置为"200.0,200.0",效果如图3-56所示。拖动鼠标框选两个"缩放"属性关键帧,按【F9】快捷键,为其应用缓动效果,如图3-57所示。

图3-56 设置"缩放"属性值的效果

图3-57 为属性关键帧应用缓动效果

## 2. 制作节目导视标题文字

(1)使用"横排文字工具",在"合成"窗口中单击并输入文字,在"字符"面板中对文字的相关属性进行设置,如图3-58所示。使用"向后平移(锚点)工具",将文字的锚点移至文字内容的中心位置,如图3-59所示。

(2)打开"对齐"面板,分别单击"水平对齐"和"垂直对齐"按钮,将文字对齐到合

89

成的中心位置，如图 3-60 所示。选择文字图层，将时间指示器移至 1 秒的位置，按【T】快捷键，显示该图层的"不透明度"属性，将该属性值设置为"0%"并为该属性插入关键帧，如图 3-61 所示。

图 3-58　输入文字并设置

图 3-59　调整锚点位置

图 3-60　将文字对齐到合成中心位置

图 3-61　设置"不透明度"属性值并插入关键帧

（3）将时间指示器移至 2 秒的位置，将"不透明度"属性值设置为"100%"，如图 3-62 所示。将时间指示器移至 2 秒 22 帧的位置，按【P】快捷键，显示该图层的"位置"属性，在当前位置插入该属性关键帧，如图 3-63 所示。

图 3-62　设置"不透明度"属性值

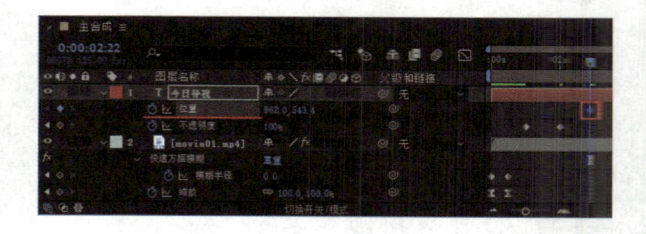

图 3-63　插入"位置"属性关键帧

（4）将时间指示器移至 4 秒的位置，在"合成"窗口中将文字水平向左移出场景，如图 3-64 所示。同时选中两个"位置"属性关键帧，按【F9】快捷键，为其应用缓动效果，如图 3-65 所示。

图 3-64　将文字水平向左移出场景

图 3-65　为属性关键帧应用缓动效果

3．制作节目导视背景

（1）不要选择任何对象，使用"矩形工具"，将"填充"设置为白色，"描边"设置为无，在"合成"窗口中绘制一个矩形，如图 3-66 所示。将该图层重命名为"背景"，执行"效果|生成|梯度渐变"命令，应用"梯度渐变"效果，并对相关选项进行设置，如图 3-67 所示。

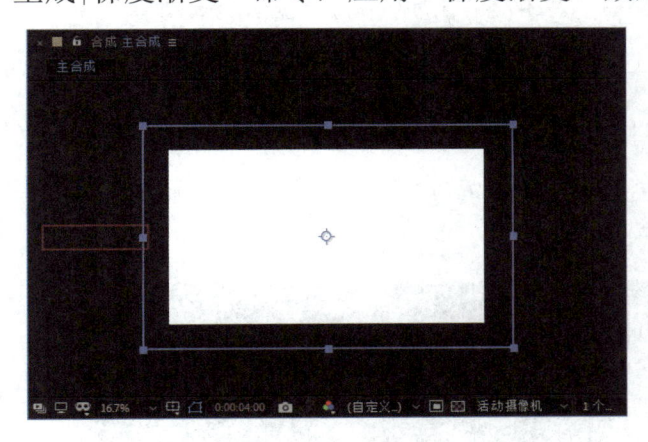

图 3-66　绘制矩形

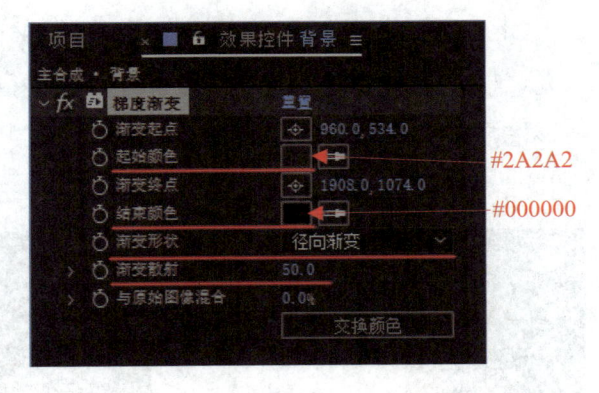

图 3-67　设置"梯度渐变"效果选项

（2）在"合成"窗口中调整"梯度渐变"效果的渐变起点和终点位置，如图 3-68 所示。将时间指示器移至 4 秒的位置，按【P】快捷键，显示该图层的"位置"属性，在当前位置插入该属性关键帧，如图 3-69 所示。

（3）将时间指示器移至 2 秒 22 帧的位置，在"合成"窗口中将该图层中的矩形向右水平移动，如图 3-70 所示。同时选中两个"位置"属性关键帧，按【F9】快捷键，为其应用缓动效果，如图 3-71 所示。

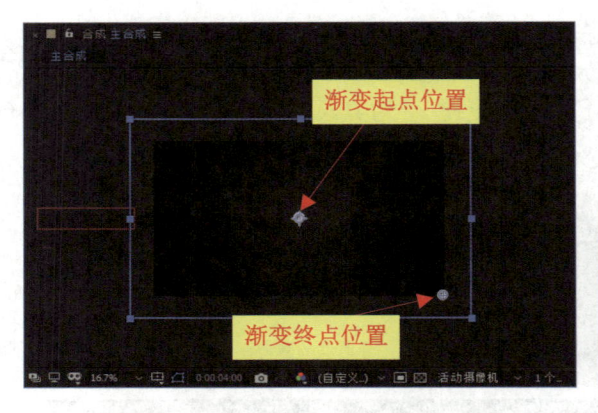

图 3-68　调整渐变起点和终点位置 　　　　图 3-69　插入"位置"属性关键帧

图 3-70　向右水平移动矩形位置 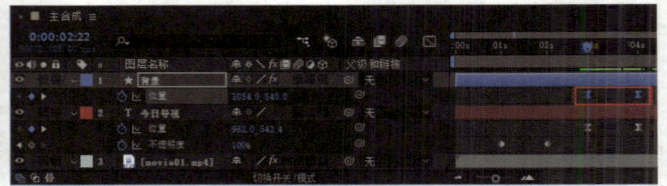　　　　图 3-71　为属性关键帧应用缓动效果

（4）不要选择任何对象，使用"圆角矩形工具"，将"填充"设置为白色，"描边"设置为无，按住【Shift】键不放，在"合成"窗口中拖动鼠标绘制一个圆角矩形，如图 3-72 所示。将该图层重命名为"背景 2"，展开该图层下方"矩形 1"选项中的"矩形路径 1"选项，将"圆度"属性值设置为"200.0"，如图 3-73 所示。

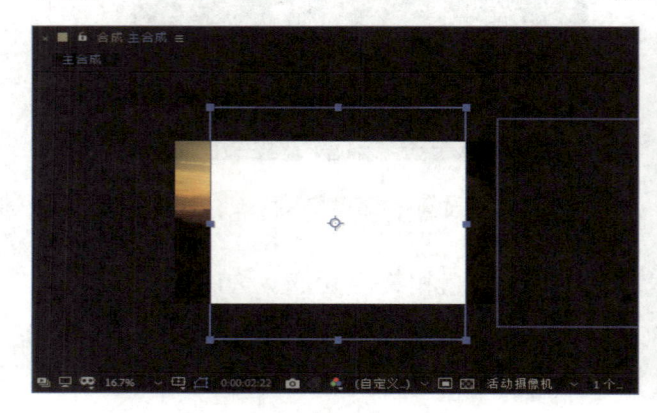

图 3-72　绘制圆角矩形 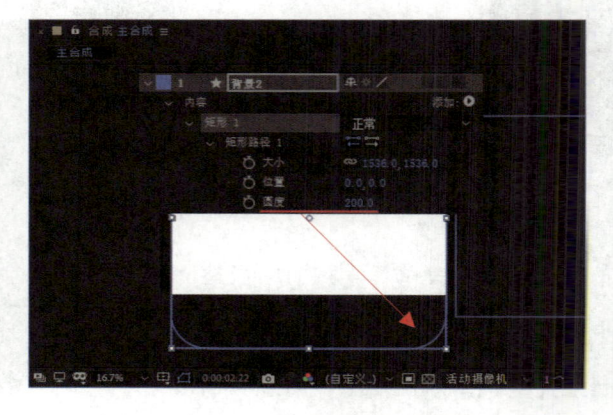　　　　图 3-73　设置"圆度"属性值

（5）将时间指示器移至 2 秒 22 帧的位置，分别为该图层的"位置"和"旋转"属性插入关键帧，并在"合成"窗口中将其向右移至合适的位置，如图 3-74 所示。将时间指示器移至

4秒的位置,将"旋转"属性值设置为"45.0°",并在"合成"窗口中将其向左移至合适的位置,如图3-75所示。

图 3-74　移动圆角矩形位置 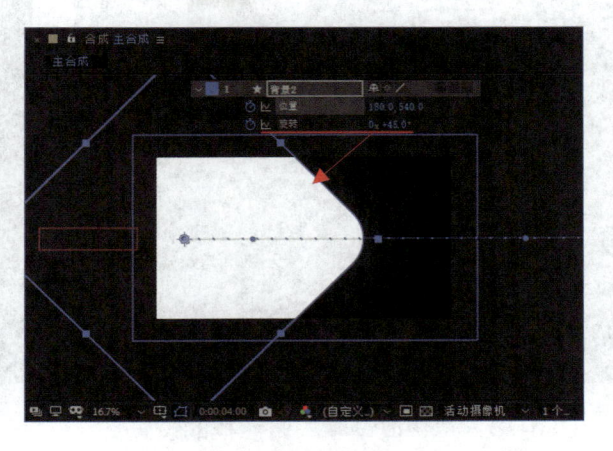　　　　图 3-75　设置旋转角度并移动位置

(6)同时选中该图层中的所有属性关键帧,按【F9】快捷键,应用缓动效果,如图3-76所示。选择"背景"图层,显示"转换控制"选项组,将"TrkMat(轨道遮罩)"选项设置为"亮度反转遮罩'背景2'",效果如图3-77所示。

图 3-76　为属性关键帧应用缓动效果 　　　　图 3-77　设置"TrkMat(轨道遮罩)"选项的效果

### 3.3.3　任务制作 2——制作节目文字列表动画

**1. 利用空对象制作节目文字列表入场动画**

(1)执行"合成|新建合成"命令,弹出"合成设置"对话框,对相关选项进行设置,如图3-78所示,单击"确定"按钮,新建名称为"文字列表"的合成。使用"横排文字工具",在"合成"窗口中单击并输入文字,在"字符"面板中对文字的相关属性进行设置,如图3-79所示。

93

## 视频栏目包装制作

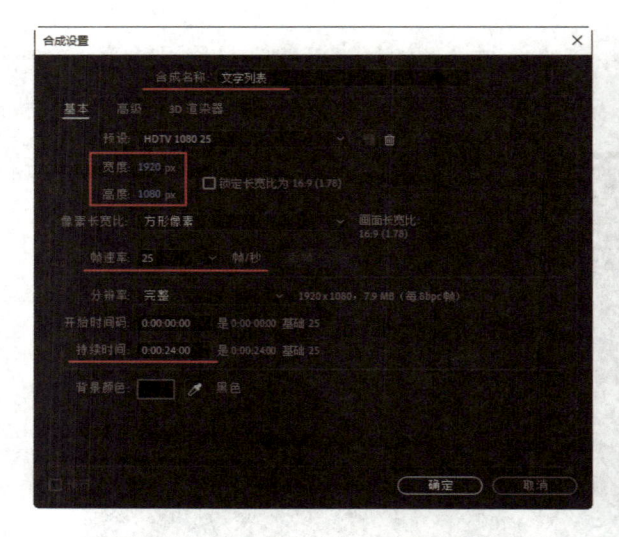

图 3-78 "合成设置"对话框的设置　　　　图 3-79 输入文字并设置

（2）使用相同的制作方法，输入其他文字内容，按【Ctrl+R】快捷键，在"合成"窗口中显示标尺，拖出参考线，对文字进行排列，如图 3-80 所示。在"时间轴"面板中将每个节目的文字图层设置为一种标签颜色，如图 3-81 所示。

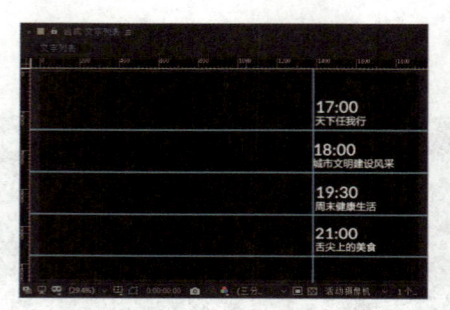

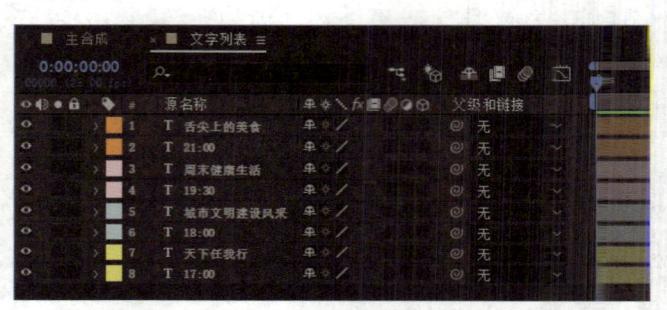

图 3-80 对文字进行排列　　　　图 3-81 "时间轴"面板中的设置

> **小贴士**：每个节目包含两个文字图层，一个是时间文字图层，另一个是节目名称文字图层，这里为每个节目的两个文字图层都设置了一种图层标签颜色，主要是为了便于区分不同的节目文字。

（3）在"合成"窗口中拖动鼠标，同时选中所有的文字，按住【Shift】键将所选中的文字水平向右移出场景，如图 3-82 所示。执行"图层|新建|空对象"命令，新建一个空对象图层，如图 3-83 所示。

（4）将时间指示器移至 0 秒的位置，在"合成"窗口中将空对象向右移至场景外，选择"空 1"图层，按【P】快捷键，显示该图层的"位置"属性，在当前位置插入该属性关键帧，如图 3-84 所示。将时间指示器移至 1 秒的位置，在"合成"窗口中将空对象向左移至合适的位置，如图 3-85 所示。

94

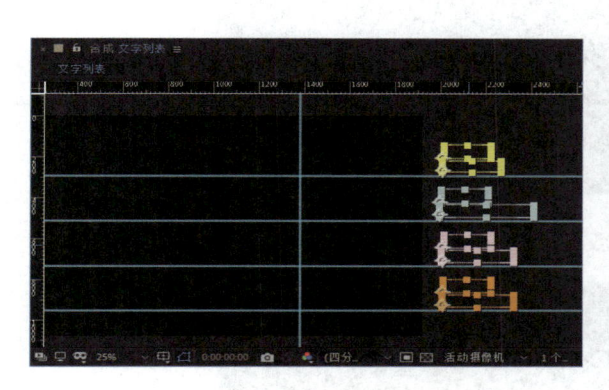

图 3-82　将所有文字移出场景　　　　　图 3-83　新建空对象图层

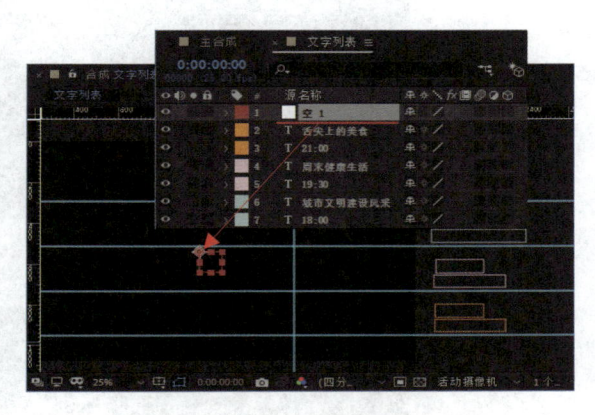

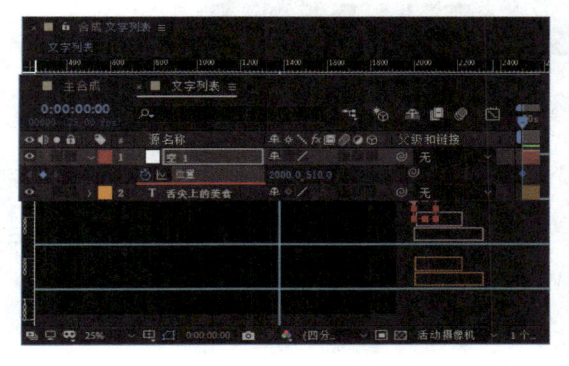

图 3-84　移动空对象位置并插入"位置"属性关键帧　　　图 3-85　移动空对象位置

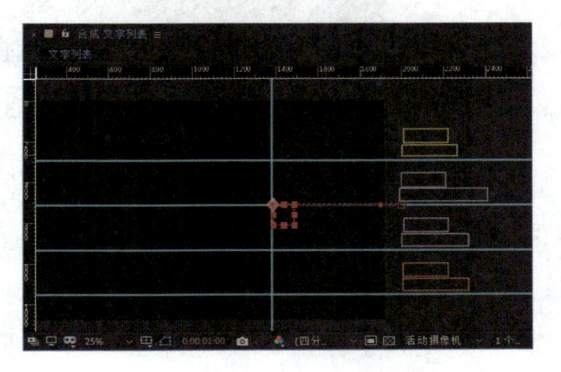

（5）将时间指示器移至 2 秒的位置，选择"空 1"图层，按【S】快捷键，显示"缩放"属性，在当前位置插入该属性关键帧，如图 3-86 所示。将时间指示器移至 3 秒的位置，"缩放"属性值设置为"115.0, 115.0%"，如图 3-87 所示。

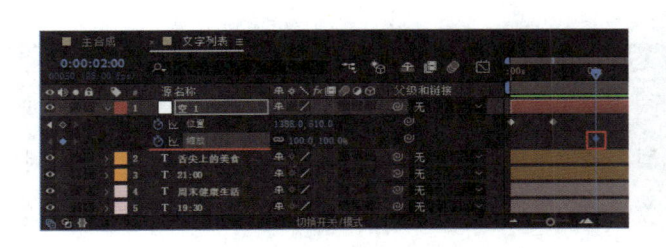

图 3-86　插入"缩放"属性关键帧　　　　图 3-87　设置"缩放"属性值

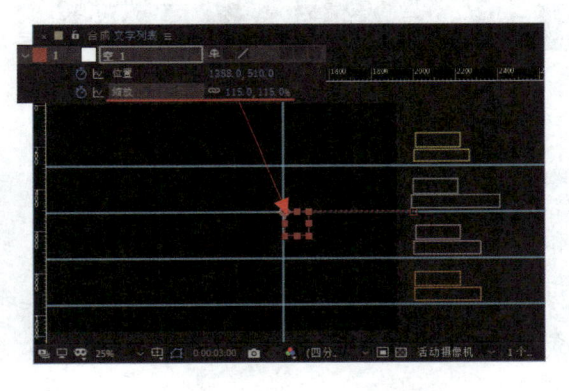

（6）将时间指示器移至 6 秒的位置，单击"缩放"属性左侧的"在当前时间添加或移除关键帧"按钮，在当前位置添加"缩放"属性关键帧，如图 3-88 所示。将时间指示器移至 7 秒的位置，"缩放"属性值设置为"100.0, 100.0"，同时选中"空 1"图层中的所有属性关键帧，按【F9】快捷键，应用缓动效果，如图 3-89 所示。

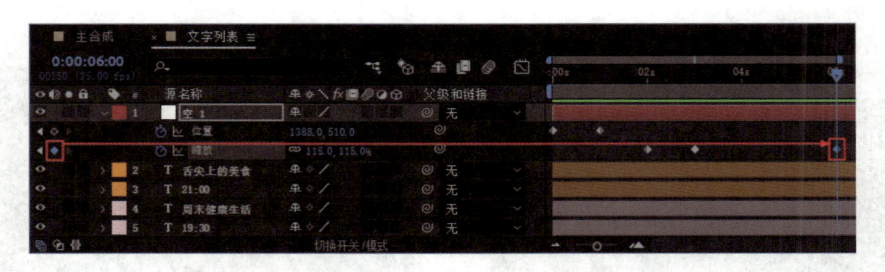

图 3-88　添加"缩放"属性关键帧

图 3-89　为属性关键帧应用缓动效果

（7）在"时间轴"面板中显示"转换控制"选项组，选择第 1 个节目的两个文字图层，将这两个图层的"父级和链接"选项均设置为"空 1"，如图 3-90 所示。选择"空 1"图层，按【Ctrl+D】快捷键，原位复制该图层，将复制得到的图层重命名为"空 2"，并修改其图层标签颜色，从而与"空 1"图层相区别，如图 3-91 所示。

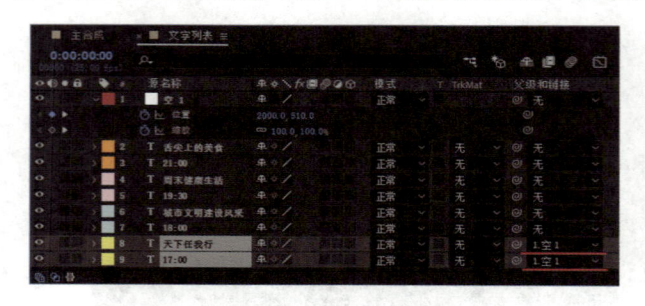

图 3-90　设置"父级和链接"选项

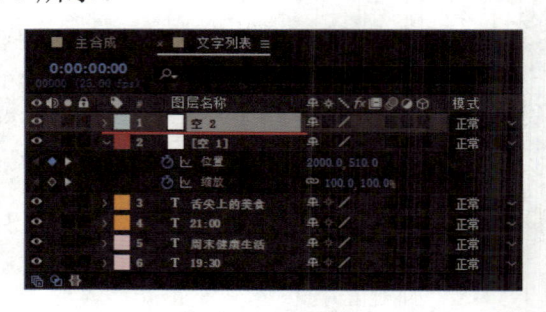

图 3-91　复制图层并重命名

> **小贴士**：每个节目的多个文字图层的动画效果是完全相同的，这里在空对象图层中制作相应的动画效果，然后将相应的节目文字图层的"父级和链接"选项设置为该空对象图层，因此节目文字图层会保持与空对象图层相同的动画效果。例如，这里只需要在空对象图层中制作一次动画，如果不使用空对象图层，则需要为两个文字图层分别制作相应的动画。

（8）选择"空 2"图层，按【U】快捷键，显示该图层添加了关键帧的属性，同时选中"位置"属性的两个关键帧，拖动调整其从 0 秒 03 帧的位置开始，如图 3-92 所示。同时选中"缩放"属性的所有关键帧，拖动调整其从 6 秒的位置开始，如图 3-93 所示。

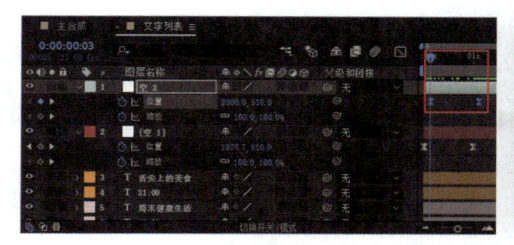

图 3-92　移动"位置"属性关键帧　　　　　　图 3-93　移动"缩放"属性关键帧

（9）使用相同的制作方法，将"空 2"图层复制两次，分别重命名为"空 3"和"空 4"，并分别调整这两个图层中属性关键帧的位置，如图 3-94 所示。

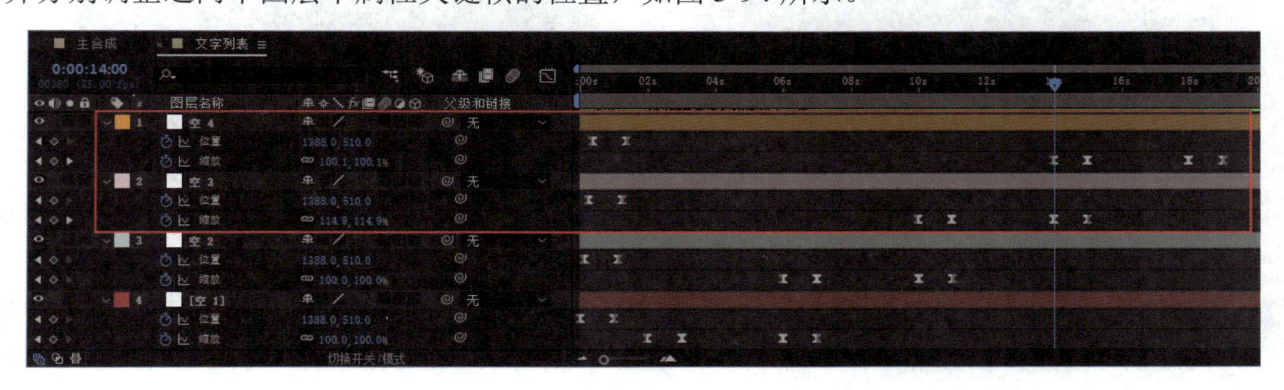

图 3-94　复制图层并调整属性关键帧的位置

**小贴士**：在"空 3"图层中，需要将该图层的"位置"属性关键帧调整为从 0 秒 06 帧的位置开始，"缩放"属性关键帧调整为从 10 秒的位置开始；在"空 4"图层中，需要将该图层的"位置"属性关键帧调整为从 0 秒 09 帧的位置开始，"缩放"属性关键帧调整为从 14 秒的位置开始。

（10）在"时间轴"面板中分别将各文字图层的"父级和链接"选项设置为相应的空对象图层，如图 3-95 所示。选择"17:00"图层，单击该图层"文本"选项右侧的"动画"按钮，在弹出的菜单中执行"填充颜色|RGB"命令，添加"填充颜色"属性，如图 3-96 所示。

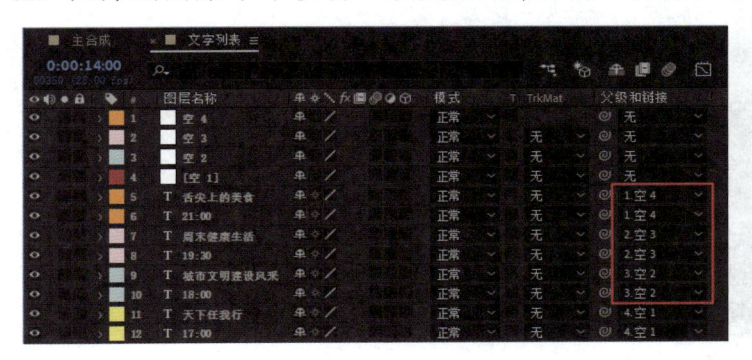

图 3-95　设置各文字图层的"父级和链接"选项　　　　　　图 3-96　添加"填充颜色"属性

### 2. 制作节目文字变色动画

（1）将时间指示器移至 2 秒的位置，"填充颜色"属性值设置为白色，并插入该属性关键帧，如图 3-97 所示。将时间指示器移至 3 秒的位置，"填充颜色"属性值设置为"#FF453D"，如图 3-98 所示。

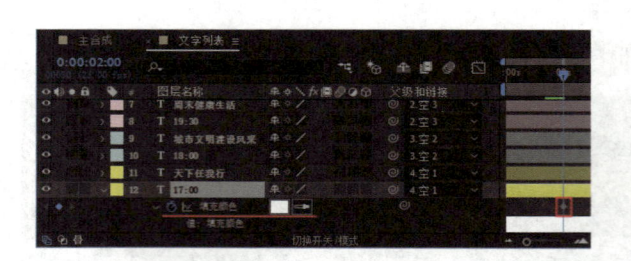

图 3-97　设置"填充颜色"属性值并插入关键帧 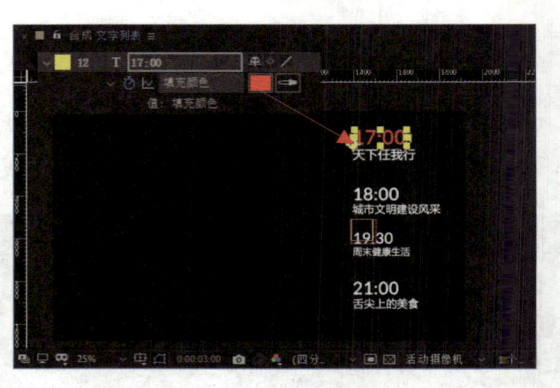　　　图 3-98　设置"填充颜色"属性值（1）

（2）将时间指示器移至 6 秒的位置，单击"填充颜色"属性左侧的"在当前时间添加或移除关键帧"按钮，在当前位置添加属性关键帧，如图 3-99 所示。将时间指示器移至 7 秒的位置，"填充颜色"属性值设置为白色，如图 3-100 所示。

图 3-99　添加"填充颜色"属性关键帧 　　　图 3-100　设置"填充颜色"属性值（2）

（3）单击"17:00"文字图层下方"填充颜色"属性的名称，可以同时选中该属性的所有关键帧，按【Ctrl+C】快捷键，复制关键帧，选择"天下任我行"文字图层，将时间指示器移至 2 秒的位置，按【Ctrl+V】快捷键，粘贴关键帧，快速完成该图层中文字颜色变化的动画制作，如图 3-101 所示。

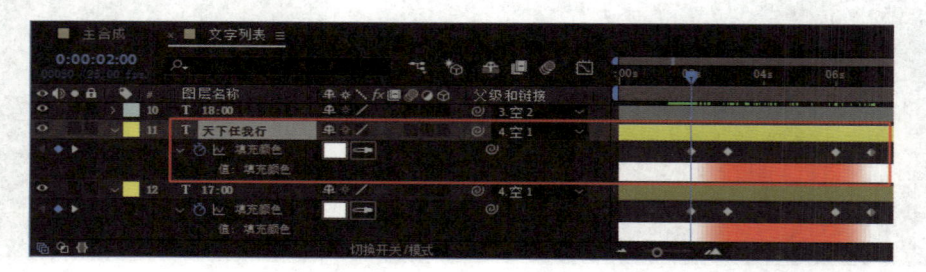

图 3-101　复制并粘贴属性关键帧（1）

（4）使用相同的制作方法，将"填充颜色"的属性关键帧粘贴到其他的文字图层，快速完成其他文字图层颜色变化的动画制作,如图 3-102 所示,在"合成"窗口中的效果如图 3-103 所示。

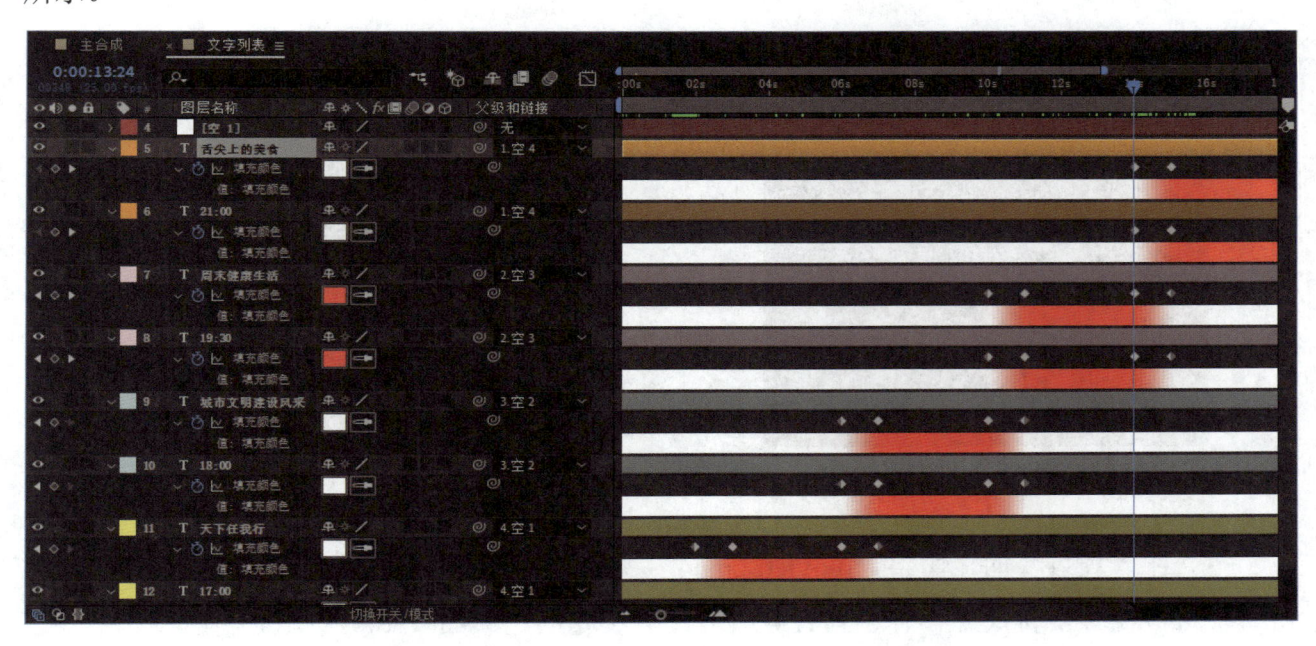

图 3-102　复制并粘贴属性关键帧(2)

### 3.3.3　任务制作 3——制作节目视频切换动画

**1. 制作各节目视频的入场动画**

(1) 返回"主合成"编辑状态,在"项目"面板中将"文字动画"合成拖入"时间轴"面板中,向右拖动该图层中的内容,将其内容调整至从 3 秒 15 帧的位置开始,如图 3-104 所示,"合成"窗口中的效果如图 3-105 所示。

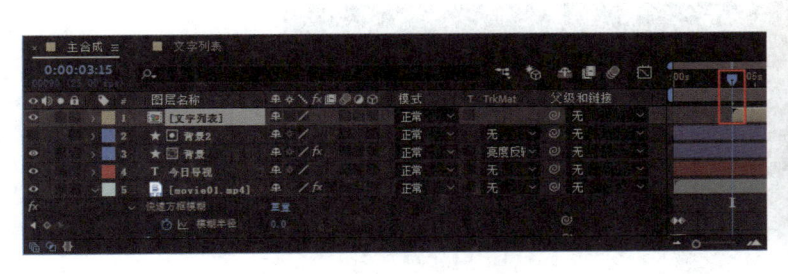

图 3-103　"合成"窗口中的效果

图 3-104　调整图层内容的起始位置(1) 　　图 3-105　"合成"窗口中的效果(1)

(2)选择"movie01.mp4"图层,执行"图层|预合成"命令,弹出"预合成"对话框,具体设置如图 3-106 所示。单击"确定"按钮,自动进入"节目视频"合成的编辑状态,将相应的视频素材全部导入"项目"面板中,如图 3-107 所示。

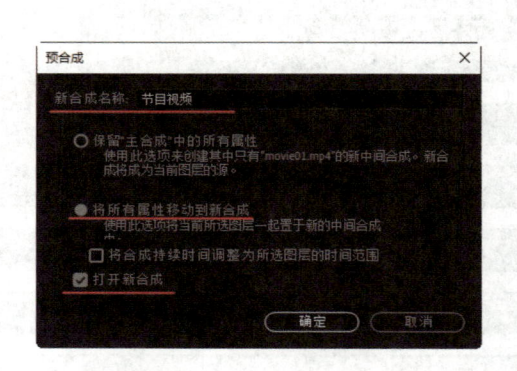

图 3-106 "预合成"对话框的设置

图 3-107 导入视频素材

(3)在"项目"面板中将"movie02.mp4"视频素材拖入"时间轴"面板中,在"合成"窗口中将该视频素材尺寸调整为与合成尺寸的大小相同,如图 3-108 所示。将时间指示器移至 5 秒 18 帧的位置,向右拖动该图层内容,使其从 5 秒 18 帧的位置开始,如图 3-109 所示。

图 3-108 拖入视频素材并调整大小

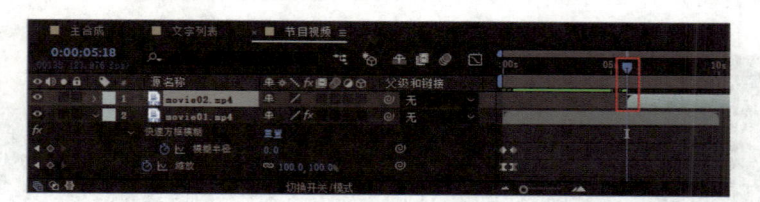

图 3-109 调整图层内容的起始位置(2)

(4)单击"movie01.mp4"图层下方的"模糊半径"属性,同时选中该属性的所有关键帧,按【Ctrl+C】快捷键，复制选中的属性关键帧，选择"movie02.mp4"图层，将时间指示器移至 5 秒 18 帧的位置，按【Ctrl+V】快捷键，粘贴属性关键帧，如图 3-110 所示，"合成"窗口中的效果如图 3-111 所示。

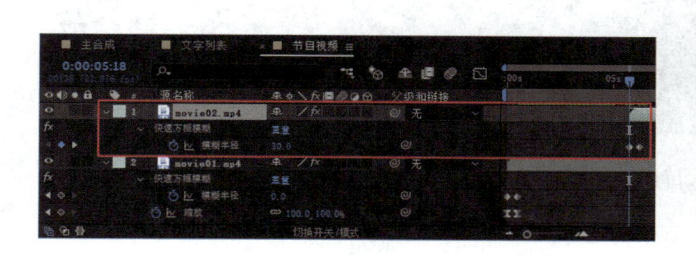

图 3-110　复制并粘贴属性关键帧 　　　　图 3-111　"合成"窗口中的效果（2）

（5）选择"movie02.mp4"图层，按【T】快捷键，显示该图层的"不透明度"属性，将"不透明度"属性值设置为"0%"，并插入该属性关键帧，如图 3-112 所示。将时间指示器移至 6 秒 13 帧的位置，"不透明度"属性值设置为"100%"，如图 3-113 所示。

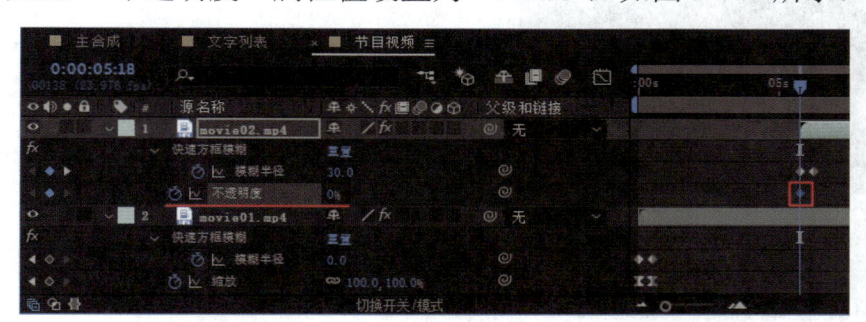

图 3-112　设置"不透明度"属性值并插入关键帧

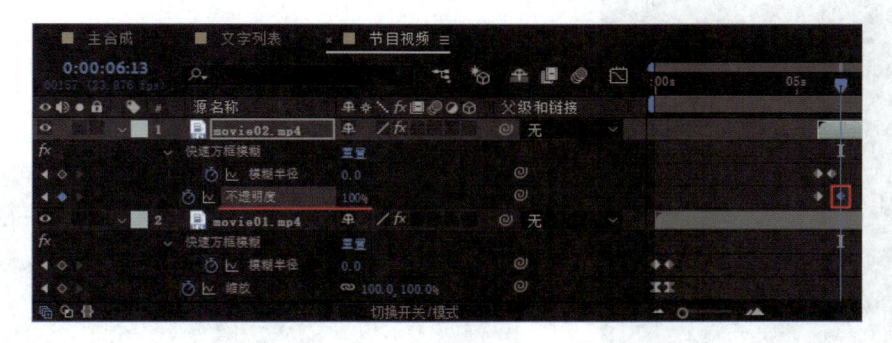

图 3-113　设置"不透明度"属性值

（6）使用相同的制作方法，首先拖入其他 3 个视频素材，然后分别将其调整至合适的开始时间位置，最后通过复制、粘贴属性动画关键帧的方法，可以快速完成其他 3 个视频素材图层动画的制作，"时间轴"面板中的设置如图 3-114 所示，"合成"窗口中的效果如图 3-115 所示。

■ 视频栏目包装制作

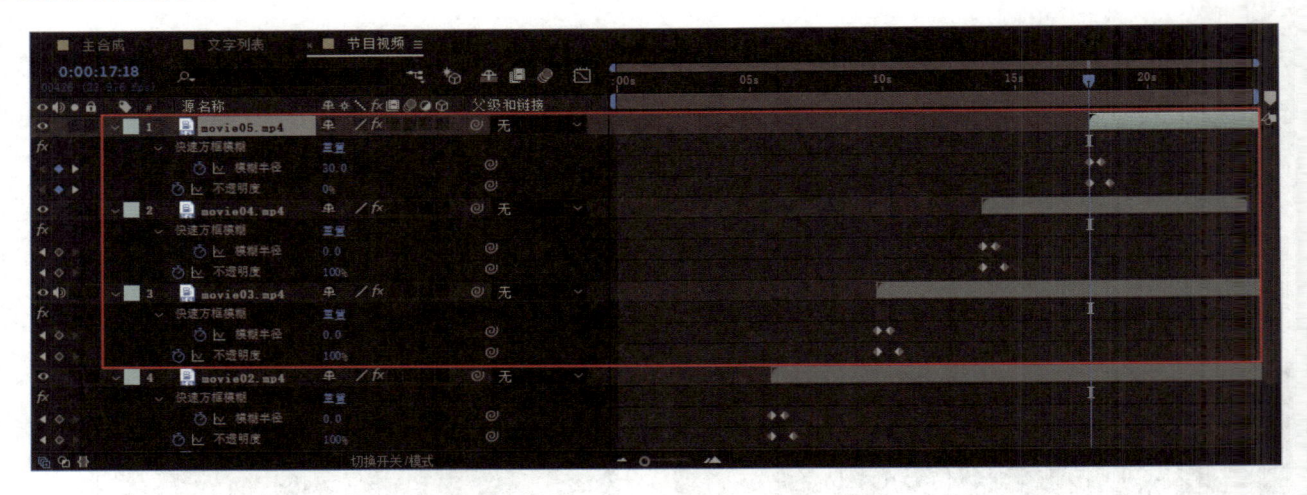

图 3-114 "时间轴"面板中的设置

图 3-115 "合成"窗口中的效果（3）

**小贴士**："movie03.mp4"图层内容从 9 秒 8 帧的位置开始；"movie04.mp4"图层内容从 13 秒 18 帧的位置开始；"movie05.mp4"图层内容从 17 秒 18 帧的位置开始。

**1. 添加背景音乐并渲染输出视频**

（1）返回"主合成"编辑状态，执行"文件|导入|文件"命令，导入背景音乐的"源文件/项目三/素材/bgm.mp3"音频素材，如图 3-116 所示，将"bgm.mp3"音频素材从"项目"面板拖入"主合成"的"时间轴"面板中，如图 3-117 所示。

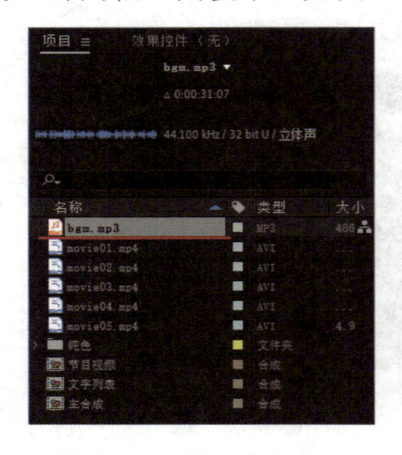

图 3-116 导入音频素材　　图 3-117 将音频素材拖入"时间轴"面板中

（2）在完成该节目导视包装的制作后，执行"合成|添加到渲染队列"命令，将"主合成"添加到"渲染队列"面板中，如图 3-118 所示。选择"输出模块"选项后的"无损"选项，

102

弹出"输出模块设置"对话框，将"格式"选项设置为"QuickTime"，其他选项均采用默认设置，如图 3-119 所示。

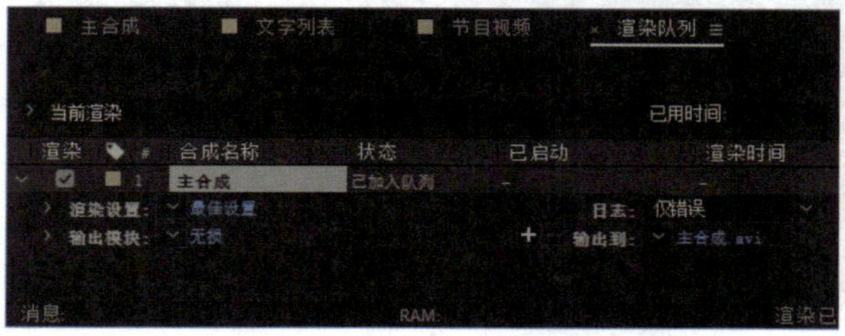

图 3-118　添加到"渲染队列"面板 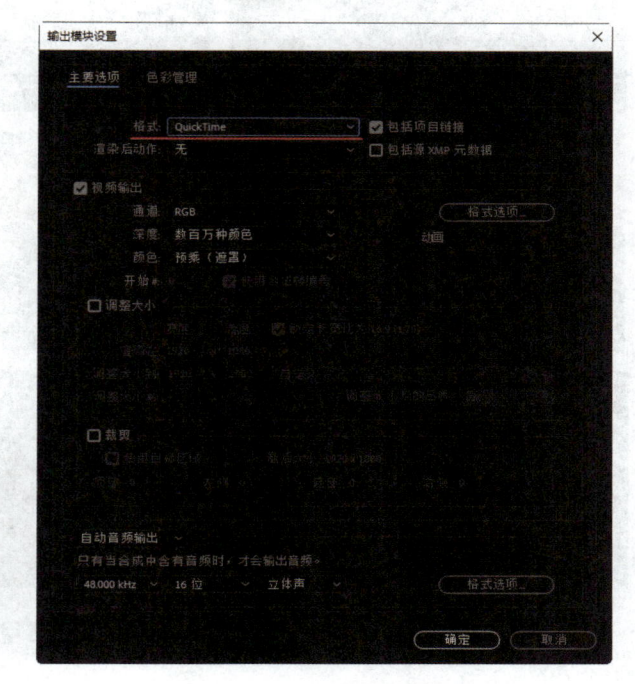　　　　图 3-119　设置"输出模块设置"对话框

（3）选择"输出到"选项后的"主合成.avi"选项，弹出"将影片输出到"对话框，在该对话框中可以设置输出文件的名称、类型和保存位置，如图 3-120 所示。单击"渲染队列"面板右上角的"渲染"按钮，即可按照当前的渲染输出设置对合成进行渲染输出。输出完成后，在选择的输出位置可以看到所输出的视频文件，如图 3-121 所示。

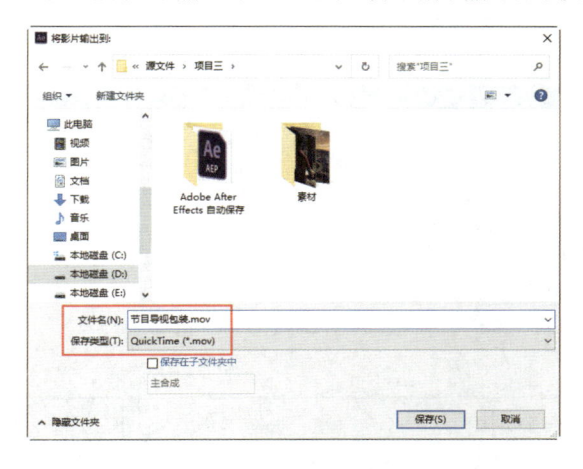

图 3-120　设置输出文件的名称、类型和保存位置 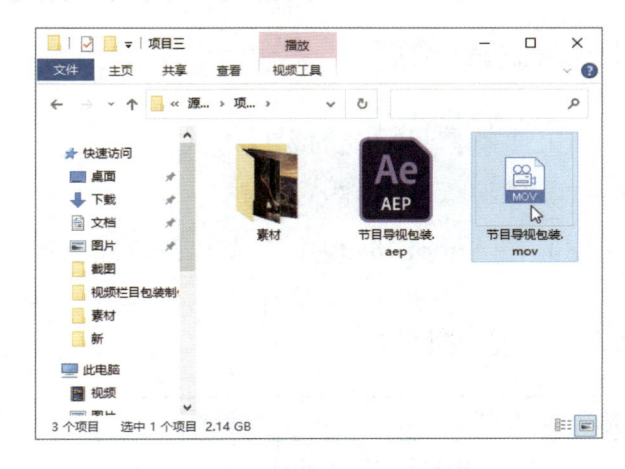　　　图 3-121　得到所输出的视频文件

（4）双击所输出的视频文件，即可在视频播放器中预览渲染输出的节目导视包装的效果，如图 3-122 所示。

视频栏目包装制作

图 3-122　预览节目导视包装的效果

## 3.4　检查评价

本任务完成了一个节目导视包装的制作。为了帮助读者理解节目导视的制作方法和表现技巧，在完成本学习情境内容的学习后，需要对读者的学习效果进行评价。

### 3.4.1　检查评价点

（1）了解节目导视的表现形式。

（2）掌握 After Effects 中路径与蒙版的操作。

（3）在 After Effects 中完成节目导视包装的制作。

### 3.4.2　检查控制表

| 学习情境名称 | | 节目导视 | 组别 | | 评价人 | | |
|---|---|---|---|---|---|---|---|
| 检查检测评价点 | | | | | 评价等级 | | |
| | | | | | A | B | C |
| 知识 | | 能够简单说明节目导视的应用场合 | | | | | |
| | | 能够详细描述节目导视的分类，以及每种类型的应用特点 | | | | | |
| | | 能够详细说明路径与遮罩的作用及绘制方法 | | | | | |

104

续表

| 学习情境名称 | 节目导视 | | 组别 | | 评价人 | | |
|---|---|---|---|---|---|---|---|
| 检查检测评价点 | | | | | 评价等级 | | |
| | | | | | A | B | C |
| 知识 | 能够正确描述遮罩属性的作用及参数调整方法 | | | | | | |
| | 能够对比说明4种轨道遮罩的作用 | | | | | | |
| 技能 | 能够根据节目需要选择节目导视的类型，确定节目导视的风格、时长等 | | | | | | |
| | 能够绘制路径或遮罩并实现二者的切换 | | | | | | |
| | 能够使用轨道遮罩的4个选项进行关键帧动画设置 | | | | | | |
| | 能够使用轨道遮罩实现对象部分内容的隐藏 | | | | | | |
| | 能够熟练对文字进行字幕、说明文字的设置 | | | | | | |
| 素养 | 能够耐心、细致地聆听制作需求，准确记录任务关键点 | | | | | | |
| | 能够团结协作，一起完成工作任务，具有团队意识 | | | | | | |
| | 善于沟通，能够积极表达自己的想法与建议 | | | | | | |
| | 能够注意素材及文件的安全保存，具有安全意识 | | | | | | |
| | 能够遵守制作规范，具有行业规范意识 | | | | | | |
| | 节目导视是公众宣传作品，制作要严谨、细心 | | | | | | |
| | 注意保持工位的整洁，工作结束后自觉打扫整理工位 | | | | | | |

## 3.4.3 作品评价表

| 评价点 | 作品质量标准 | 评价等级 | | |
|---|---|---|---|---|
| | | A | B | C |
| 主题内容 | 节目导视的内容信息准确，能起到正向吸引观众的作用 | | | |
| 直观感觉 | 作品内容完整，可以独立、正常、流畅地播放 | | | |
| | 作品结构清晰，信息传递准确 | | | |
| 技术规范 | 视频的尺寸、规格符合规定的要求 | | | |
| | 画面风格、动画效果切合主题 | | | |
| | 视频作品输出的规格符合规定的要求 | | | |
| 动画表现 | 视频节奏与主题内容相称 | | | |
| | 音画配合得当 | | | |
| 艺术创新 | 画面的色彩、构成结构及动画效果、形式有新意 | | | |

# 3.5 巩固扩展

根据本任务所学内容，运用所学的相关知识，读者可以使用 After Effects 完成一个节目导视包装的制作，并且可以通过蒙版来控制节目视频的显示区域。

## 3.6 课后测试

在完成本学习情境内容的学习后，读者可以通过几道课后测试题，检验一下自己的学习效果，同时加深对所学知识的理解。

**一、选择题**

1. 在下列工具中，（　　）不可以为图层添加蒙版形状。
   A．钢笔工具　　　　　　　　B．矩形工具
   C．蒙版羽化工具　　　　　　D．星形工具

2. 在下列属性中，（　　）不属于图层下方"蒙版"选项中的设置属性。
   A．蒙版羽化　　　　　　　　B．蒙版不透明度
   C．蒙版扩展　　　　　　　　D．轨道遮罩

3. 有一种特殊的单节目导视宣传片形式，就是下一节目的导视宣传片，在上一节目结束时与片尾同时出现，它被称为（　　）。
   A．单节目导视　　　　　　　B．组合节目导视
   C．片尾导视宣传片　　　　　D．特定日期导视

**二、判断题**

1. 传统表现形式的电视节目导视是节目字幕导视，也被称为节目播出菜单，就是展示将要播出的节目时间和内容的顺序列表，一般由精致衬底加字幕再辅以优美音乐组成。（　　）

2. 无论当前选择的是什么类型的图层，使用形状工具在"合成"窗口中进行绘制，都只能为所选择的图层绘制形状遮罩。（　　）

3. 通过在"时间轴"面板中设置图层的"TrkMat（轨道遮罩）"选项，指定当前图层与其下方图层的轨道遮罩方式，创建出遮罩效果。（　　）

# 学习情境 4 节目片花

节目片花是一种常见的视频栏目包装形式，也是节目宣传的一种重要手段，主要用于对节目的宣传，可以在节目的中间插播，其内容可以是节目的 NG 镜头、幕后故事或宣传短片等。本学习情境重点介绍视频栏目包装的常见形式和节目片花的相关知识，并通过一个节目片花包装的制作，使读者掌握节目片花包装的制作与表现方法。

## 4.1 情境说明

在节目的整体包装中，节目片花一般指在切换镜头时使用的一种固定模式的转场效果。节目片花不仅能起到装饰、点缀和美化的作用，还能融入整个节 v 目的内容之中，成为节目的有机组成部分。

### 4.1.1 任务分析——体育节目片花

本任务将制作一个体育运动类的节目片花。该体育节目片花的制作重点是其主题文字效果的制作，首先通过为矩形应用"湍流置换"效果，制作出笔刷样式图形；然后制作笔刷样式图形的遮罩效果，将笔刷遮罩与视频素材相结合作为主题文字的动态遮罩对象，从而使标题文字表现出动态笔刷遮罩的效果；最后通过添加各种效果，以及摄像机图层和空对象图层，使标题文字的遮罩效果表现得更加动感。最后，通过图形遮罩的方式实现在完成片花的播放后显示渐变色背景和频道 Logo 的效果，使得整个节目片花的表现效果更加完整。图 4-1 所示为本任务所制作的体育节目片花包装的部分截图。

图 4-1　体育节目片花包装的部分截图

### 4.1.2　任务目标——掌握节目片花的设计制作

想要完成本任务中节目片花的设计制作，需要掌握以下知识内容。

- 了解视频栏目包装的一贯性原则。
- 了解一贯性视频栏目包装设计的要点。
- 了解视频栏目包装的常见形式有哪些。
- 了解节目片花的作用。
- 掌握在 After Effects 中运动路径的调整方法。
- 掌握在 After Effects 中图表编辑器的使用。
- 掌握在 After Effects 中缓动效果的设置方法。
- 掌握在 After Effects 中制作节目片花包装的方法。

## 4.2　基础知识

节目片花实际上是在节目整体大主题的框架下，展现节目段落的小主题。所以，节目片花的设计除了提示、表达段落信息，还应当突出"节目名称""节目标识"等信息。

### 4.2.1　视频栏目包装要坚持一贯性原则

一贯性是指影视媒体在视频栏目包装中连续、跨媒介的统一性。一贯性原则是视频栏目包装中一个极其重要的原则，也是视频栏目包装设计中最容易忽略的原则。不断涌现的新意、新技术，使得某些设计师片面地求新、求变，为达到"引人注目"的目的，而忽略了视频栏目包装的统一性，在很大程度上削弱了视频栏目包装的宣传推广作用。

### 1．一贯性产生品牌识别

品牌推广信息除了要在广度、深度上有所保障，还要在连续的时间、不同的空间上保持统一，这是品牌识别得以树立的关键。不管视频栏目包装有多少暴露在受众面前的机会，有些包装元素必须持续地呈现出统一性，如形象标识、声音、宣传口号、画面风格等，这对于影视媒体的品牌识别是至关重要的。

以设计变化丰富多样、更新频率极高著称的 MTV 电视网的包装，实际上也严格地遵循着视频栏目包装设计的一贯性原则。以其形象标识包装为例，不管采用何种色彩配置、画面风格及运动形式，其形象标识的基本造型都保持了由厚重、沉稳的"M"字符与纤细、活泼的"TV"字符构成的方式，多年来始终如一，如图 4-2 所示。

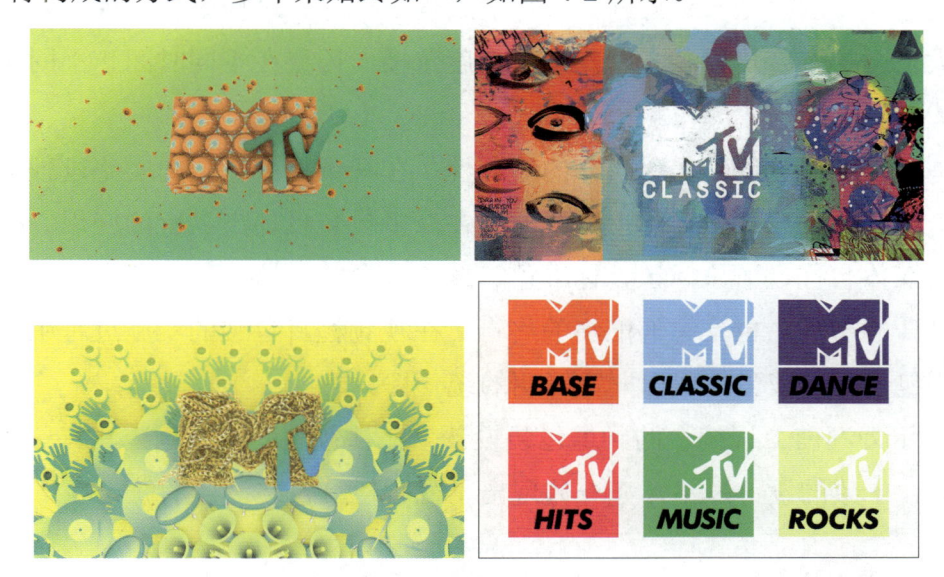

图 4-2　MTV 电视网的形象标识设计

视频栏目包装必须坚持一贯性原则，几个月一换的包装会影响推广效果，尤其是构成影视媒体品牌的重要成分被改变时，无论从表现形式上做出再大的努力都将是无效的。对形象标识、主色调、主题音乐，甚至代言人（主持人）等的随意改变，都是一种品牌资产的流失。

### 2．频率产生品牌认知

重复是加强记忆的有效手段，这对影视媒体的品牌树立同样奏效。很多视频栏目包装的宣传效果不尽如人意，往往是因为传播的次数不够，这就是重复传播的必要性。

另外，两次传播之间的时间间隔和传播方式的运用也非常重要。例如，一周 10 次的宣传片播出，显然比一月 10 次的宣传片播出对受众更有冲击力；一定时期内在不同媒介上反复得到同一信息，其效果也比只在单一媒介（如电视）上得到这个信息的效果要好。

由此可见，频率可以为视频栏目包装提供传播深度的保障，而没有深度，就没有成功传播和有效传播的可能性。

"一贯性产生品牌识别""频率产生品牌认知"都是一贯性原则的重要体现。在视频栏目包装实践中，没有一贯性就没有事实上的重复，没有重复，频率就无从谈起。一贯性听起来是一种创作上的局限性，实际上只有这种局限越清晰，创意的自由度才会真正的越大。

### 4.2.2　一贯性视频栏目包装设计的要点

坚持视频栏目包装设计的一贯性原则，应当把握好统一、规范和渐变 3 个要点。

#### 1．统一

品牌的创建与发展，是一个持续、长期的过程。在这一过程中，影视媒体的品牌信息不仅要进行最大范围的广度传播和多曝光率的深度传播，还要在不同时间、不同场合、不同媒介上保持品牌信息的统一。

统一，是指品牌信息连续、跨媒介的统一性。在视频栏目包装的实施过程中，统一性主要表现为统一的品牌信息以多样的形式或方式在众多包装设计产品上的应用。统一的品牌信息主要包括：媒体名称、形象标识、标准色、核心理念等。这些品牌信息既是丰富多样的视频栏目包装设计的起点，也是它们汇集的终点。在视频栏目包装的实施过程中，不论是在播包装还是离播包装，都应当体现出非常鲜明的统一性。

图 4-3 所示为湖南卫视统一的频道包装设计，在播包装与离播包装具有一致的标识、一致的色彩配置、一致的设计风格，充分体现出了视频栏目包装设计的统一性。

图 4-3　湖南卫视统一的频道包装设计

对电视媒体而言，统一应包括 4 个方面：一是与电视台整体形象 CI 设计的统一；二是频道中各个节目、栏目的包装要素（形象、声音、色彩等方面）应该相对统一；三是全台各频道的统一，一个电视台可能有几个频道，各频道有不同的定位，但代表电视台整体形象的标志、声音等各频道应该统一，在这个基础上各频道再根据自己的特点和定位来突出各自的频道特色。四是电视台的形象永远大于频道形象，频道形象大于栏目形象，如果有些频道、视频的栏目包装单看可能不错，但与全台的形象设计发生矛盾，则应该无条件地服从一贯性原则而放弃它。

### 2. 规范

这个规范有些类似于视觉传达中的 VI 设计，规范分 3 个方面：第一，要有相对科学、规范的设计，涉及包装的各方面都要有具体、细致的规范性要求；第二，要强制推行设计规范，影视传媒机构对其下属部门和节目产品，要有必须执行规范的强制性手段和明确要求；第三，要有制定和推行包装规范的机构和强制实施的部门，规范的影视传媒公司一般都设有包装工作室。

### 3. 渐变

所谓"渐变"，可以理解为视频栏目包装的开放式性、可持续性。一方面，市场竞争瞬息万变，影视媒体需要进行相应的调整，如增减节目、改变编排、跨媒体发展等，媒体的未来不应当被现有的包装所束缚；另一方面，视频栏目包装作为一套完整的形象设计系统，具有在一定时期内的稳定性，但更要具有包容性和拓展性，能够适应和配合影视媒体的发展。因此，开放式的、适合媒体可持续发展的视频栏目包装，对于品牌树立和发展有着重要意义。

开放式的、适合媒体可持续发展的视频栏目包装，应该体现充分的扩展接口和对未来发展的前瞻。特别注重未来的实力和功能扩展，整套包装体系依旧具有传统的承接和演绎的空间。具体到视频栏目包装的设计，这种开放性和可持续性时常表现为形象标识的设计。作为视频栏目包装的核心元素，形象标识在设计初期就要考虑到开放式特征和可演绎性，不仅要方便在播包装的演绎，还要考虑各种离播包装的设计应用。

任何事物都不是一成不变的，视频栏目包装也是如此。开放式的、适合媒体可持续发展的视频栏目包装，实际也是变化的包装，但这个变化的过程应当是一个渐变的过程，而绝不是突变的。要知道，树立一个品牌不易，而扔掉一个品牌则很容易。渐变原则应注意考虑以下 4 点：

（1）采用新的技术手段使原有的包装形式更现代、更时尚，但注意更换不要过于频繁。

（2）在不失原设计模式的基础上略做更现代、更醒目的变形。

（3）有特色的包装要素基本不变，变的只是要素组合的形式和次序、节奏。

（4）在推出全新包装形式之前可以先采用新旧交替并行使用的方式，直到新的包装完全被观众认可并接受，再彻底废弃旧的。

### 4.2.3 视频栏目包装的常见形式

视频栏目包装的具体形式有片头、片尾、片花、题花与字幕板等，它们都是服务于具体影视节目的包装，起着丰富节目形式、强化节目主题、提示重要信息、增强节目可视性的作用。

**1．片头和片花**

片头是节目内容在正式开始前出现的短片，可以称之为"开场戏"。片头通过一定的艺术表现性的叙述或者剪辑的节目精彩片段，结合自身特色（如融入动画设计），将节目概念化的元素进行提炼加工、集中展示，旨在引起观众对之后节目内容的兴趣。图 4-4 所示为某节目片头包装设计的部分截图。

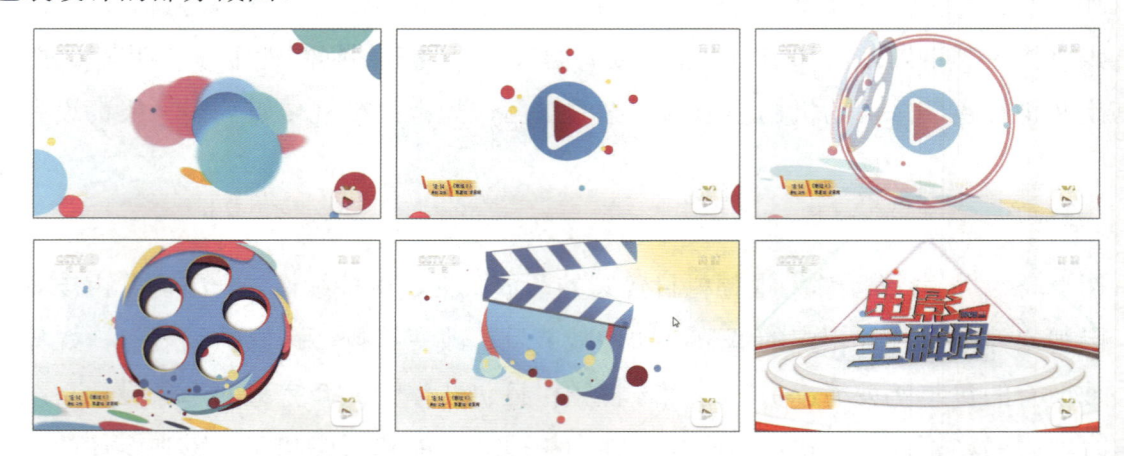

图 4-4　某节目片头包装设计的部分截图

有时，某些影视节目会分成几个小段落，每个段落一个小主题。为适应这种需要而设计的段落小片头被称为"片插"，也被称为"片花"。有的片花是剪辑片头的一部分，穿插出现在节目中，也有将收视指南或节目宣传片作为片花使用的情况。片花可以起到划分节目段落、提示下节内容、吸引观众继续关注的作用。图 4-5 所示为某电视节目频道片花设计的部分截图。

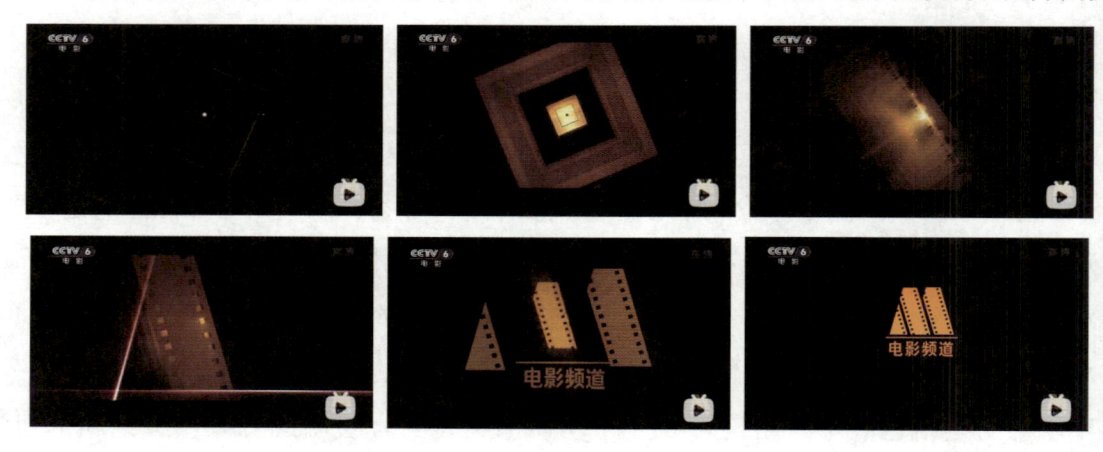

图 4-5　某电视节目频道片花设计的部分截图

在片头、片花的创作过程中，应注意它们的风格统一、形象统一，并在统一中彰显个性、突出卖点。

> **小贴士**：借鉴电影电视的成功经验，片头这一包装形式也更多地出现在了新媒体传播中。目前，许多网站在打开时都会跳出网站片头，用此方式来体现该网站的媒体形象。在一些网站片头上也出现了网络媒体的广告宣传语，或者以一段"大气"的音频/视频短片来展示其最独特的一面。网站片头正在成为网络媒介宣传不可缺少的一部分。

### 2．片尾（版权页）

片尾，又被称为"版权页"，是节目内容结束后出现的短片，一般由艺术化的画面设计，加上演职人员字幕表单等版权信息，再辅以主题音乐组成。图 4-6 所示为某节目片尾设计的部分截图。

图 4-6　某节目片尾设计的部分截图

从传播与营销的角度看，片尾的作用在于表明节目的版权；而从艺术的角度看，片尾相当于"谢幕"。随着媒体竞争日趋激烈，很多影视节目利用片尾大做文章，使得片尾对挽留观众起着越来越明显的作用。通常的做法是，针对片尾对观众产生的收视影响和心理暗示，尽量缩短字幕长度并提供附加收视信息。例如：

（1）简化片尾字幕信息，将原来冗长的版权内容充分简化。

（2）加快字幕播放速度。

（3）在节目进行中提前出现片尾字幕，尽量消除片尾对观众的影响。

（4）在播出片尾字幕的同时，口播下期节目内容或接下来的节目内容。

### 3．内容导视

节目内容导视也被称为"内容提要"，一般在节目片头之后、正式节目内容之前，对即将播出的具体节目内容进行介绍，一般由精致的版式设计，精彩或主要的内容镜头剪辑，辅以主要内容解说和音乐组成。图 4-7 所示为某节目内容导视设计的部分截图。

图 4-7　某节目内容导视设计的部分截图

内容导视不同于节目播出菜单或导视宣传片，它隶属于某个节目，直接关注于即将出现的节目内容，旨在直接提示观众节目中的精彩内容，从而吸引观众观看。

**4．题花与字幕板**

题花与字幕板都是采用美化字幕的包装形式，在新闻节目中最为常见。题花是在影视节目中部分遮挡节目画面，用来展现提示性或标题性字幕的版式设计，如图 4-8 所示为多个不同风格的题花设计；而字幕板是占据整个画面的，用来展现重要信息性字幕的版式设计。

图 4-8　不同风格的题花设计

> **小贴士**：视频栏目包装的设计，可以对图像、声音、运动等元素进行创造性发挥，但是片头、片尾、片花、题花与字幕板等具体形式不提倡过多的个性化诉求，一般都是把节目标识、标准字、汉语拼音、英文缩写单独或组合在一起作为最重要的元素来使用的。除此之外，还要考虑题花的标准识别符号，要统一应用于整个视频栏目包装方案之中。

## 4.2.4　节目片花的作用

某些影视节目会分成几个小段落，每个段落都有一个小主题，为适应这种需要而设计的段落小片头时长多为 3 至 5 秒，被称为"节目片花"。最常见的操作方式是直接将节目片头进行"浓缩"剪辑，然后附加段落信息作为节目片花使用。节目片花的作用主要表现在以下两个方面。

### 1. 节目片花是控制节目段落和节奏的重要手段

影视节目时长不等，而很多节目（特别是新闻综合播报、人物访谈、故事纪录等）根据主题线索的变化，可以划分为若干小主题、若干段落。例如，新闻类节目，可以分为国际新闻、国内新闻，也可以分为时政新闻、体育新闻等；人物访谈节目，可以根据被访者的成长经历、命运变化划分各个主题、段落等。为了观众在观看节目时能够条理清晰、逻辑准确，节目片花需要起到段落提示的作用；对于较长的影视节目，节目片花的隔断作用还可以消除观众因长时间关注节目内容产生的心理和视觉疲劳。由此可见，节目片花是一种具有很强实用性的视频栏目包装形式。

### 2. 节目片花是控制媒体编播结构的重要方法

媒体的运营利润主要来自商业广告的投放。许多收视率较高且稳定的节目，都被电视媒体通过各种方式卖给广告商，成为广告商品的宣传平台。正在播出的节目内容如果直接被广告中断，正在关注节目的观众就会感到无所适从；而广告之后如果立刻接入节目内容，效果将十分生硬和突然。因此，电视媒体一般以节目片花连接节目内容与广告，既照顾了观众的收视习惯，也保证了广告赞助商的利益，还有利于节目编播节奏的顺畅。

> **小贴士**：在通常情况下，视频栏目包装的制作流程是：首先完成节目片头的制作，并交给客户确认；然后在所制作的节目片头的基础上完成节目导视、片花、片尾和角标等元素的制作。

图 4-9 所示为某节目片花设计的部分截图，主要用于节目宣传和节目隔断提示。

图 4-9　某节目片花设计的部分截图

## 4.3　任务实施

在掌握了视频栏目包装的常见形式和节目片花作用的相关基础知识之后，

读者可以使用 After Effects 制作一个节目片花包装，在实践过程中掌握节目片花包装设计的表现方法和制作技巧。

## 4.3.1 关键技术——掌握图表编辑器的操作

图表编辑器是 After Effects 在整合了以往版本的"速率图表"功能的基础上，提供的更强大、更丰富的动画控制功能模块，使用该功能可以更方便地查看和操作属性值、关键帧、关键帧插值和速率等。

### 1. 关于运动路径

运动路径通常是指对象位置变化的轨迹。路径动画是常见的一种动画类型，在很多的动画制作中使用曲线来控制动画的运动路径。

在 After Effects 中，制作元素位置移动的关键帧动画。在默认情况下，元素位置移动的运动轨迹为直线，如图 4-10 所示。

图 4-10　元素位置移动的默认运动轨迹为直线

如果需要将默认的直线运动路径调整为曲线运动路径，只需要使用"选取工具"，在"合成"窗口中拖动调整"位置"属性锚点的方向线，如图 4-11 所示。即可将直线运动路径修改为曲线运动路径，如图 4-12 所示。

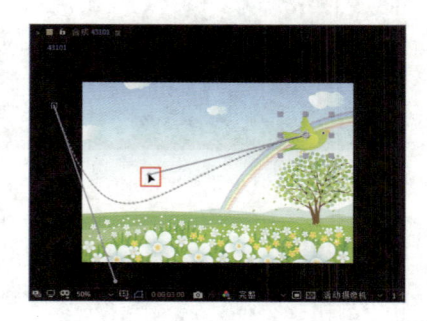

图 4-11　拖动方向线　　　　图 4-12　将直线运动路径调整为曲线运动路径

如果想要得到更为复杂的曲线运动路径，可以先使用"添加'顶点'工具" 在运动路径合适的位置上单击，添加锚点，如图 4-13 所示；再使用"选取工具"，对运动路径上的锚点和方向线进行调整，从而获得更为复杂的曲线运动路径，如图 4-14 所示。

图 4-13 添加锚点

图 4-14 调整运动曲线

**小贴士**：在运动路径的调整过程中，除了可以使用"转换'顶点'工具"拖出锚点的方向线，还可以结合使用"选取工具"调整锚点的位置，从而使曲线运动路径更加平滑。

在进行曲线运动时发现，虽然对象沿着调整好的曲线路径开始位移，但是对象的方向并没有随着曲线运动路径而改变，这是因为在"自动方向"对话框中的"自动方向"选项被默认为关闭状态。

执行"图层|变换|自动定向"命令，弹出"自动方向"对话框，将"自动方向"选项设置为"沿路径定向"，如图 4-15 所示，单击"确定"按钮，完成"自动方向"对话框的设置。使用"旋转工具"，将对象旋转至与运动路径的方向相同，如图 4-16 所示。

图 4-15 "自动方向"对话框

图 4-16 调整对方的方向与运动路径一致

### 2．认识图表编辑器

单击"时间轴"面板上的"图表编辑器"按钮，即可将"时间轴"面板右侧的关键帧编辑区域切换为图表编辑器的显示状态，如图 4-17 所示。

"图表编辑器"主要是以曲线图的形式显示所使用的效果和动画的改变情况。曲线图包括两方面的信息：一方面是数值图形，显示的是当前属性的数值；另一方面是速度图形，显示的是当前属性数值速度变化的情况。

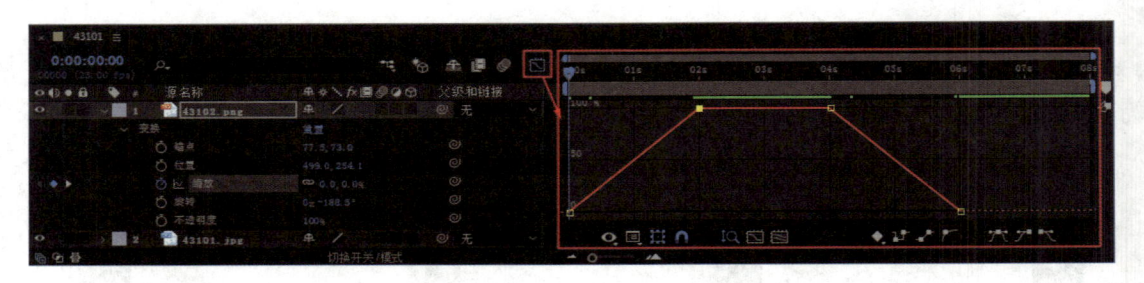

图 4-17　图表编辑器显示状态

"选择具体显示在图表编辑器中的属性"按钮：单击该按钮，可以在弹出的菜单中选择需要在图表编辑器中查看的属性选项，如图 4-18 所示。

"选择图表类型和选项"按钮：单击该按钮，可以在弹出的菜单中选择在图表编辑器中所显示的图表类型，以及需要在图表编辑器中显示的相关选项，如图 4-19 所示。

"选择多个关键帧时，显示'变换'框"按钮：该按钮被默认为激活状态，当在图表编辑器中同时选中多个关键帧时，将显示变换框，可以对所选中的多个关键帧同时进行变换操作，如图 4-20 所示。

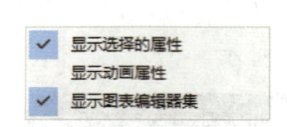

图 4-18　查看属性选项　　图 4-19　图表类型选项　　图 4-20　显示变换框

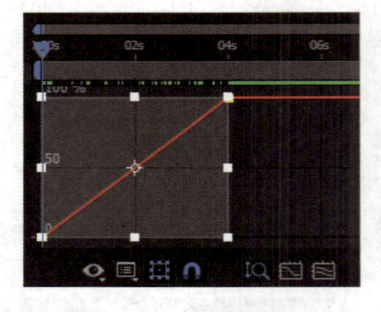

"对齐"按钮：该按钮被默认为激活状态，表示在图表编辑器中进行关键帧的相关操作时会实现自动吸附、对齐。

"自动缩放图表高度"按钮：该按钮被默认为激活状态，表示将以曲线高度为基准自动缩放图表编辑器视图。

"使选择适于查看"按钮：单击该按钮，可以将被选中的关键帧自动调整到合适的视图范围内，便于查看和编辑。

"使所有图表适于查看"按钮：单击该按钮，可以自动调整视图，将图表编辑器中的所有图表都显示在视图范围内。

"单独尺寸"按钮：单击该按钮，可以在图表编辑器中分别单独显示属性的不同控制选项。

"编辑选定的关键帧"按钮：单击该按钮，弹出关键帧编辑选项，与在关键帧上右击所弹出的编辑选项相同，如图 4-21 所示。

"将选定的关键帧转换为定格"按钮：单击该按钮，可以将当前选择的关键帧保持现有的动画曲线。

"将选定的关键帧转换为线性"按钮：单击该按钮，可以将当前选择的关键帧前后控制手柄变成直线。

"将选定的关键帧转换为自动贝塞尔曲线"按钮：单击该按钮，可以将当前选择的关键帧前后控制手柄变成自动的贝塞尔曲线。

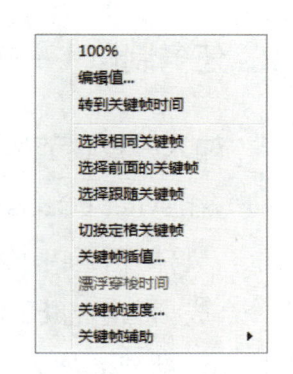

"缓动"按钮：单击该按钮，可以为当前选择的关键帧添加默认的缓动效果。

图 4-21 关键帧编辑选项

"缓入"按钮：单击该按钮，可以为当前选择的关键帧添加默认的缓入动画效果。

"缓出"按钮：单击该按钮，可以为当前选择的关键帧添加默认的缓出动画效果。

### 3．缓动效果

自然界中大部分物体的运动都不是线性的，而是按照物理规律呈曲线性运动的。通俗地说，物体运动的响应变化与执行运动的物体本身质量有关。例如，在打开抽屉时，首先会让它加速，然后慢下来；当某个东西往下掉时，首先是越掉越快，然后撞到地上后回弹，最终才又碰触地板。

优秀的动画设计应该反映真实的物理现象，如果动画想要表现的对象是一个沉甸甸的物体，则它的起始动画响应的变化会比较慢。反之，对象如果是轻巧的物体，则它的起始动画响应的变化会比较快。图 4-22 所示为元素缓动效果示意图。

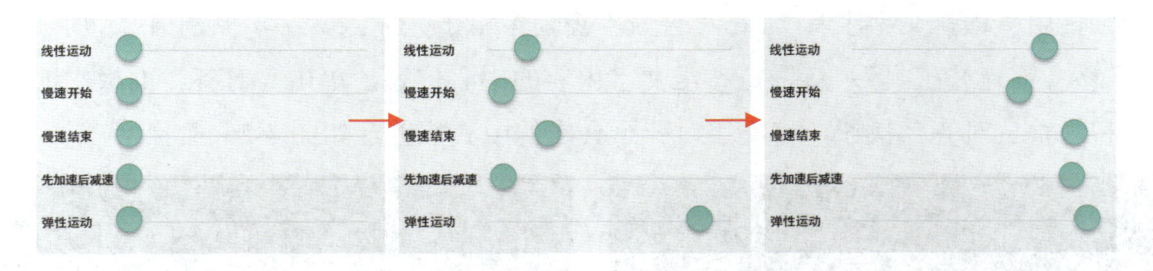

图 4-22 元素缓动效果示意图

在动画中需要制作对象位置移动时，为了使动画效果看起来更加真实，通常都需要为相应的属性关键帧应用缓动效果，从而使动画的表现更加真实。与此同时，切换到图表编辑器状态，编辑该对象位置移动的速度曲线，从而实现由快到慢或由慢到快的运动，使位移动画表现得更加真实。下面通过一个圆球的弹跳缓动效果向读者介绍如何设置缓动效果，以及如何使用图表编辑器编辑对象的运动速度曲线。

## 4.3.2 任务制作1——制作节目片花标题文字遮罩

### 1. 输入并设置节目片花的主题文字

（1）在 After Effects 中新建空白项目，执行"合成|新建合成"命令，弹出"合成设置"对话框，具体设置如图 4-23 所示。单击"确定"按钮，新建名称为"主合成"的合成。再次执行"合成|新建合成"命令，弹出"合成设置"对话框，具体设置如图 4-24 所示。单击"确定"按钮，新建名称为"文字"的合成。

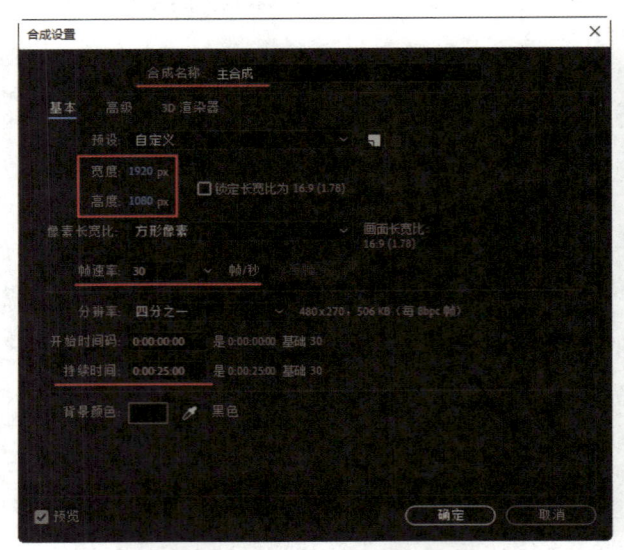

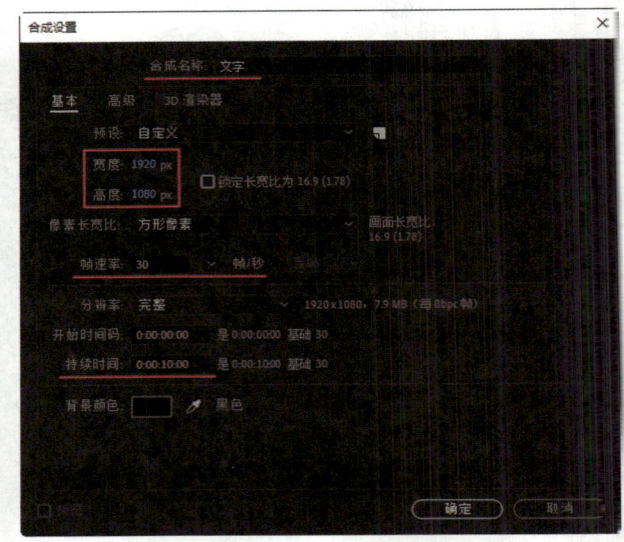

图 4-23　"合成设置"对话框的设置（1）

图 4-24　"合成设置"对话框的设置（2）

（2）使用"横排文字工具"，在"合成"窗口中单击并输入文字，如图 4-25 所示。使用"向后平移（锚点）工具"，将锚点移至文字内容的中心位置，单击"对齐"面板中的"水平对齐"和"垂直对齐"按钮，将文字对齐至合成的中心位置，如图 4-26 所示。

图 4-25　输入文字

图 4-26　将文字对齐至合成的中心位置

(3)选择文字图层,执行"效果|扭曲|变换"命令,应用"变换"效果,在"效果控件"面板中将"倾斜"属性值设置为"-8.0",效果如图 4-27 所示。执行"合成|新建合成"命令,弹出"合成设置"对话框,具体设置如图 4-28 所示。单击"确定"按钮,新建名称为"遮罩图形"的合成。

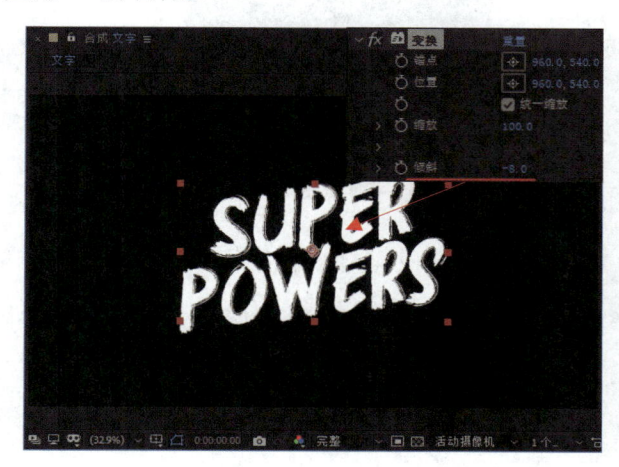

图 4-27 设置文字倾斜效果

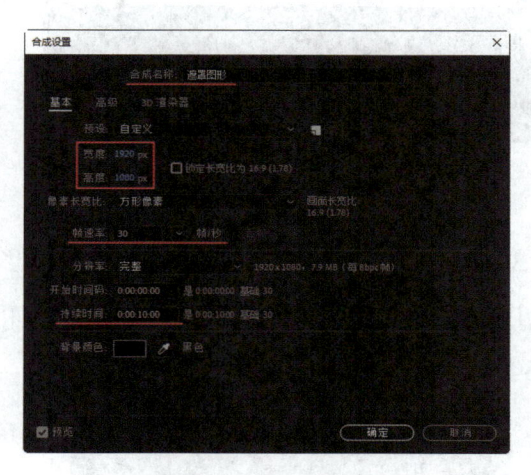

图 4-28 "合成设置"对话框的设置(3)

## 2. 制作主题文字遮罩动画

(1)使用"矩形工具",在工具栏中将"填充"设置为白色,"描边"设置为无,双击"矩形工具",自动绘制一个与合成大小相同的矩形,如图 4-29 所示。展开"形状图层 1"下方"矩形 1"选项中的"矩形路径 1"选项,将"大小"属性值修改为"192.0,250.0",效果如图 4-30 所示。

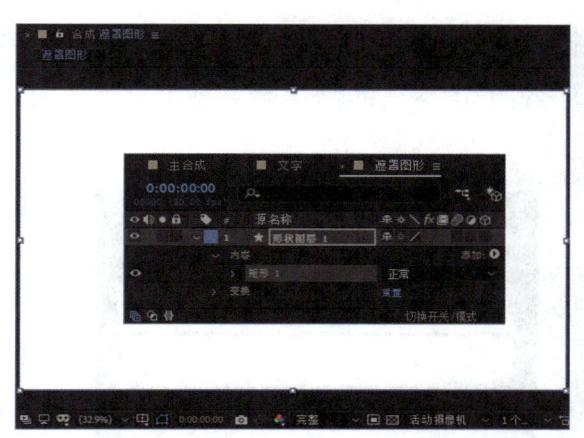

图 4-29 绘制与合成大小相同的矩形

图 4-30 修改矩形的尺寸大小

(2)选择"形状图层 1",按【S】快捷键,显示该图层的"缩放"属性,并将该属性值设置为"90.0,90.0%",效果如图 4-31 所示。执行"效果|扭曲|湍流置换"命令,应用"湍流置换"效果,在"效果控件"面板中对"湍流置换"效果的相关选项进行设置,如图 4-32 所示。

121

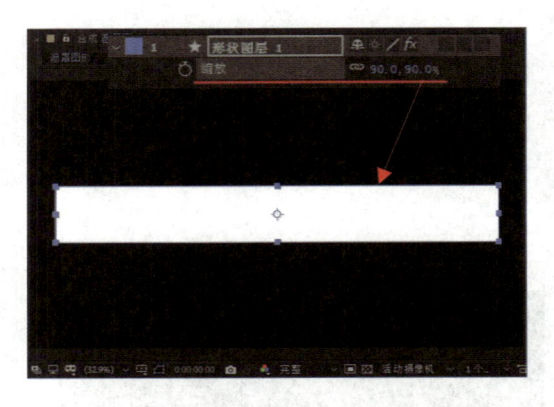

图 4-31 设置"缩放"属性的效果 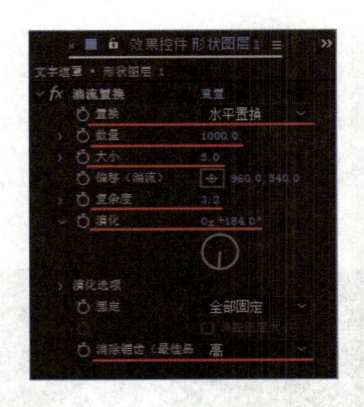　　　　　图 4-32 设置"湍流置换"效果的选项

（3）在"合成"窗口中可以看到应用"湍流置换"所实现的效果，如图 4-33 所示。选择"形状图层 1"，按【Ctrl+D】快捷键两次，将该图层复制两次，并且调整图层的叠放顺序，如图 4-34 所示。

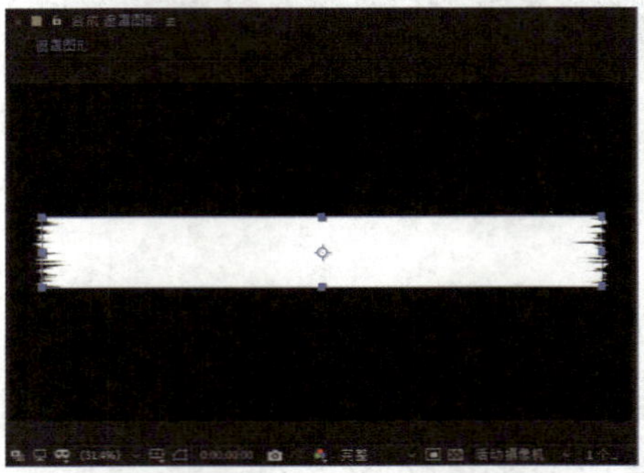

图 4-33 应用"湍流置换"实现的效果 　　　　图 4-34 复制图层两次并调整顺序

（4）选择"形状图层 3"，在"合成"窗口中将该图层中的图形向下移至合适的位置，如图 4-35 所示。选择"形状图层 1"，在"合成"窗口中将该图层中的图形向上移至合适的位置，如图 4-36 所示。

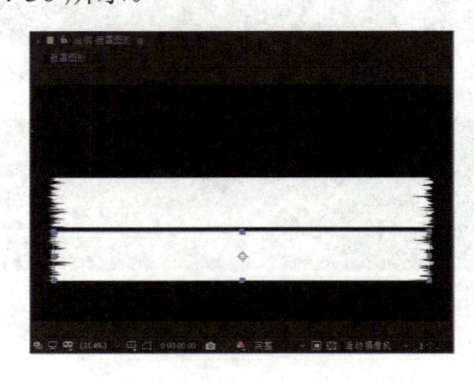

图 4-35 向下移动图形位置 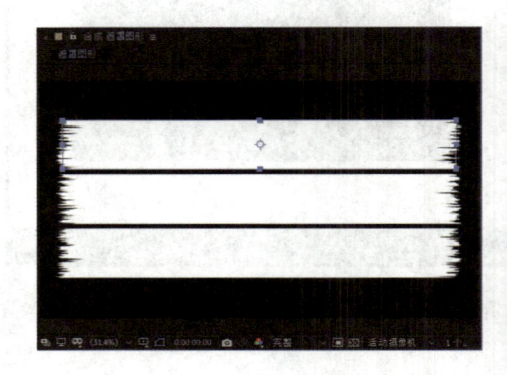　　　　　　　　图 4-36 向上移动图形位置

（5）将"合成"窗口的视图调整至 100%，分别移动上面和下面的图形，使 3 个图形紧靠在一起，如图 4-37 所示。将时间指示器移至 2 秒的位置，同时选中"时间轴"面板中的 3 个图

层，按【P】快捷键，显示这 3 个图层的"位置"属性，插入该属性关键帧，如图 4-38 所示。

图 4-37 微调图形位置 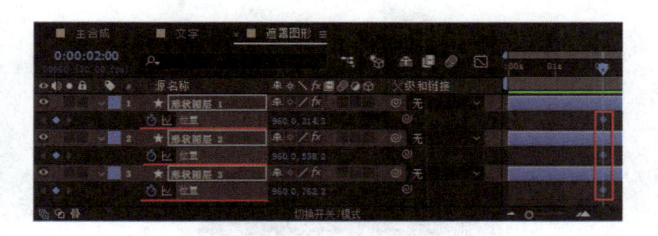　　　　　　图 4-38 插入"位置"属性关键帧

（6）将时间指示器移至 0 秒的位置，同时选中"形状图层 1"和"形状图层 3"，在"合成"窗口中将这两个图层中的图形水平向左移出合成可视区域，如图 4-39 所示。选择"形状图层 2"，将该图层中的图形水平向右移出合成可视区域，如图 4-40 所示。

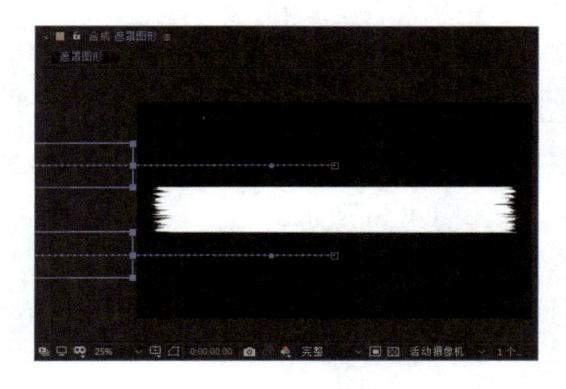

图 4-39 "合成"窗口显示的效果（1） 　　　　　　图 4-40 "合成"窗口显示的效果（2）

（7）在"时间轴"面板中拖动鼠标，同时选中所有属性关键帧，按【F9】快捷键，应用缓动效果，如图 4-41 所示。单击"时间轴"面板上的"图表编辑器"按钮，切换到图表编辑器状态，如图 4-42 所示。

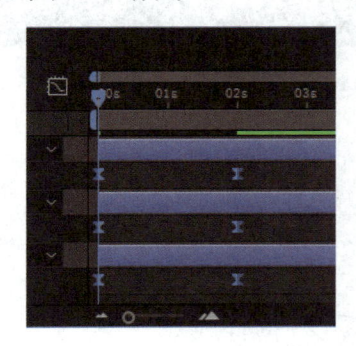

图 4-41 为属性关键帧应用缓动效果 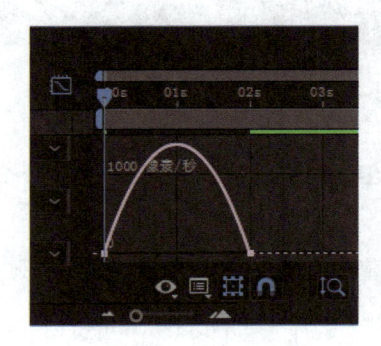　　　　　　图 4-42 进入图表编辑器状态

（8）选中右侧锚点，拖动方向线，调整运动速度曲线，如图4-43所示。返回时间轴编辑状态，执行"合成|新建合成"命令，弹出"合成设置"对话框，具体设置如图4-44所示。单击"确定"按钮，新建名称为"标题动画"的合成。

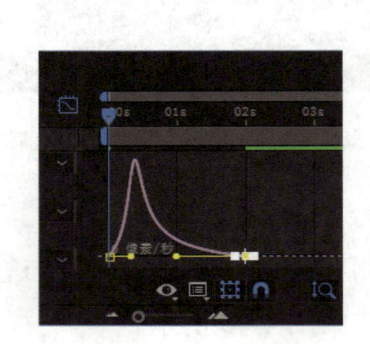

图 4-43　调整运动速度曲线　　　　　　图 4-44　"合成设置"对话框

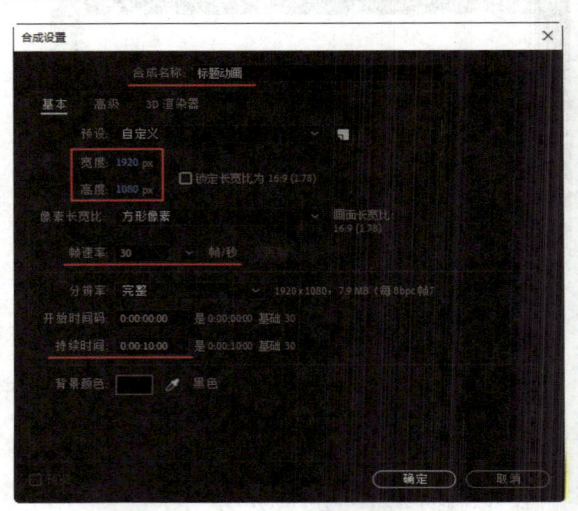

（9）在"项目"面板中分别将"文字"和"遮罩图形"拖入"时间轴"面板中，效果如图 4-45 所示。在"时间轴"面板中显示"转换控制"选项组，将"文字"图层的"TrkMat（轨道遮罩）"选项设置为"Alpha 遮罩'遮罩图形'"，如图 4-46 所示。

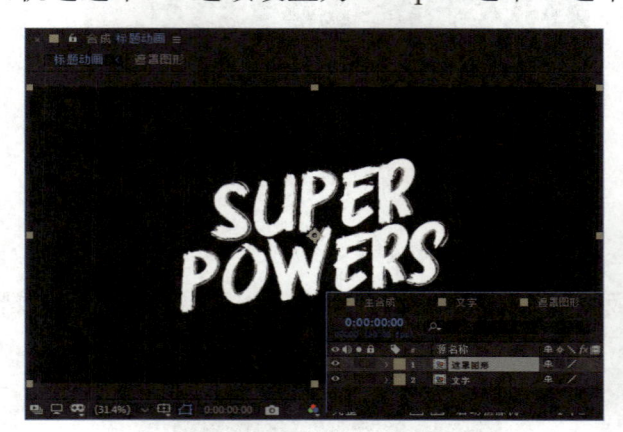

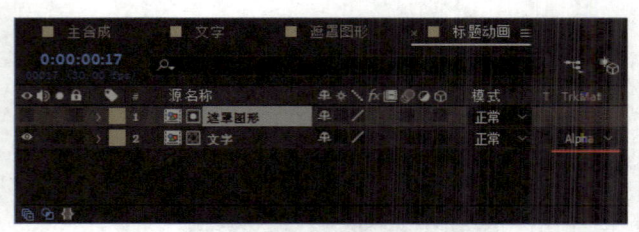

图 4-45　"合成"窗口的效果　　　　　图 4-46　设置"TrkMat（轨道遮罩）"选项

### 4.3.3　任务制作 2——制作节目片花的视频效果

**1. 丰富节目片花主题文字的视频遮罩效果**

（1）同时选中"时间轴"面板中的两个图层，执行"图层|预合成"命令，弹出"预合成"对话框，具体设置如图 4-47 所示。单击"确定"按钮，创建名称为"文字遮罩"的预合成。导入"源文件\项目四\素材\11601.mov"视频素材，如图 4-48 所示。

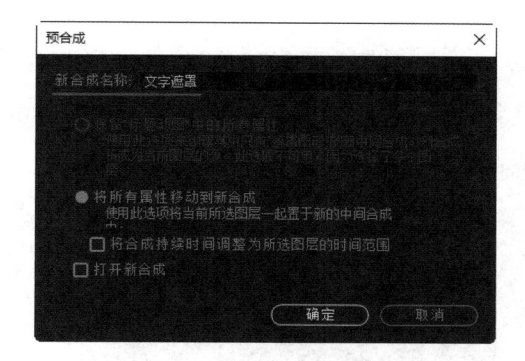

图 4-47 "预合成"对话框

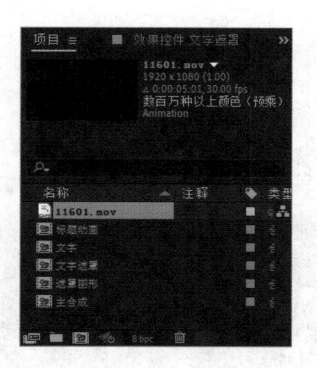

图 4-48 导入视频素材

（2）将"11601.mov"视频素材拖入"时间轴"面板中，效果如图 4-49 所示。选择"文字遮罩"图层，将该图层的"TrkMat（轨道遮罩）"选项设置为"Alpha 遮罩'11601.mov'"，效果如图 4-50 所示。

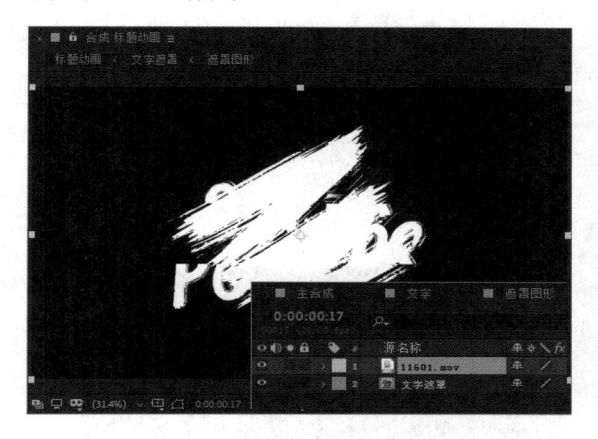

图 4-49 拖入视频素材

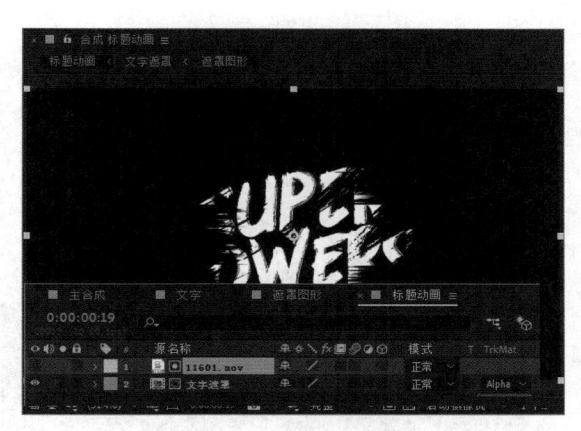

图 4-50 设置"TrkMat（轨道遮罩）"选项

（3）同时选中"时间轴"面板中的两个图层，执行"图层|预合成"命令，弹出"预合成"对话框，具体设置如图 4-51 所示。单击"确定"按钮，创建名称为"笔刷文字标题 1"的预合成。在"项目"面板中选择"笔刷文字标题 1"合成，按【Ctrl+D】快捷键复制该合成，得到"笔刷文字标题 2"合成，将复制得到的"笔刷文字标题 2"合成拖入"时间轴"面板中，如图 4-52 所示。

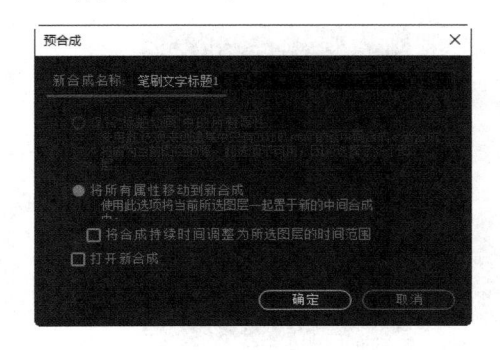

图 4-51 "预合成"对话框的设置

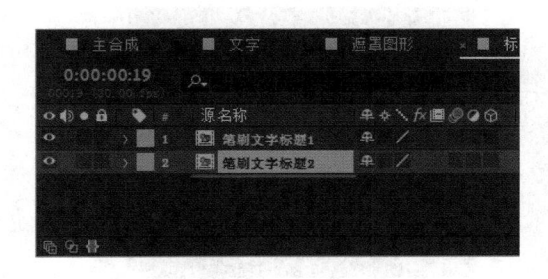

图 4-52 复制合成并拖入"时间轴"面板中

(4) 双击"时间轴"面板中的"笔刷文字标题2",进入该合成的编辑状态,将"文字遮罩"图层的"TrkMat(轨道遮罩)"选项修改为"无",如图4-53所示。显示"11601.mov"图层,并将该图层移至"文字遮罩"图层下方,如图4-54所示。

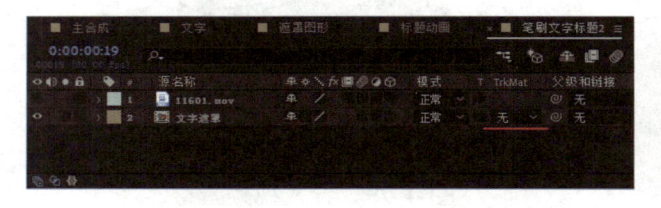

图 4-53 修改"TrkMat(轨道遮罩)"选项

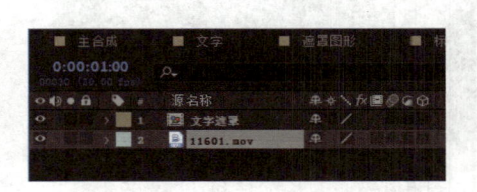

图 4-54 显示图层并调整顺序

(5) 返回"标题动画"合成的编辑状态,选择"笔刷文字标题2"图层,执行"效果|生成|填充"命令,应用"填充"效果,在"效果控件"面板中将"颜色"属性值设置为"#E52535",效果如图4-55所示。选择"笔刷文字标题1"图层,按【Ctrl+D】快捷键,复制该图层,将原"笔刷文字标题1"图层重命名为"阴影",如图4-56所示。

图 4-55 应用"填充"效果后的效果

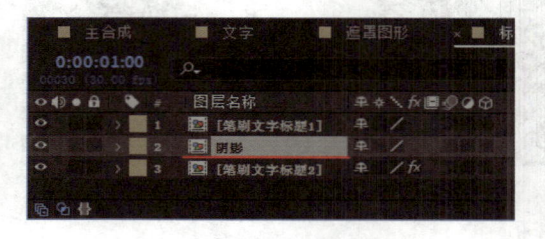

图 4-56 复制图层并重命名图层

(6) 选择"阴影"图层,执行"效果|生成|填充"命令,应用"填充"效果,在"效果控件"面板中将"颜色"属性值设置为"#390000",如图4-57所示。执行"效果|模糊和锐化|CC Radial Blur"命令,应用"CC Radial Blur"效果,在"效果控件"面板中对相关选项进行设置,如图4-58所示。

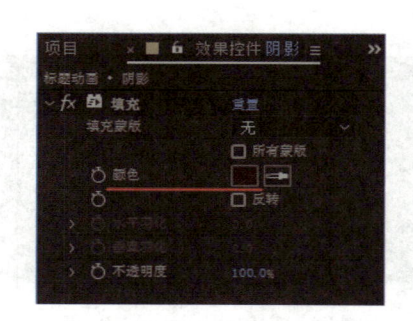

图 4-57 设置"填充"效果选项

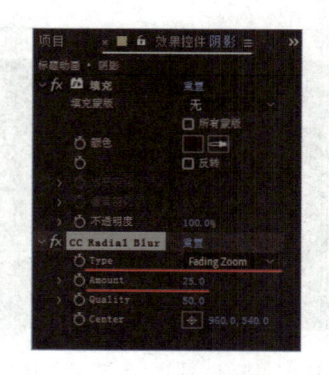

图 4-58 设置"CC Radial Blur"效果选项

(7) 在"合成"窗口中将"CC Radial Blur"效果的中心点调整到右上角的位置，如图 4-59 所示。在"时间轴"面板中开启 3 个图层的"3D 图层"按钮，如图 4-60 所示。

图 4-59　调整效果中心点的位置

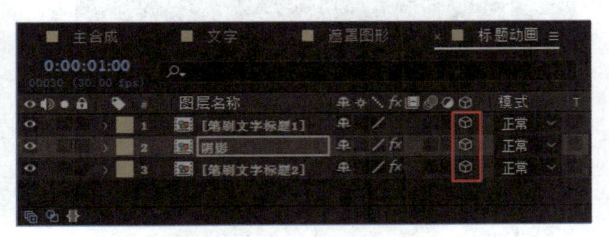

图 4-60　开启图层的"3D 图层"按钮

(8) 同时选中"时间轴"面板中的 3 个图层，按【P】快捷键，显示每个图层的"位置"属性，同时选中"阴影"和"笔刷文字标题 1"两个图层，将"位置"属性值都设置为"960.0，540.0，-25.0"，如图 4-61 所示。执行"图层|新建|摄像机"命令，弹出"摄像机设置"对话框，具体设置如图 4-62 所示。单击"确定"按钮，新建摄像机图层。

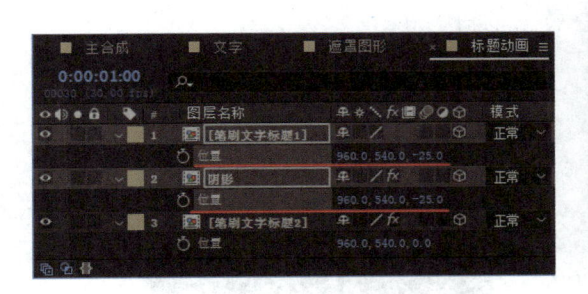

图 4-61　设置"位置"属性值

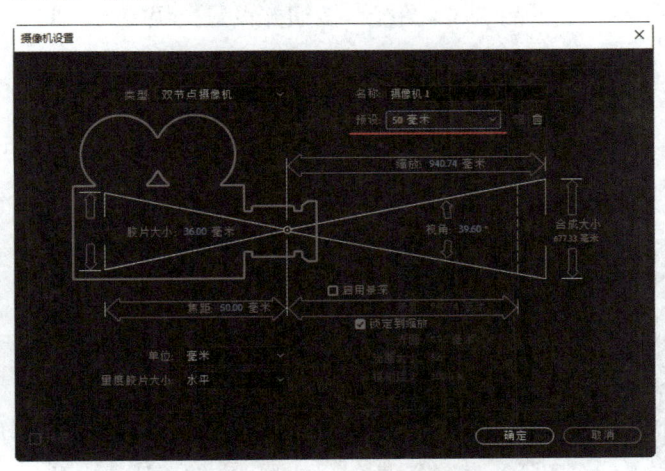

图 4-62　"摄像机设置"对话框的设置

### 2. 制作主题文字在三维空间的变换效果

(1) 执行"图层|新建|空对象"命令，新建空对象图层，将该图层重命名为"镜头"，如图 4-63 所示。分别单击"对齐"面板中的"水平对齐"和"垂直对齐"按钮，将空对象图层对齐至合成的中心位置，如图 4-64 所示。

(2) 开启"镜头"图层的"3D 图层"按钮，将"摄像机 1"图层的"父级和链接"选项设置为"镜头"，如图 4-65 所示。选择"镜头"图层，按【R】快捷键，显示该图层的"旋转"

127

属性,将时间指示器移至 0 秒的位置,分别为"X 轴旋转"和"Y 轴旋转"属性插入关键帧,如图 4-66 所示。

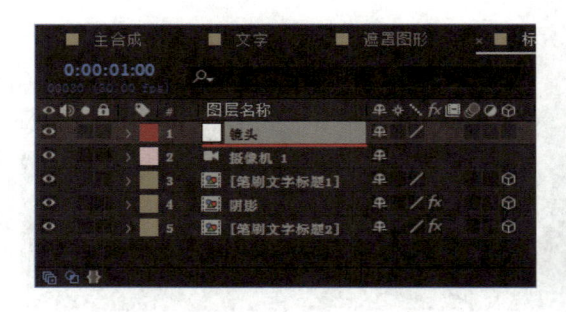

图 4-63　新建空对象图层并重命名 　　　　图 4-64　将空对象图层对齐到合成的中心

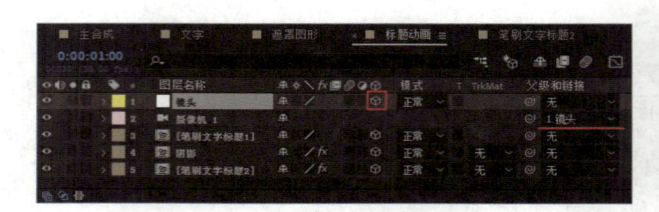

图 4-65　开启"3D 图层"按钮并设置父级链接(1) 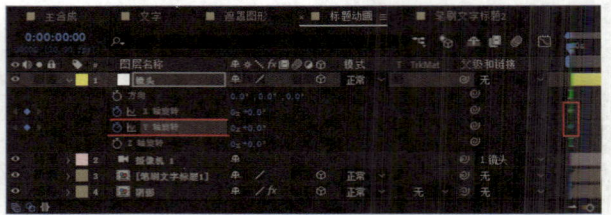　　　图 4-66　插入属性关键帧

(3) 将时间指示器移至 2 秒的位置,再将"X 轴旋转"属性值设置为"18.0°","Y 轴旋转"属性值设置为"-21.0°",效果如图 4-67 所示。选中"镜头"图层的所有属性关键帧,按【F9】快捷键,应用缓动效果,如图 4-68 所示。

图 4-67　设置属性值的效果 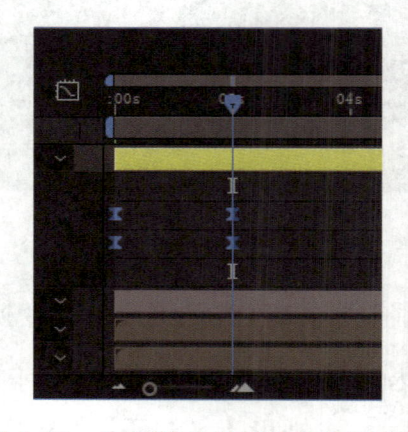　　　　图 4-68　为属性关键帧应用缓动效果

(4) 单击"时间轴"面板上的"图表编辑器"按钮,切换到图表编辑器状态,如图 4-59 所示。选中右侧锚点,拖动方向线,调整运动速度曲线,如图 4-70 所示。

(5)返回时间轴编辑状态,新建一个空对象图层,将该图层重命名为"抖动",分别单击"对齐"面板中的"水平对齐"和"垂直对齐"按钮,将空对象图层对齐至合成的中心位置,如图 4-71 所示。开启"抖动"图层的"3D 图层"按钮,将"镜头"图层的"父级和链接"选项设置为"抖动",如图 4-72 所示。

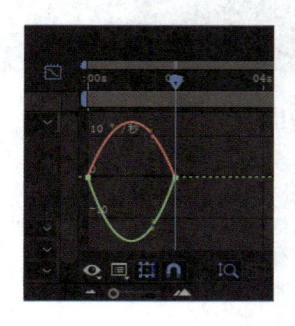

图 4-69　进入图表编辑器状态　　　　　图 4-70　调整运动速度曲线

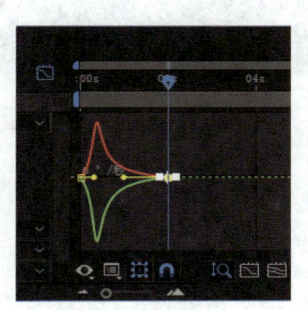

图 4-71　将空对象图层对齐到合成中心　　图 4-72　开启"3D 图层"按钮并设置父级链接(2)

(6)选择"抖动"图层,按【P】快捷键,显示该图层的"位置"属性,按住【Alt】键不放,单击"位置"属性名称左侧的"秒表"按钮,为该属性添加"wiggle(2,2)"表达式,如图 4-73 所示。新建一个调整图层,将时间指示器移至 0 秒 20 帧的位置,按【Alt+[】快捷键,调整该图层入点到当前位置,将时间指示器移至 1 秒的位置,按【Alt+]】快捷键,调整该图层的出点至当前时间位置,如图 4-74 所示。

图 4-73　为"位置"属性添加表达式

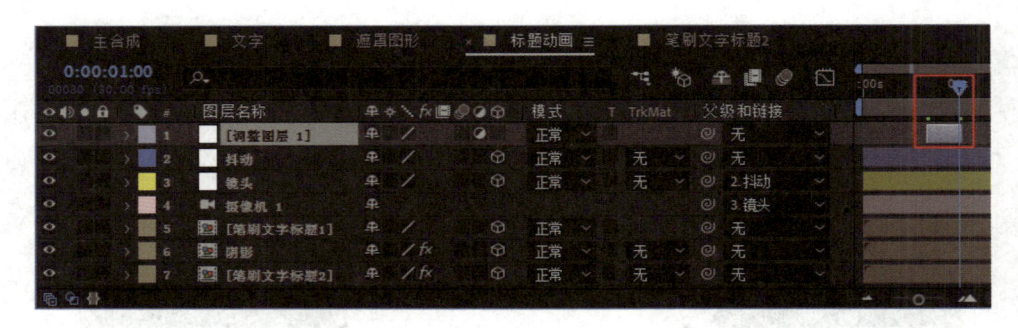

图 4-74 新建调整图层并设置其入点和出点位置

（7）执行"效果|透视|3D 眼镜"命令，应用"3D 眼镜"效果，在"效果控件"面板中对"3D 眼镜"效果的相关属性进行设置，如图 4-75 所示。在"合成"窗口中可以看到应用"3D 眼镜"所实现的效果，如图 4-76 所示。

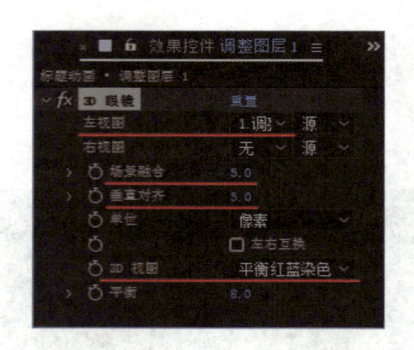

图 4-75 设置"3D 眼镜"效果选项

图 4-76 应用"3D 眼镜"所实现的效果

（8）执行"效果|扭曲|变换"命令，应用"变换"效果，将该效果的"缩放"属性值设置为"150.0"，效果如图 4-77 所示。执行"合成|新建合成"命令，弹出"合成设置"对话框，具体设置如图 4-78 所示。单击"确定"按钮，新建名称为"节目片花"的合成。

图 4-77 设置"缩放"属性值的效果

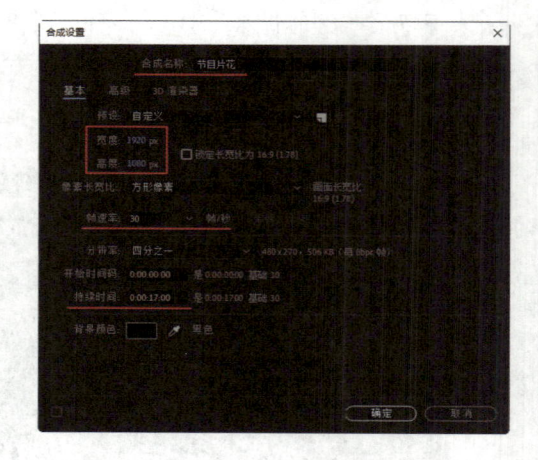

图 4-78 设置"合成设置"对话框

（9）导入"源文件\项目四\素材\movie01.mp4"视频素材，如图 4-79 所示。分别将

"movie01.mp4"视频素材和"标题动画"合成拖入"时间轴"面板中，效果如图4-80所示。

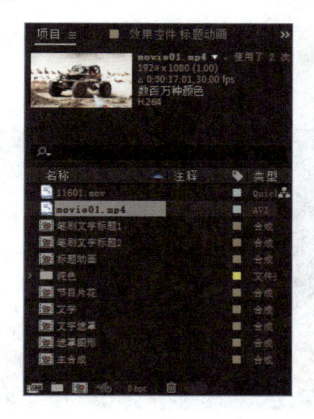

图4-79 导入视频素材

图4-80 "合成"窗口中的效果

（10）将时间指示器移至5秒位置，选择"标题动画"图层，按【Alt+]】快捷键，调整该图层的出点至当前时间位置，如图4-81所示。

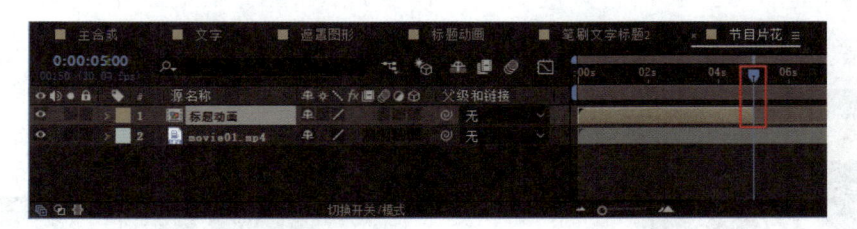

图4-81 调整图层出点的位置

### 4.3.4 任务制作3——制作节目片花的节目标题和结束效果

**1. 制作节目片花的节目标题**

（1）使用"矩形工具"，在工具栏中选择"填充"选项，在弹出的"填充选项"对话框中，单击"线性渐变"按钮，如图4-82所示。单击"确定"按钮，再单击"填充"选项右侧的"拾色器"按钮，弹出"渐变编辑器"对话框，设置渐变颜色，如图4-83所示。

图4-82 单击"线性渐变"按钮

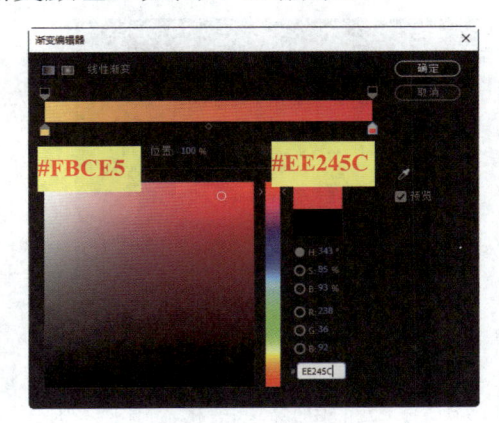

图4-83 设置渐变颜色

131

（2）在完成渐变颜色的设置后，不要选择任何对象，在"合成"窗口中绘制矩形，如图 4-84 所示。使用"向后平移（锚点）工具"，将刚绘制的矩形的锚点调整至矩形的中心位置如图 4-85 所示。

图 4-84　绘制矩形 　　　　　　　　　　图 4-85　调整矩形锚点位置

（3）使用"选取工具"，调整矩形的线性渐变填充效果，如图 4-86 所示。将时间指示器移至 0 秒 20 帧位置，按【Alt+[】快捷键，调整该图层的入点至当前时间位置，如图 4-87 所示。

图 4-86　调整线性渐变填充效果 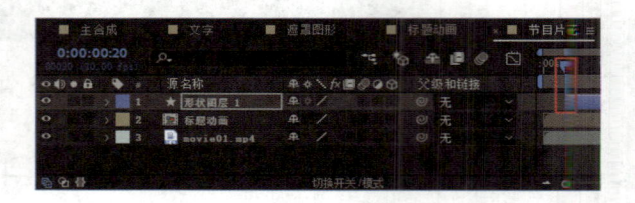　　　　图 4-87　调整图层内容入点位置

（4）按【P】快捷键，显示"位置"属性，插入该属性关键帧，并将矩形向下移至合适的位置，如图 4-88 所示。将时间指示器移至 1 秒 22 帧位置，再将矩形向上移至合适的位置，如图 4-89 所示。同时选中两个"位置"属性关键帧，按【F9】快捷键，为其应用缓动效果。

图 4-88　向下移动矩形位置 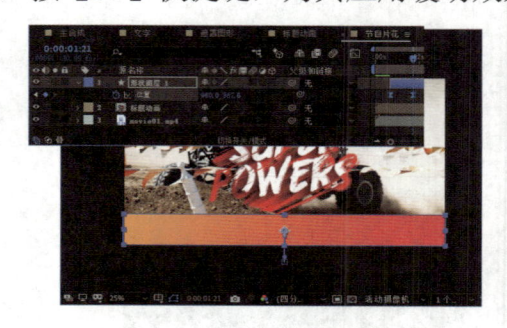　　　　　　图 4-89　向上移动矩形位置

（5）单击"时间轴"面板上的"图表编辑器"按钮，切换到图表编辑器状态，选中右侧

锚点，拖动方向线，调整运动速度曲线，如图 4-90 所示。返回时间轴编辑状态，使用"横排文字工具"，在"合成"窗口中单击并输入文字，如图 4-91 所示。

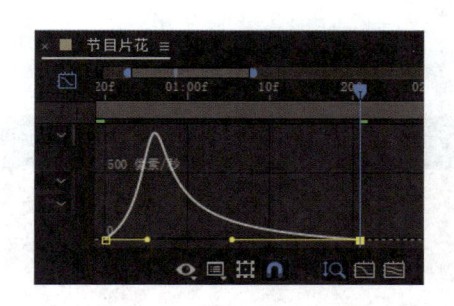

图 4-90　调整运动速度曲线

图 4-91　输入文字

（6）根据矩形位置变化使用相同的制作方法，可以完成该文字从右侧入场动画的制作，并且同样调整文字位置运动的速度曲线，在"时间轴"面板中的设置如图 4-92 所示。

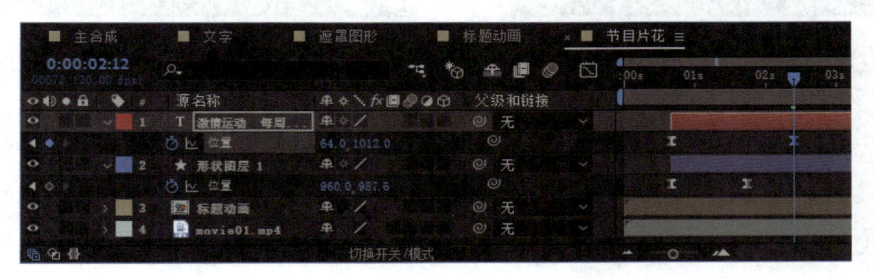

图 4-92　"时间轴"面板中的设置

### 2. 制作节目片花的结束效果

（1）执行"合成|新建合成"命令，弹出"合成设置"对话框，具体设置如图 4-93 所示。单击"确定"按钮，新建名称为"片花结束"的合成。使用"矩形工具"，单击"填充"选项右侧的"拾色器"按钮，弹出"渐变编辑器"对话框，设置渐变颜色，如图 4-94 所示。

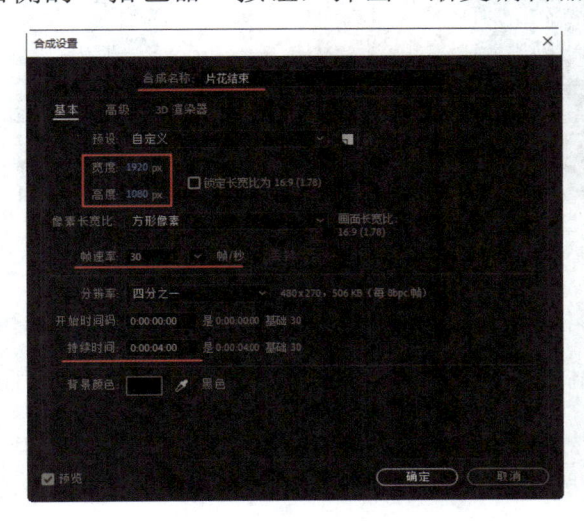

图 4-93　"合成设置"对话框的设置

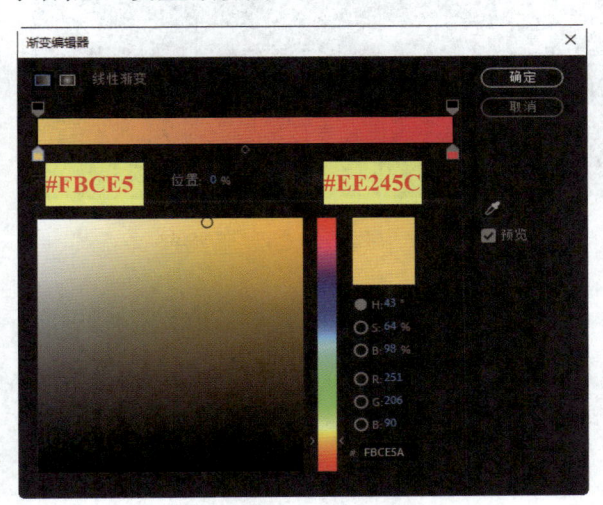

图 4-94　设置渐变颜色

（2）在完成渐变颜色的设置后，双击工具栏中的"矩形工具"按钮，自动绘制一个与合成大小相同的矩形，使用"选取工具"，调整矩形的线性渐变填充效果，如图 4-95 所示。选择"形状图层 1"，使用"矩形工具"，在工具栏中单击"工具创建蒙版"按钮，为当前图云绘制一个矩形蒙版，如图 4-96 所示。

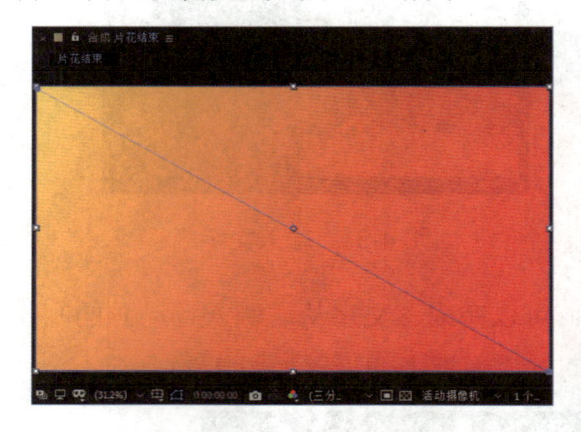

图 4-95 绘制矩形并调整渐变填充效果　　　　图 4-96 绘制矩形蒙版

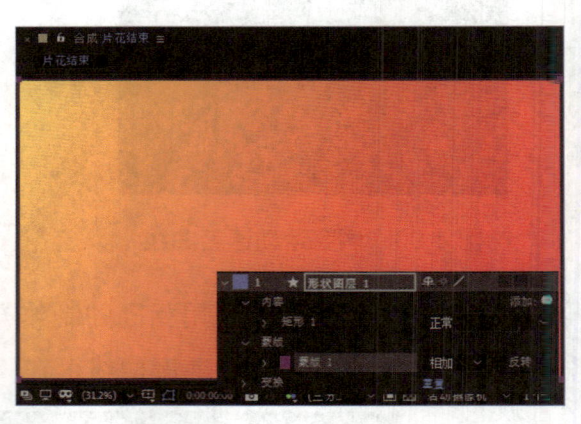

（3）将时间指示器移至 0 秒位置，展开"蒙版 1"选项，插入"蒙版路径"属性关键帧，在"合成"窗口中将蒙版路径向上移至合适的位置，如图 4-97 所示。将时间指示器移至 1 秒位置，在"合成"窗口中将蒙版路径向下移至合适的位置，如图 4-98 所示。选中两个属性关键帧，应用缓动效果。

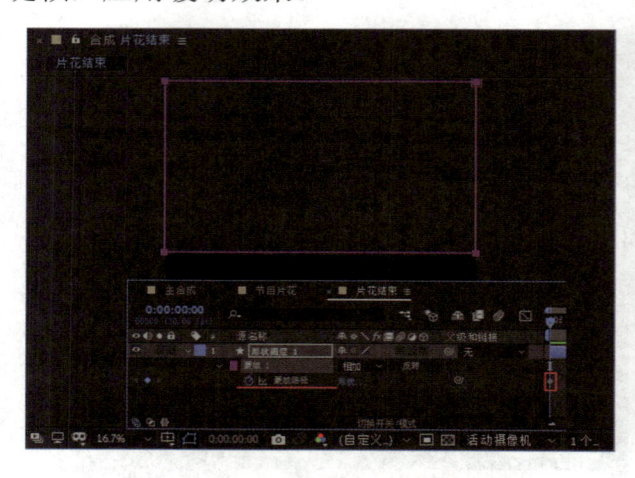

图 4-97 向上移动蒙版路径　　　　图 4-98 向下移动蒙版路径

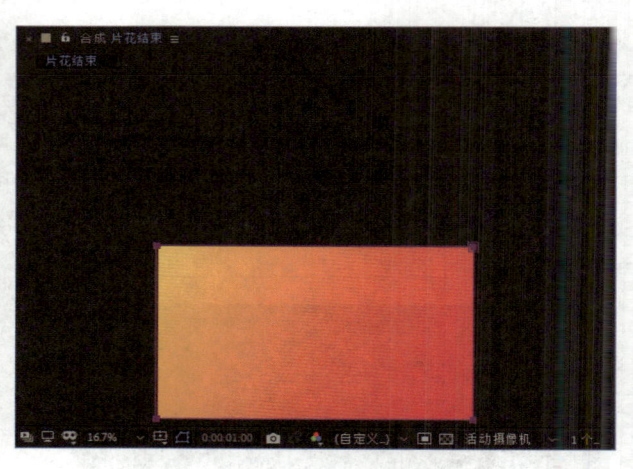

（4）导入 Logo 图像素材，如图 4-99 所示。将其拖入"时间轴"面板中，再将时间指示器移至 1 秒 10 帧的位置，按【Alt+[】快捷键，调整该图层的入点至当前时间位置，如图 4-100 所示。

（5）在当前时间位置，插入"缩放"和"不透明度"两个属性关键帧，并将这两个属性值分别设置为"0.0, 0.0%""0%"，如图 4-101 所示。将时间指示器移至 2 秒的位置，再将"缩放"和"不透明度"两个属性值分别设置为"100.0,100.0%""100%",效果如图4-102所示。

图 4-99　导入 Logo 图像素材 　　　　　图 4-100　调整图层内容入点位置

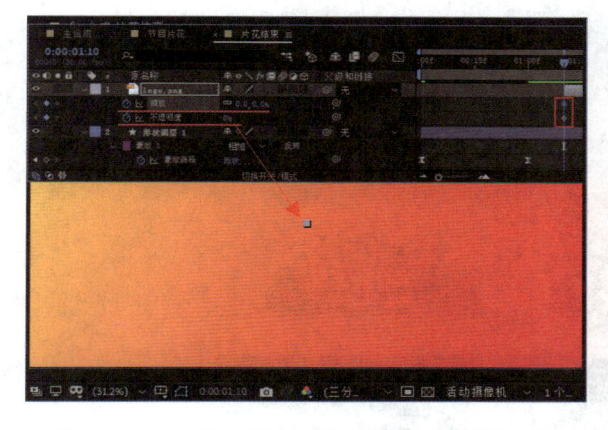

图 4-101　插入属性关键帧并设置属性值 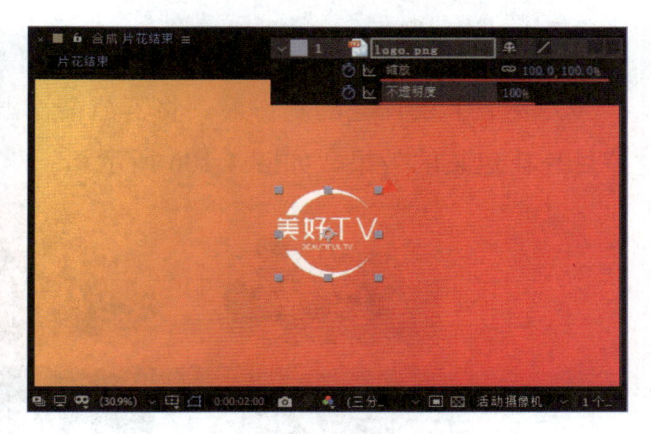　　图 4-102　设置属性值的效果

（6）返回主合成编辑状态，分别将"节目片花"和"片花结束"拖入"时间轴"面板中，并向右拖动"片花结束"图层内容，调整该图层内容的起始位置从 16 秒开始，如图 4-103 所示。

图 4-103　"时间轴"面板

（7）整个节目片花的总时长为 20 秒，在"项目"面板中的"主合成"上右击，在弹出的快捷菜单中执行"合成设置"命令，弹出"合成设置"对话框，将"持续时间"属性值修改为 20 秒，如图 4-104 所示，单击"确定"按钮。

（8）导入背景音乐的音频素材，将"bgm.mp3"音频素材从"项目"面板拖入"主合成"

135

的"时间轴"面板中，如图 4-105 所示。

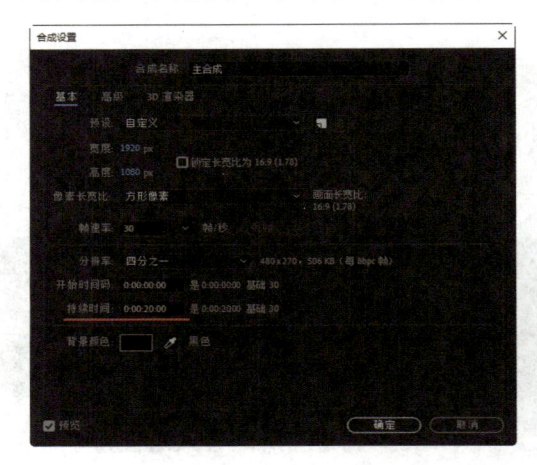

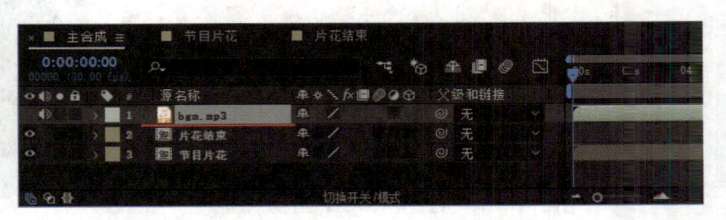

图 4-104 修改"持续时间"属性值　　　图 4-105 拖入背景音乐的音频素材

（9）完成节目片花的制作后，将其渲染输出为视频，在视频播放器中可以预览渲染输出的节目片花包装的效果，如图 4-106 所示。

图 4-106 预览节目片花包装的效果

## 4.4 检查评价

本任务完成了一个节目片花包装的制作。为了帮助读者理解节目片花包装的制作方法和表现技巧，在完成本学习情境内容的学习后，需要对读者的学习效果进行评价。

### 4.4.1 检查评价点

（1）了解节目片花的作用和表现形式。

（2）掌握 After Effects 中图表编辑器的使用。

（3）在 After Effects 中完成节目片花包装的制作。

## 4.4.2 检查控制表

| 学习情境名称 | | 节目片花 | 组别 | | 评价人 | | |
|---|---|---|---|---|---|---|---|
| 检查检测评价点 | | | | | 评价等级 | | |
| | | | | | A | B | C |
| 知识 | | 能够理解并简要说明视频栏目包装遵循一贯性原则的必要性 | | | | | |
| | | 能够详细说明遵循一贯性原则在设计中需要注意的要点 | | | | | |
| | | 能够对比说明视频栏目包装的分类，以及各分类的应用场合 | | | | | |
| | | 能够正确描述节目片花的作用及表现形式 | | | | | |
| | | 能够详细描述运动路径的绘制及调整方法 | | | | | |
| | | 能够详细说明图表编辑器的作用及使用方法 | | | | | |
| | | 能够描述"湍流置换"效果的应用方法 | | | | | |
| 技能 | | 能够根据节目需要确定节目片花的风格、时长等 | | | | | |
| | | 能够绘制、调整运动路径的形状，以及更改对象的运动方向 | | | | | |
| | | 能够使用图表编辑器调整运动速度及缓动画效果果 | | | | | |
| | | 能够使用"湍流置换"效果制作出笔刷样式图形 | | | | | |
| 素养 | | 能够耐心、细致地聆听制作需求，准确记录任务关键点 | | | | | |
| | | 能够团结协作，一起完成工作任务，具有团队意识 | | | | | |
| | | 善于沟通，能够积极表达自己的想法与建议 | | | | | |
| | | 能够注意素材及文件的安全保存，具有安全意识 | | | | | |
| | | 能够遵守制作规范，具有行业规范意识 | | | | | |
| | | 节目片花是每个章节的引导，制作要遵守统一性原则 | | | | | |
| | | 注意保持工位的整洁，工作结束后自觉打扫整理工位 | | | | | |

## 4.4.3 作品评价表

| 评价点 | 作品质量标准 | 评价等级 | | |
|---|---|---|---|---|
| | | A | B | C |
| 主题内容 | 节目片花的内容信息准确、精练，能起到正向吸引观众的作用 | | | |
| 直观感觉 | 作品内容完整，可以独立、正常、流畅地播放 | | | |
| | 作品结构清晰，信息传递准确 | | | |
| 技术规范 | 视频的尺寸、规格符合规定的要求 | | | |
| | 画面的风格、动画效果切合主题 | | | |
| | 视频作品输出的规格符合规定的要求 | | | |
| 动画表现 | 视频节奏与主题内容相称 | | | |
| | 音画配合得当 | | | |
| 艺术创新 | 画面的色彩、构成结构及动画效果、形式有新意 | | | |

## 4.5 巩固扩展

根据本任务所学内容，运用所学的相关知识，读者可以使用 After Effects 完成一个节目片花包装的制作，并且通过蒙版与基础变换属性来控制节目片花视频的表现效果。

## 4.6 课后测试

在完成本学习情境内容的学习后，读者可以通过几道课后测试题，检验一下自己的学习效果，同时加深对所学知识的理解。

### 一、选择题

1. After Effects 软件是由 Adobe 公司开发的，主要用于（　　）。
   A．二维动画制作　　　　　　　　B．三维动画制作
   C．视频编辑　　　　　　　　　　D．特效制作

2. 完成制作对象位置移动的动画效果后，在（　　）中可以调整对象位置移动的运动路径。
   A．"项目"面板　　　　　　　　　B．"合成"窗口
   C．"时间轴"面板　　　　　　　　D．"预览"面板

3. （　　）是节目内容正式开始前出现的短片，可以称之为"开场戏"。
   A．片头　　　　B．片花　　　　C．片尾　　　　D．提花

### 二、判断题

1. 在视频栏目包装的实施过程中，统一性主要表现为统一的品牌信息以多样的形式或方式在众多包装设计产品上的应用。统一的品牌信息主要包括：媒体名称、形象标识、标准色、核心理念等。（　　）

2. 对象沿着调整好的曲线路径进行位置移动时，如果对象的方向并没有随着曲线运动路径而改变，则可以通过调整每个关键帧的对象方向的方法进行设置。（　　）

3. 在动画中需要制作对象位置移动的动画效果时，为了使动画效果看起来更加真实，通常都需要为相应的属性关键帧应用缓动效果，从而使动画的表现更加真实。（　　）

# 学习情境 5 栏目片头

栏目片头是栏目内容正式开始前出现的短片，是栏目形象包装推广的延续，是栏目形象宣传片的精华版，是栏目内容、品格特性的直接反映。本学习情境重点介绍栏目片头包装的色彩配置和风格设计等相关知识，并通过一个栏目片头包装的制作，使读者能够掌握栏目片头包装的设计与制作方法。

## 5.1 情境说明

栏目片头包装是栏目整体包装中非常重要的一种表现形式。栏目片头在栏目正式内容开始播放之前播放，并且通过栏目片头包装来展现栏目的形象，吸引观众的关注。

### 5.1.1 任务分析——栏目片头包装

本任务将制作一个栏目片头包装，在栏目片头包装的设计制作过程中，其重点是栏目标题文字动画效果的制作。本任务主要是为栏目标题文字应用"CC Pixel Polly"效果，实现片头标题文字的粒子消散效果，可以先通过将标题文字的粒子消散动画进行倒退播放，实现粒子集合成标题文字的效果；再结合其他的效果和摄像机图层的应用，实现栏目片头文字动画效果；最后为栏目片头包装添加视频背景和背景音乐，从而完成一个简约的栏目片头包装的设计制作。图 5-1 所示为本任务所制作的栏目片头包装设计的部分截图。

图 5-1 栏目片头包装设计的部分截图

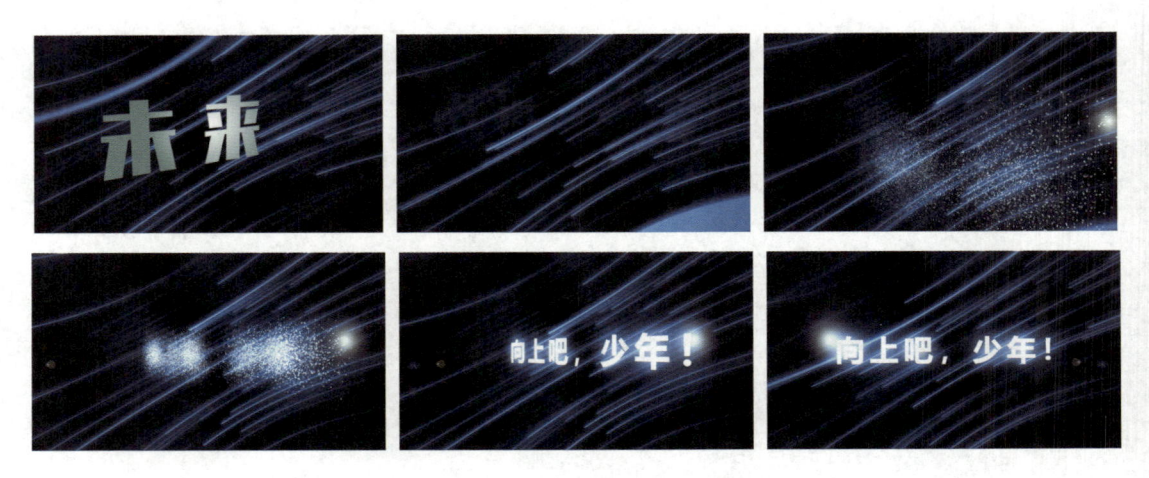

图 5-1　栏目片头包装设计的部分截图（续）

### 5.1.2　任务目标——掌握栏目片头包装的设计制作

想要完成本任务中栏目片头的设计制作，需要掌握以下知识内容。
- 了解视频栏目包装中的色彩配置。
- 了解色彩设计与心理反应。
- 掌握调和栏目包装色彩设计的方法
- 了解视频栏目包装的画面风格设计
- 理解栏目片头设计的常见思路与方法
- 掌握 After Effects 中表达式的应用
- 掌握在 After Effects 中渲染输出项目文件的方法
- 掌握在 After Effects 中制作栏目片头包装的方法

## 5.2　基础知识

视频栏目包装的目的是宣传和推广具体的栏目，树立栏目品牌，它的具体设计形式包括形象宣传片、片头、片花等多种形式。这些具体的设计服务于整个视频栏目，起着强化栏目主题、丰富栏目形式、提示重要信息、增强节目可视性的作用。视频栏目包装设计应该服从所属媒体的包装风格，既具有媒体共性，又具有栏目个性。

### 5.2.1　视频栏目包装中的色彩配置

由于不同目标受众对颜色有着不同感受，性别、年龄、职业、地域、价值观、文化教育背景等因素都可能导致他们对色彩有着不同的理解，因此在视频栏目包装设计中，独特、贴切、科学的颜色选择和搭配是至关重要的。目前，国际上大概有两种色彩配置方法：简单色彩体系和复杂色彩体系。

### 1. 简单色彩体系

在简单色彩体系中大多数都属于单一色彩体系，就是以某一种或两种颜色作为主色调，配以其他辅助色的配色方法。简单色彩体系是最常用的色彩配置机制，例如，中央电视台综合频道以蓝色调为主，表现出客观冷静、庄严的态度；凤凰卫视以黄色为主基调，意欲表现出中华民族黄土文化的风格和本质。这种色彩配置比较容易产生色彩的符号感、标识感。

图 5-2 所示为中央电视台新闻栏目片头包装设计的部分截图，该包装属于简单色彩体系，以蓝色的三维地球动画作为主要表现对象，出现在该栏目的片头、片花、宣传、题花等各部分。实践证明，这种色彩配置方法能够很快地树立起栏目的识别机制，现在观众一看到蓝色的三维地球，就会想到央视的新闻节目。

图 5-2　中央电视台新闻栏目片头包装设计的部分截图

图 5-3 所示为某栏目的片头包装设计，整个栏目的片头包装以深蓝色为主色调，再搭配红橙色的光线，使画面绚丽，节奏感强烈，比较容易产生色彩的标识感。因此，简单色彩体系是视频栏目包装惯用的识别机制之一。

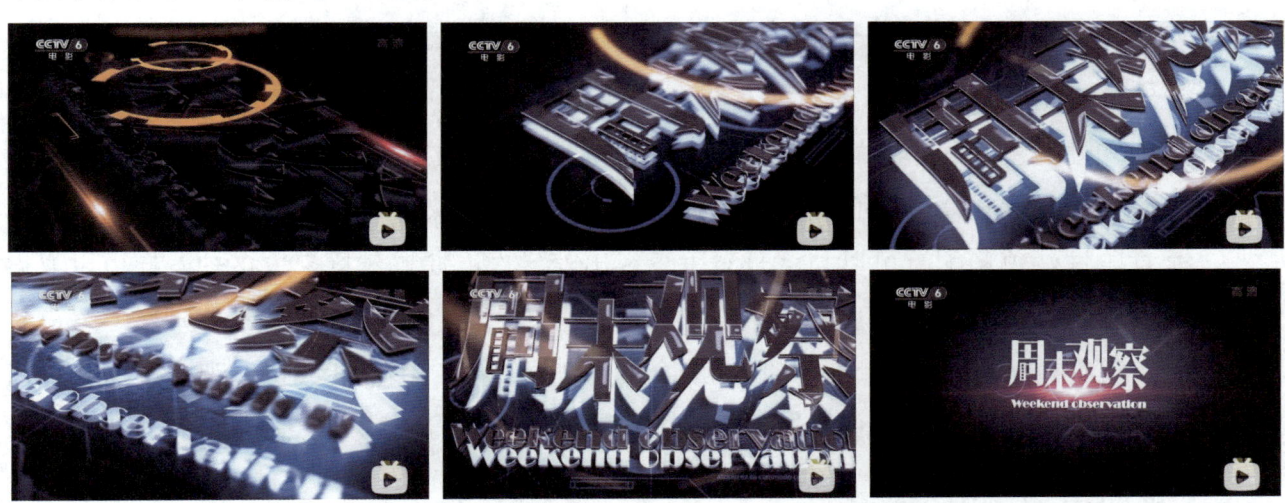

图 5-3　使用简单色彩体系的栏目包装设计

### 2. 复杂色彩体系

复杂色彩体系又称多色彩体系，其颜色配置的思路要开放得多。多色彩的配置方法放弃了色彩对影视媒体的视觉约束作用，反映了更丰富、更多变的影视媒体定位。建立在这种色彩配置基础上的视频栏目包装，必须寻找另外的识别点，如形状、构成、画面风格、栏目主张态度等，强化其视觉特征。

图 5-4 所示为湖南卫视的 Logo 演绎包装设计，由于湖南卫视以娱乐节目比较出众，因此整个包装采用了复杂色彩体系，用色非常丰富，配以欢快明朗的音乐，凸显时尚感。此时，视频栏目包装所传达的轻松、时尚、生活化的理念和态度就成了媒体的识别点。

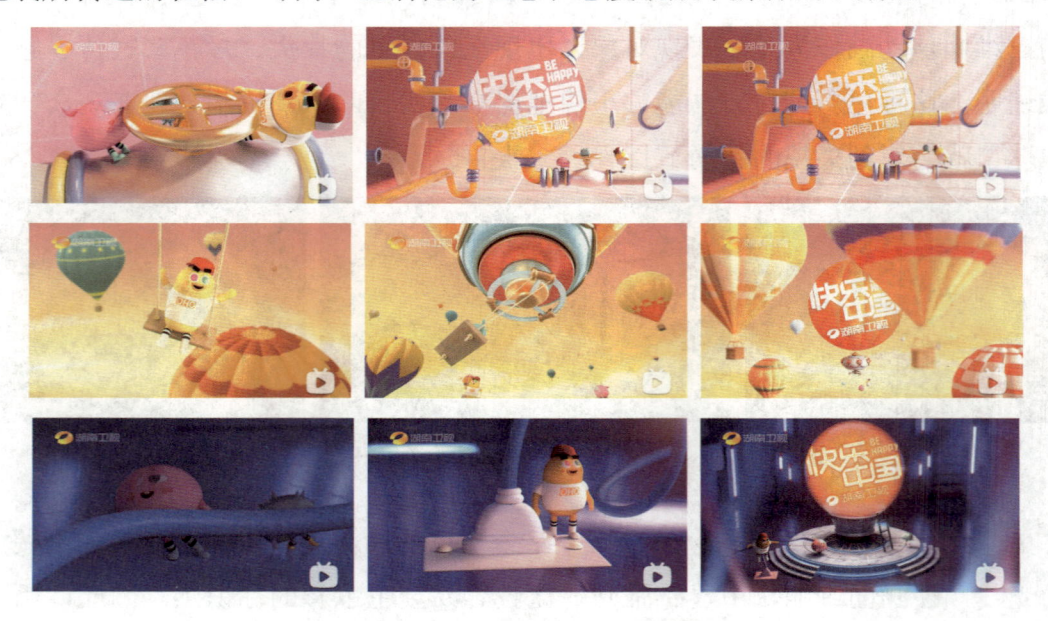

图 5-4 使用复杂色彩体系的栏目包装设计

视频栏目包装设计的成败在很大程度上取决于色彩配置的优劣，这是由色彩配置的功能特性所决定的，主要体现在 3 个方面。

一是认知性，色彩配置是媒体与观众沟通的桥梁，独特的色彩设计有助于创造频道的个性诉求，容易与目标观众产生心理共鸣，并迅速建立媒体形象识别。

二是竞争性，色彩配置可以与竞争对手表现出差异性，通过刻意扩大这种差异可以取得强烈而鲜明的色彩区别，提高观众市场的注意力价值，强化自身的竞争实力。

三是审美性，精彩的色彩设计与目标观众的审美相吻合，不仅能够诱发观众产生多种情感，而且能够提供精神上的享受，使观众通过视频栏目包装得到审美的愉悦。

## 5.2.2 色彩设计与心理反应

一方面，色彩作为视频栏目包装的重要元素，它直接表达着影视媒体的风格主张与理念诉求。色彩设计必须贴切地反映出媒体的理念、品格、内容特性，以及目标观众的审美趣味。例如，中央电视台新闻频道作为 24 小时连续播报的专业频道，其色彩设计整体上使用了冷色调的蓝色作为新闻频道主色调，如图 5-5 所示，表达出频道的时代感、新闻感，以及对新闻时政的客观、公正、理性解读的诉求。

图 5-5　使用冷色调的蓝色作为新闻频道的主色调

另一方面，观众是影视媒体的服务对象，视频栏目包装的色彩设计必须从目标观众的角度出发，综合分析色彩与观众之间的知觉对话与感官交流，注重色彩与观众之间的情感关系和心理研究。由于观众对色彩的情感因素作用，总是会赋予视频栏目包装独特的生命魅力和情感记忆，如冷色、暖色、轻色、重色、突出色和隐蔽色等，这些心理反应，来自观众对生活现象的联想。据研究表明，色彩与心理反应之间存在如下关系。

1）色彩的冷暖感

红色、橙色、黄色、黄绿色会使人联想到初升的太阳的温暖、火的炽热，烧红的金属等，故称其为暖色。青色、蓝色、蓝紫色、青绿色会使人想到海水、蓝天、雨雪和夜空，故称其为冷色。绿色和紫色都是中性色，如果绿色加入蓝色，则表现为冷色，加入黄色，则表现为暖色；如果紫色加入蓝色，则表现为冷色，加入红色，则表现为暖色。

2）色彩的轻重感

在生活实践中，明度高的色彩使人感到轻，明度低的色彩使人感到重。在明度相同的情况下，冷色轻暖色重，这也是出自人的联想。黑色、暗褐色、暗青色会使人与煤矿、矿石、重金属等沉重物体联系在一起故称其为重色；白色、淡青色、亮黄、淡绿会使人与白云、烟雾、随风飘动的嫩枝等重量比较轻的物体联系在一起，故称其为轻色。色彩的轻重感是取得画面均衡，构成稳定感的重要因素。

3）色彩的远近感

红色、橙色、黄色比蓝色、青色给人的感觉近些。室外景物尤其是远处景物受大气透视的影响，看上去总是带有蓝色调或青色调，在最远处和天空混为一体，因此在看到蓝色或青色时总感到远一些。在图像制作中可以利用这种远近感表现画面的空间深度。

4）色彩的膨胀与收缩感

在生活实践中，人体随着温度的升高会感到膨胀，当温度低时感到收缩，因此把暖色称作膨胀色，而把冷色称作收缩色，这里依据的还是人的主观感受。

5）色彩的兴奋与沉静感

在光谱色中，红色给人以兴奋的感觉，这是因为红色光的光波最长，给人刺激最强，也容易造成视觉疲劳。蓝色、青色则给人以沉静的感觉。

> **小贴士**：需要注意的是，不同性别、种族、年龄、地域和文化背景的人对色彩有着不同的解读。不同的色彩有不同的含义，相同的色彩也可以有不同的解读。例如，在中国红色一向是最为喜庆的颜色，可是在非洲的某些地方却是危险的代号；黑黄相间的条纹，常用于赛车场的转弯处，作为提醒赛车手集中注意力，而在网络新媒体的包装中往往以黑黄相配来彰显时尚活力。

### 5.2.3 如何调和栏目包装的色彩设计

两种以上的色彩在配置过程中，总会在色相、纯度、明度、面积等方面有所差异和对比，调和是必需的、必然的。

> **小贴士**：色彩设计的调和性有两层含义。色彩调和是配色美的一种形态，能够使人产生愉悦、舒适的配色是调和的配色。色彩调和也是配色美的一种手段，色彩的调和是相对色彩的对比而言的，没有对比也就无所谓调和。

相对其他媒体，影视媒体的色彩更丰富、观看时间更长久，消除观众视觉疲劳和产生视觉情感共鸣都依赖于色彩的调和。调和视频栏目包装的色彩设计，需要注意以下 7 个方面。

（1）单一色彩体系比较容易建立统一的形象识别和色彩记忆。

（2）注重色彩对比规律的应用。在色彩设计过程中，需要解决的主要问题是如何将两种以上的颜色组合搭配。不同色彩的搭配调和，建立在不同色彩色性与色量的差别上，这里的差别即是对比。从色相、明度、纯度、补色、面积等多方面的色彩对比关系出发，寻找色彩的调和。

（3）注重互补色规律的应用。从色彩设计的生理角度出发，互补色的配合是色彩调和的主要方式。视觉在接受某一颜色时，总是希望与此相对应的互补色来取得平衡。

（4）注重配色中的主次之分和面积大小原理。在视频栏目包装的色彩设计中，如果采用单一色彩体系，则应该先确立主色与辅助色，同时，色彩面积也是影响色彩调和的主要因素。

镜头画面色彩面积的比例是指色彩组合设计中局部与局部、局部与整体之间长度、面积、大小的比例关系。它随着图形形状的变化、位置空间的不同而产生，常用的比例有等差、等比、黄金分割等。为了达到在视频栏目包装中色彩和谐的目的，合理安排各种色彩在画面中所占的面积是色彩配置、调整的有效手段。当两种色彩以相等的面积出现时，色彩的冲突达到最高峰，对比效果最为突出，如果将一方面积减小，力量削弱，则整体色彩对比效果也会相应减弱。

（5）光色的运用。光效是影视创作中的重要元素之一，炫目的光效通常能使视频栏目包装的视觉效果大为增色。

图 5-6 所示为栏目片头包装设计，它把光效作为设计中的重要因素来考虑，在整个栏目片头中闪烁飞舞的光点、栏目名称的光束都表现出了光影的流动之美，给观众留下了深刻的印象。随着计算机技术的飞速发展，光效的运用已经遍及视频栏目包装领域。

图 5-6　光效在栏目片头包装设计中的应用

光存在于暗的衬托中，是明暗对比的结果。因此，在制作光效的过程中，明与暗的处理同样重要。想要突出亮处，画面上就一定要留有足够的暗部。光效的制作可以借助一些特效软件，但必须协调于整体的色调，只有合理运用光色才会起到"画龙点睛"的作用。

（6）色彩的运动与变化。视频栏目包装是音频/视频作品，随时间流逝而连续运动。色彩只有运动，才会有变化，画面才会更加绚丽多彩。虽然色彩的运动与变化会给画面添彩，但是也要注意与整体包装相一致。简单色彩体系要注重冷、暖色调的把握，由主色调来贯穿始终。至于复杂色彩体系的色彩变化，很多视频栏目包装都惯用色块的变化来实现。

（7）渐变色和色彩节奏。色彩的明暗、强弱、冷暖等变化构成了一种色彩的时空感。因此，随着色彩的变化，色彩的节奏也就随之产生。例如，中间色调可以使人联想到节奏柔和、优美的抒情曲调；明艳的色彩可以使人联想到节奏轻快的轻音乐。高亢激情的节奏令人精神振奋，可以使用高明度、鲜亮的色彩来表现；嘈杂、不和谐的节奏则带来不鲜明的浑浊感，可以使用纯度较低的色彩来表现；炽热奔放的乐曲可用暖色来表现；神秘悠远的乐曲可用冷色来表现。

渐变色具有活泼感，层次丰富。合理的运用渐变色，可以使视频栏目包装画面更有可变性和流动感。实际上，在视频栏目包装的色彩运用中，相同或相近的色彩，两次以上再现即可创造出最基本的视觉节奏，如有节奏感的重复、交替、渐变等。如果在画面上形成特定的线性连接关系，则使人感觉到生机勃勃的色彩旋律。图 5-7 所示为使用渐变配色的音乐频道包装设计。

图 5-7　使用渐变配色的音乐频道包装设计

视频栏目包装的主色调需要根据媒体或节目的定位要求确定，下面介绍几种经典的视频栏目包装的色彩配置方案，供读者参考。

黑色与白色所具有的抽象表现力及神秘感，似乎能超越任何色彩的深度。黑色与白色都具有不可超越的虚幻和无限的精神，又总是以对方的存在显示自身的力量。黑色给人一种不可预知的神秘感，若隐若现的元素，就像在黑暗中不断积蓄的力量。在很多视频栏目包装的开始画面阶段，大面积使用黑色作为铺垫的情况最为多见，如图 5-8 所示。

图 5-8　黑白色的视频栏目包装配色设计

蓝色是博大的色彩，天空和大海都呈现着辽阔的蔚蓝色，在很多所谓"大气"的片头中，蓝色应该是使用最多的色彩了。

　　橙色的波长仅次于红色，因此它也具有长波长的特征：使脉搏加速，并有温度升高的感受。橙色是十分活泼的光辉色彩，是暖色系中最温暖的色彩，会使人联想到金色的秋天、丰硕的果实。在以蓝色为主色调的基础上加上适当的橙色，不仅推波助澜增加画面色彩感觉的层次，冷暖色彩的强烈对比也丰富了构图空间的划分。图 5-9 所示为某新闻节目的栏目片头包装设计，采用蓝色与橙色对比配色。

图 5-9　采用蓝色与橙色对比配色的栏目片头包装设计

　　生活与娱乐类的栏目片头使用的色彩种类比较多，大面积使用的色彩应该控制得比较整体，而且不宜过于鲜艳，如图 5-10 所示。

图 5-10　使用多种色彩配色的栏目片头包装设计

　　白色和单色也是非常重要的一种色彩使用手段，有了白色与单色的使用，很多杂乱无章的东西都可以很合理地从画面上统一起来。图 5-11 所示为某频道宣传片的栏目片头包装设计，以白色作为主色调，有效衬托了画面中红色的表现效果，具有非常强烈的视觉冲击力。

　　事实上，关于色彩设计依赖于个人经验性、偶然性、主观性的感性配色状态已经结束，人们进入了科学的、系统的、多元的，并且能够预测、分析、掌握的有效的色彩设计时代。作为视频栏目包装设计、制作人员，必须在理解创意人员意图的基础上，把脑海中天马行空的色彩畅想转移到实实在在的画面上，并使之成为体现创作主题、完成宣传主旨、吸引观众视线、制作优雅精良、内涵意味深长的作品。

图 5-11　使用白色为主色调的栏目片头包装设计

## 5.2.4　视频栏目包装中的画面风格设计

画面风格是作品艺术性的集中体现，是色彩、构图、光影、表现手法等的集合体；画面风格也是视频栏目包装传播有效性的保证，是其吸引观众、获得品牌识别与认知的有效手段。栏目创作的风格可谓丰富多彩、五花八门，但不论何种风格都必须切合宣传主题，适应所要表达的核心理念，并符合目标观众的审美需求。

图 5-12 所示为某栏目的片头包装设计，该栏目片头包装设计主要是使用三维 CG 特效的方式进行表现的，针对的是青少年观众群，所以要彰显的是前卫、活力、时尚的媒体理念。图 5-13 所示为某栏目的片头包装设计，该片头包装设计主要使用实景拍摄的方式来展示画面，结合插画的方式来表现栏目主题文字，从而传达出自然、健康、传统的媒体理念。从这两张图上可以清楚地看到，它们之间的风格有多么大的差异。这个差异实际上也正好对应它们的宣传主题、核心理念，以及目标观众审美需求的差异。

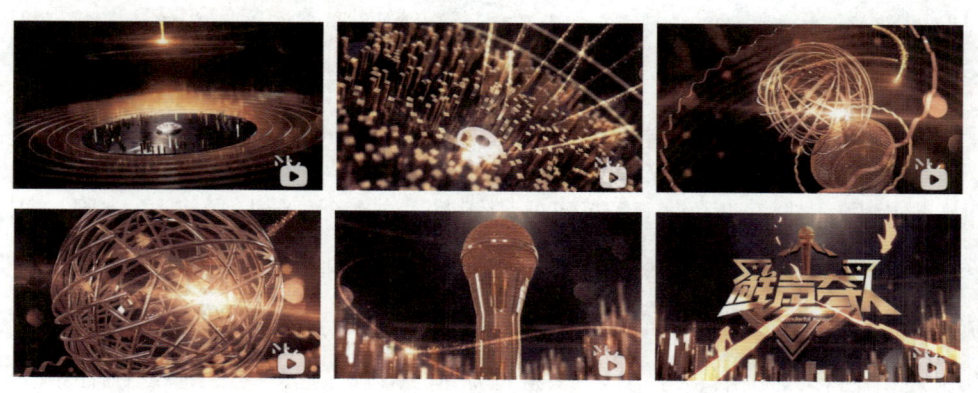

图 5-12　三维 CG 风格的栏目片头包装设计

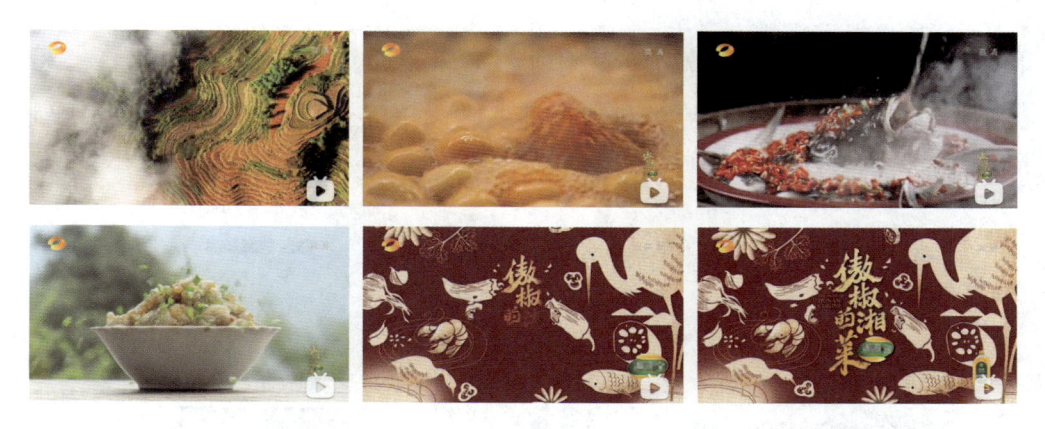

图 5-13 实景拍摄与插画相结合的栏目片头包装设计

在新传媒时代，艺术、时尚风向瞬息万变，受众的审美取向更趋向多元。视频栏目包装依然在不断地尝试与创新，其画面风格的典型创新手法，大致有以下 3 种。

### 1. 实景拍摄与 CG 技术的结合

伴随包装技术的不断创新、发展，尤其是 CG 技术的普及和运用，推动了整个视频栏目包装行业的变革。在创意和制作过程中，将实景拍摄与 CG 技术结合，便可无限制地发挥想象空间，带给观众前所未有的视觉体验；而运用 CG 技术，可以对实景拍摄的影像素材进行灯光、阴影、道具和背景等众多方面的设计处理，把不可能变为可能。图 5-14 所示的节目片头包装就是实景拍摄与 CG 技术结合的作品。

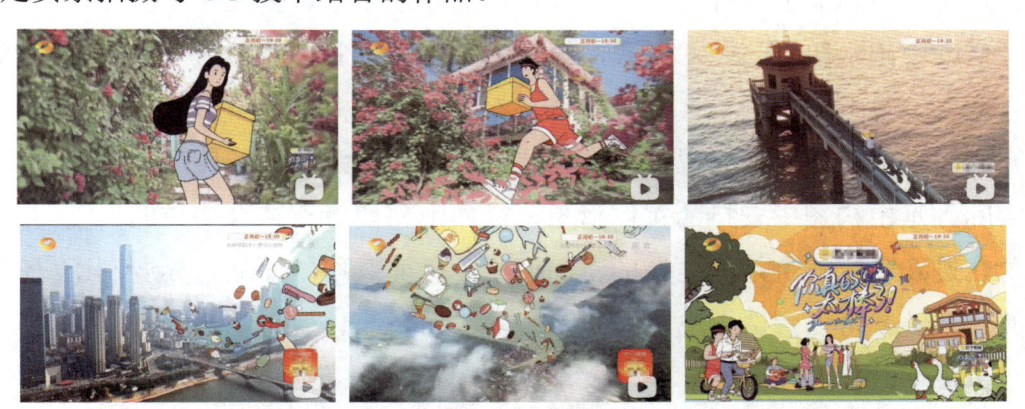

图 5-14 实景拍摄与 CG 技术结合的栏目片头包装设计

**小贴士**：传统的栏目创作大多数以前期拍摄为核心，而后期制作多数以剪辑为主，相对简单。随着 CG 技术的普及和运用，工作重心转移到后期制作上来，前期拍摄创作相对简化，并极力适应后期加工的要求，视频栏目包装尤其如此。

### 2. 借力色彩构成和平面设计

视频栏目包装不是多媒体动画，更不是三维动画片，其画面风格应当避免片面追求质感、光效的工业主义视觉风格，转而借力色彩构成和平面设计。

图 5-15 所示为某时尚节目的片头包装设计。它以平面设计的方式来构成，又通过色块的曲折来表现空间感，具有强烈的时尚艺术风格。

图 5-15　某时尚节目的片头包装设计

### 3. 借助各种艺术表现形式

在新传媒时代，受众的生活内容和审美需求也呈现多元化，视频栏目包装为了迎合不同的目标受众，也应当借助各种艺术表现形式。无论是古典艺术还是现代艺术，无论是抽象主义、立体主义还是表现主义，无论是油画、版画、水彩、水墨还是雕塑或民间艺术，几乎都可以融合到视频栏目包装的设计中，使画面风格更趋于丰富、多元化。例如，中央电视台戏曲频道曾经借助中国水墨画的艺术形式，结合 CG 技术，将中国传统戏曲的独特魅力充分地呈现出来。

下面介绍 3 种极具代表性的视频栏目包装画面风格创新方案，具体如下。

空间实际上是由构图中安排的实体形象、空白形象两者相结合构成的。空间的构图处理是随着形象轨迹及视觉轨迹形成内在的空间层次。平面风格的作品，只要利用好实体形象与空白形象的关系，就可以营造出丰富的空间层次，如图 5-16 所示。

图 5-16　平面风格的栏目片头包装设计

在人的情感中总是会意识事物的中心部分。虽然不会刻意地看事物，但是总是想探测其中心部分，好像只有如此，才有安全感，这就构成了视觉的向心。图 5-17 所示为一个音乐节目的片头包装设计，同样是创新的平面化设计，却实现了不亚于实景拍摄或三维动画的空间透视与立体视觉效果，将视觉元素放置在画面的中心进行展现，十分突出。

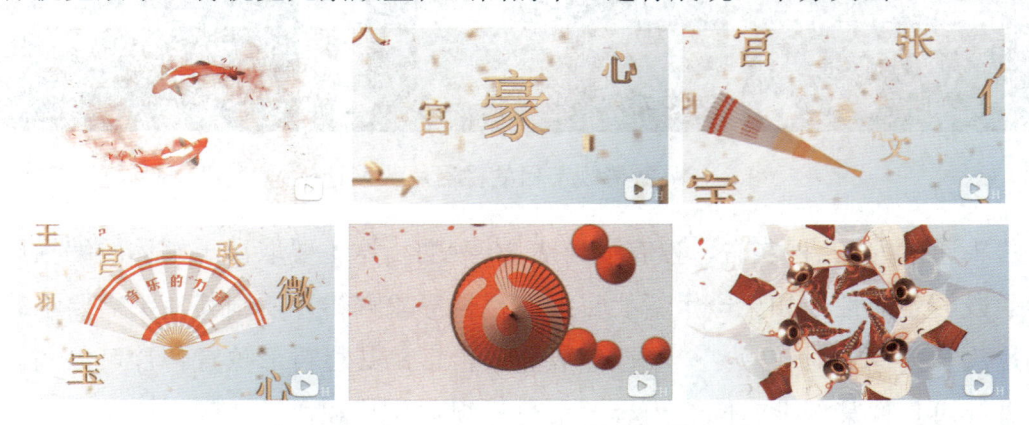

图 5-17　中心展示的栏目片头包装设计

在借鉴其他艺术表现形式时，如果过于强调对比关系，空间预留太多或加上太多造型要素时，则容易使画面风格产生混乱。要调和这种现象，最好加上一些共通的要素，使画面产生共通的格调，具有整体统一与调和的感觉。图 5-18 所示为某音乐节目片头包装设计，其中的音符元素就是此类共通的要素。

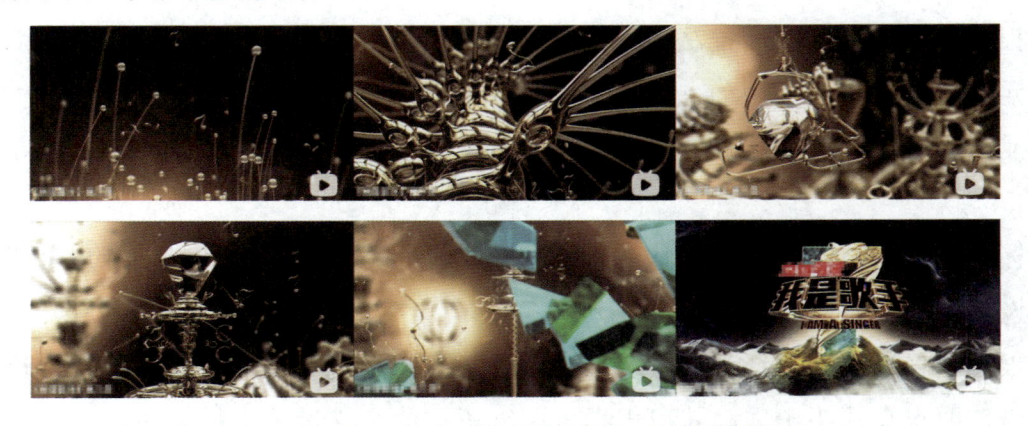

图 5-18　使用共通元素的音乐节目片头包装设计

**小贴士**：反复使用相同形状的事物，能使画面产生调和感。若把同形的事物配置在一起，便能产生连续的感觉。两者相互配合运用，能创造出统一与调和的效果。

### 5.2.5　栏目片头设计

相对于栏目形象宣传片，栏目片头的"宣传"功能被弱化，"提示"功能被加强，它总是插播在节目即将开始之前，主要功能是提示观众即将播出的是什么节目，旨在引起观众对之后栏目内容的兴趣。图 5-19 所示为某影视节目的栏目片头设计。

图 5-19　某影视节目的栏目片头设计（1）

栏目片头通常为 15 秒左右，也有设计成 30 秒的，这主要取决于媒体的编播风格和不同栏目宣传手段的差异性。如果一个新栏目拥有栏目形象宣传片，则其片头需要承载的信息相对较少，片头长度也相对较短；一个已然成熟的栏目，其栏目形象宣传片可以弱化或去除，宣传重点是针对具体某一期时间、内容的节目导视宣传片和栏目片头，此时栏目片头的时长可以相对增长，以求多传递一些关于栏目的品牌信息。

栏目片头的创作手法和表现风格是多样的，三维、二维、实景拍摄与 CG 技术结合等均较为常见，遵循的原则是栏目片头要与栏目的定位、内容、风格相吻合，与所属视频栏目包装风格相统一。

在栏目片头中，关键画面的设计思路与方法，一般有以下 5 种。

（1）根据最后定版画面倒推法。首先设计出最后的定版画面，然后在这个画面的基础上增减各种元素，以及考虑各种动态变化逐步设计出前面的关键画面。

（2）元素罗列法。即先尽量罗列出与片头内涵相关的各种表现元素，再取其精华设计出关键画面。

（3）标志演绎法。首先设计出该片头的标志性元素，让标志的各种演绎过程贯穿片头始终，从而设计出关键画面。

（4）根据栏目宣传语演绎法。不少栏目会有关于栏目内容或品牌定位的关键语句，并且很多关键语句要求在片头出现，就可根据各关键语句的含义设计出相应的各关键画面。

（5）氛围与情绪营造法。可以根据片头主题内涵，设计出一个或多个场景，或者是拟人化的物件，表现一个小故事或一小段行为来营造氛围、情绪，引导受众进入。

需要强调的是，设计思路和方法是无穷无尽的，并且没有固定的模式。之所以总结这些思路、方法，其作用在于方便读者互相学习和交流。在实际工作中，这些思路、方法还会交叉使用，且没有固定模式。

图 5-20 所示为某影视节目的栏目片头设计，在该栏目片头的设计中多处运用与电影相关的元素进行表现，还在片头中加入了栏目的宣传语，使栏目主题和内容的表现都非常明确。

图 5-20　某影视节目的栏目片头设计（2）

## 5.3　任务实施

在掌握了栏目片头包装设计的相关基础知识后，读者可以使用 After Effects 制作一个栏目片头包装，在实践过程中掌握栏目片头包装的设计表现方法和制作技巧。

### 5.3.1　关键技术——掌握在 After Effects 中表达式的使用

表达式是帮助视频动画制作的一种手段，通过表达式能够快速实现一些特殊的动画效果，有效提高视频动画的制作效率。

#### 1．使用表达式

使用表达式不仅能够通过编程的方式实现一些重复性的动画操作，从而有效减少动画的制作量，还能够实现一些特殊的动画效果。使用表达式，可以创建一个图层与另一个图层的关联应用，或者属性与属性之间的关联。例如，可以使用表达式关联时钟的时针、分针和秒针，在制作动画时只要设置其中一项的动画，其余两项就可以使用表达式通过创建关联产生动画。

在创建表达式时，用户的操作完全可以独立在"时间轴"面板中完成，如图 5-21 所示。用户可以使用表达式关联器为不同图层的属性创建关联表达式，也可以在表达式输入框中输入和编辑表达式。

"启用表达式"按钮：该按钮用于激活或关闭表达式功能。当为某个属性添加表达式时，默认该按钮为按下状态，表示启用表达式功能。

"显示后表达式图表"按钮：该按钮用于控制是否在曲线编辑模式下显示表达式动画曲线，被默认为未激活状态。

"表达式关联器"按钮：该按钮用于关联表达式，可以拖动该按钮至需要关联的表达式上从而实现与相关表达式的关联。

"表达式语言菜单"按钮 ▶：单击该按钮会弹出表达式语言菜单，可以执行常用的表达式命令。

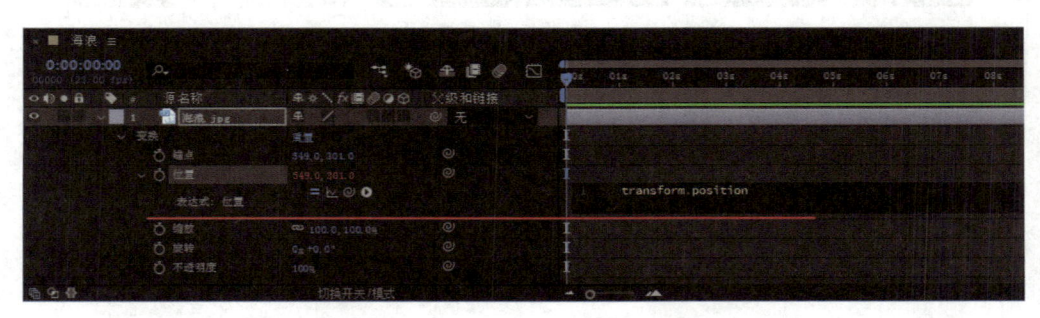

图 5-21　在"时间轴"面板中创建表达式

1）添加表达式

添加表达式的方法有以下两种。

第 1 种方法：展开图层下方的属性，按住【Alt】键不放，单击需要添加表达式的属性名称左侧的"秒表"按钮 ⏱，即可在该属性下方显示针对该属性的表达式选项和表达式输入框，如图 5-22 所示。

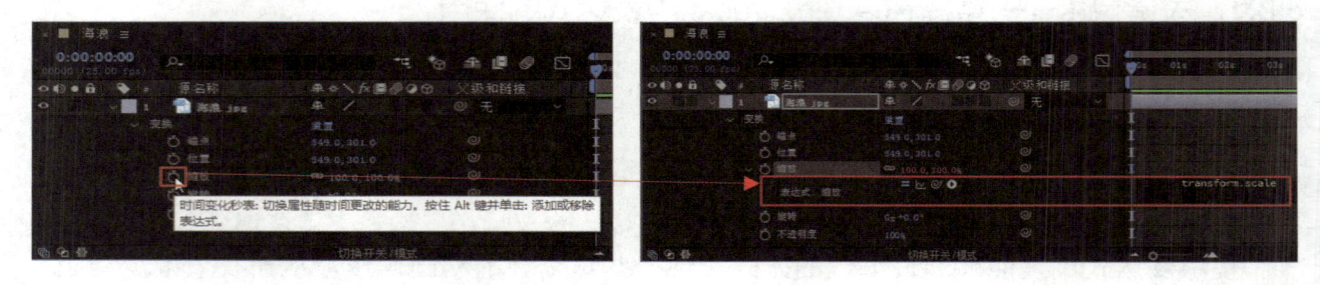

图 5-22　显示表达式输入框

第 2 种方法：展开图层下方的属性，选择需要添加表达式的属性，执行"动画|添加表达式"命令，即可在所选择属性的下方显示针对该属性的表达式选项和表达式输入框，如图 5-23 所示。

图 5-23　显示表达式输入框

在 After Effects 中，可以在表达式输入框中手动输入表达式，也可以使用表达式语言菜单自动输入表达式，还可以使用"表达式关联器"按钮 ◉，关联其他图层中所添加的表达式。

单击表达式选项中的"表达式语言菜单"按钮 ▶，会弹出表达式语言菜单选项，如图 5-24 所示。这对于正确书写表达式的参数变量及语法是很有帮助的。在 After Effects 表达式菜单中，选择任何的目标、属性或方法都会自动在表达式输入框中插入表达式命令，而用户只要根据自己的需要修改命令中的参数和变量即可。

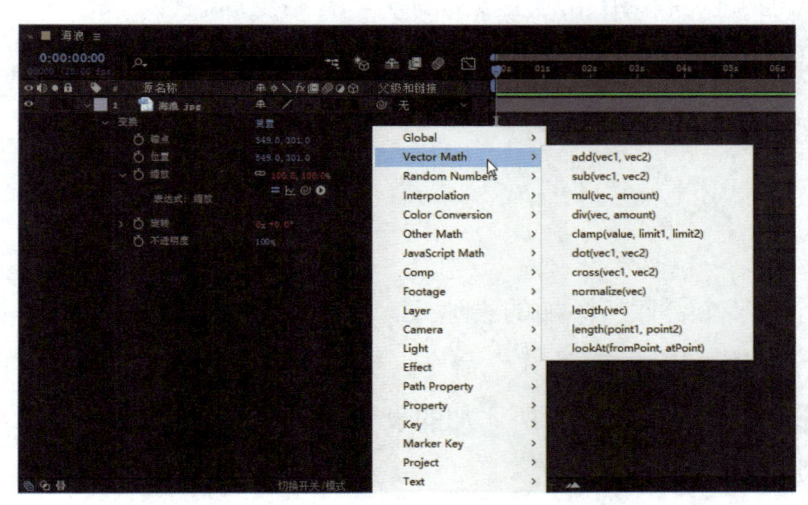

图 5-24 表达式语言菜单选项

2）编辑表达式

为图层中的某个属性添加表达式，显示表达式输入框，可以直接在表达式输入框中输入相应的表达式代码，如图 5-25 所示。在完成表达式代码的输入后，只要在"时间轴"面板中的任意位置单击，即可完成表达式代码的输入，虽然会隐藏表达式输入框，但是依然会在该属性下方显示所添加的表达式代码，如图 5-26 所示。

图 5-25 输入表达式代码　　　　图 5-26 完成表达式代码的输入

如果需要对已添加的表达式代码进行编辑修改，则可以直接在表达式代码位置单击，即可显示表达式输入框，直接对表达式代码进行编辑、修改。

在 After Effects 中，表达式的写法类似于 Java 语言，一条基本的表达式可以由以下几部分组成。

例如，如下的表达式：

`thisComp.layer ("black Solid 1") .transform.opacity=transform.opacity+time*10`

其中，thisComp 为全局属性，用来指明表达式所应用的最高层级；layer（"Black Solid 1"）指明是哪一个图层；transform.opacity 为当前图层的某一个属性；transform.opacity+time*10 为属性的表达式值。

上面的表达式也可以直接用相对层级的写法，省略全局属性，如下：

`Transform.opacity=transform.opacity+time*10`

或者更加简洁的写法，表达形式如下：

`Transform.opacity+time*10`

3）删除表达式

如果需要删除为某个属性所添加的表达式，则可以在"时间轴"面板中选择需要删除表达式的属性，执行"动画|移除表达式"命令，或者按住【Alt】键不放，单击属性名称左侧的"秒表"按钮，即可删除该属性所添加的表达式。

4）保存和调用表达式

在 After Effects 中可以将含有表达式的动画保存为一个动画预设，以方便在其他项目文件中调用这些动画预设。选中需要保存动画预设的属性，执行"动画|保存动画预设"命令，如图 5-27 所示。弹出"动画预设另存为"对话框，如图 5-28 所示。单击"保存"按钮，即完成动画预设的保存。

图 5-27　执行"保存动画预设"命令　　　　图 5-28　"动画预设另存为"对话框

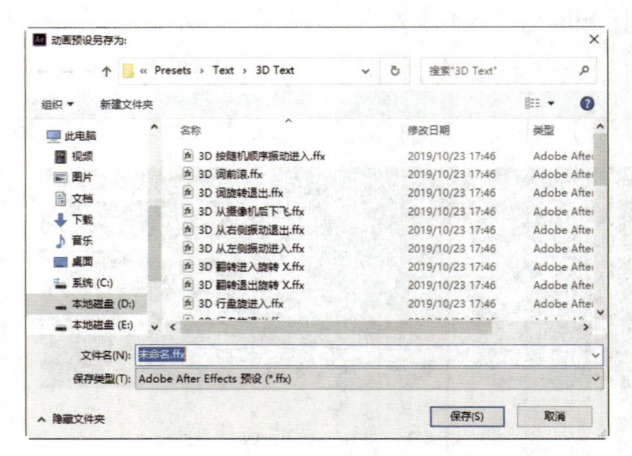

> **小贴士：** 如果在保存的动画预设中，动画属性仅含有表达式而没有任何的属性关键帧，则在动画预设中就会只保存表达式的信息。如果动画属性中含有一个或者多个属性关键帧，则在动画预设中将同时保存属性关键帧和表达式的信息。

5）为表达式添加注释

因为表达式是基于 JavaScript 语言的，所以和其他编程语言一样，可以用"//"或"*/"为表达式添加注释，具体用法如下。

如果只需要添加单行注释内容，则可以使用"//"，例如：

//这里是注释说明内容

如果需要同时添加多行注释内容，则可以使用"/*"和"*/"包含多行注释内容，例如：

/*这里是注释说明内容
这里是注释说明内容*/

### 2．渲染输出

在 After Effects 中完成一个项目文件的制作，最终都需要将其渲染输出，有时候只需要将视频中的一部分渲染输出，而不是整个工作区的视频，此时就需要调整渲染工作区，从而将部分渲染输出。

1）调整渲染工作区

渲染工作区位于"时间轴"面板中，由"工作区域开头"和"工作区域结尾"两个时间帧来控制渲染区域，如图 5-29 所示。

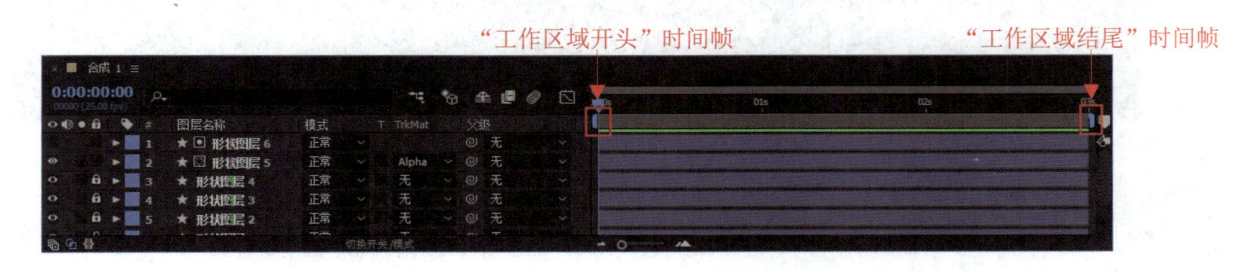

图 5-29　渲染工作区

调整渲染工作区的方法有两种：一种是通过手动调整渲染工作区，另一种是使用快捷键调整渲染工作区，两种方法都可以完成渲染工作区的调整设置。

手动调整渲染工作区的方法很简单，只需要分别将"工作区域开头"时间帧和"工作区域结尾"时间帧拖至合适的位置，即可完成渲染工作区的调整，如图 5-30 所示。

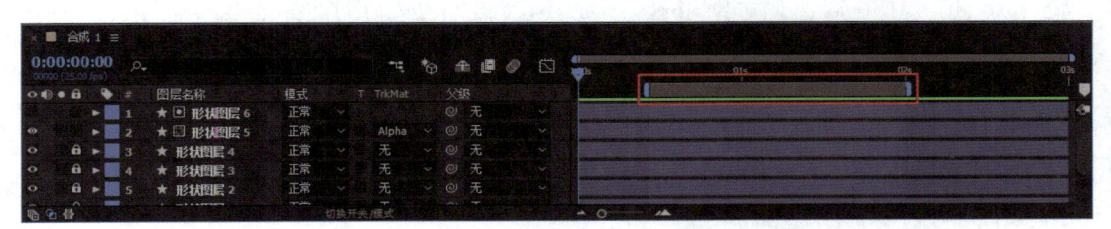

图 5-30　手动调整渲染工作区

> **小贴士**：如果想要精确地控制"工作区域开头"时间帧或"工作区域结尾"时间帧的位置，首先将时间指示器调整到相应的位置，然后按住【Shift】键的同时拖动"工作区域开关"时间帧或"工作区域结尾"时间帧，就会使其吸附到时间指示器的位置。

除了手动调整渲染工作区，还可以使用快捷键进行调整，操作起来更加方便快捷。

在"时间轴"面板中，将时间指示器拖动至需要的时间帧位置，按【B】快捷键，即可将"工作区域开头"时间帧调整到当前的位置；按【N】快捷键，即可将"工作区域结尾"时间帧调整到当前的位置。

2）渲染设置选项

在 After Effects 中，主要是通过"渲染队列"面板来设置渲染输出动画效果的。在该面板中可以控制整个渲染进度，调整每个合成项目的渲染顺序，设置每个合成项目的渲染质量、输出格式和路径等。

执行"合成|添加到渲染队列"命令，或者按【Ctrl+M】快捷键，即可打开"渲染队列"面板，如图 5-31 所示。

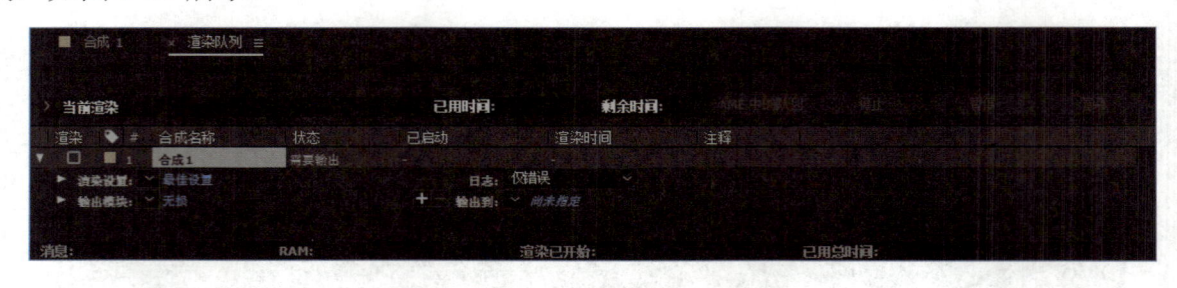

图 5-31 "渲染队列"面板

（1）渲染设置。在"渲染队列"面板中某个需要渲染输出的合成下方，单击"渲染设置"选项右侧的"下三角"按钮，即可在弹出的下拉列表中选择系统自带的渲染预设，如图 5-32 所示。

（2）日志。在"渲染队列"面板中某个需要渲染输出的合成下方，"日志"选项主要用于设置渲染动画的日志显示信息。单击"日志"选项右侧的"下三角"按钮，即可在弹出的下拉列表中选择日志需要记录的信息类型，如图 5-33 所示，默认选择"仅错误"选项。

（3）输出模块。在"渲染队列"面板中某个需要渲染输出的合成下方，单击"输出模块"选项右侧的"下三角"按钮，即可在弹出的下拉列表中选择不同的输出模块，如图 5-34 所示。默认选择"无损"选项，表示所渲染输出的文件为无损压缩的视频文件。

单击"输出模块"选项右侧的"加号"按钮，为该合成添加一个输出模块，如图 5-35 所示，可以添加一种输出的文件格式。

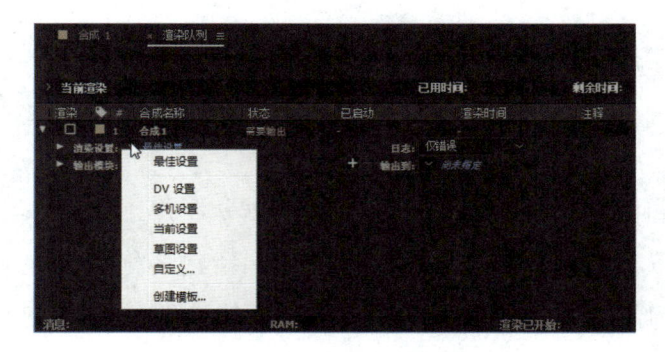

图 5-32 "渲染设置"选项下拉列表

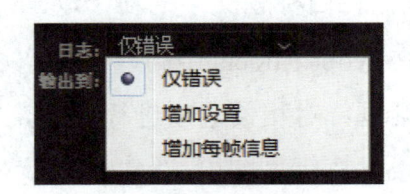

图 5-33 "日志"选项下拉列表

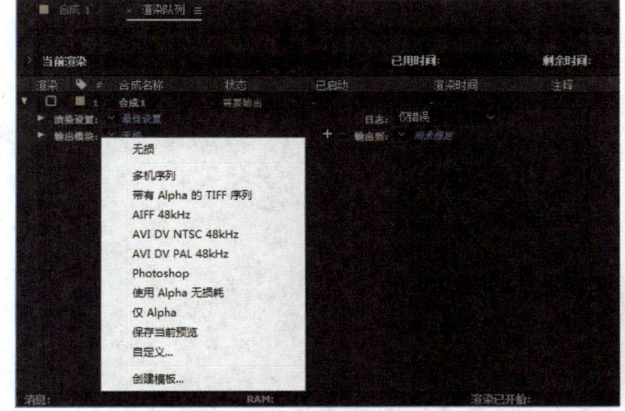

图 5-34 "输出模块"选项下拉列表

图 5-35 添加输出文件格式

如果需要删除某种输出的文件格式,则可以单击该"输出模块"右侧的"减号"按钮,需要注意的是,必须保留至少一个输出模块。

(4)输出到。在"渲染队列"面板中某个需要渲染输出的合成下方,"输出到"选项主要用于设置该合成渲染输出的文件位置和名称。单击"输出到"选项右侧的"下三角"按钮,即可在弹出的下拉列表中选择预设的输出名称格式,如图 5-36 所示。

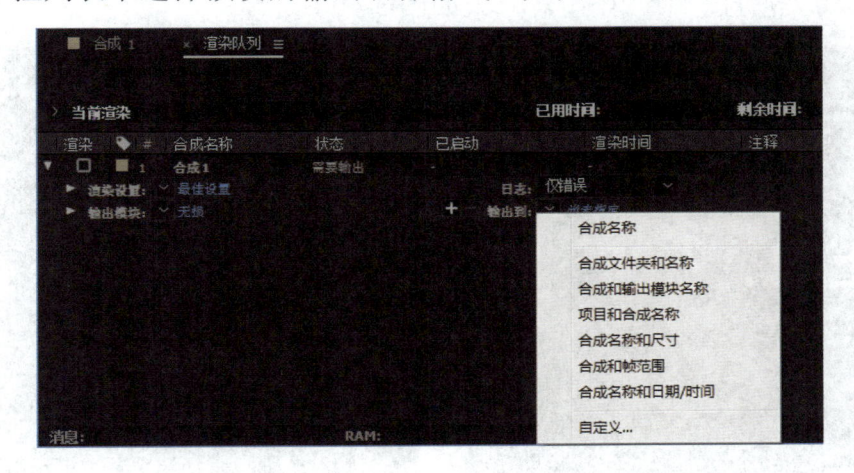

图 5-36 "输出到"选项下拉列表

## 5.3.2 任务制作 1——制作栏目名称的粒子动画

### 1. 制作栏目标题文字的粒子动画

（1）在 After Effects 中新建一个空白的项目，执行"合成|新建合成"命令，弹出"合成设置"对话框，对相关选项进行设置，如图 5-37 所示。单击"确定"按钮，新建名称为"光效"的合成。执行"图层|新建|纯色"命令，弹出"纯色设置"对话框，具体设置如图 5-38 所示。

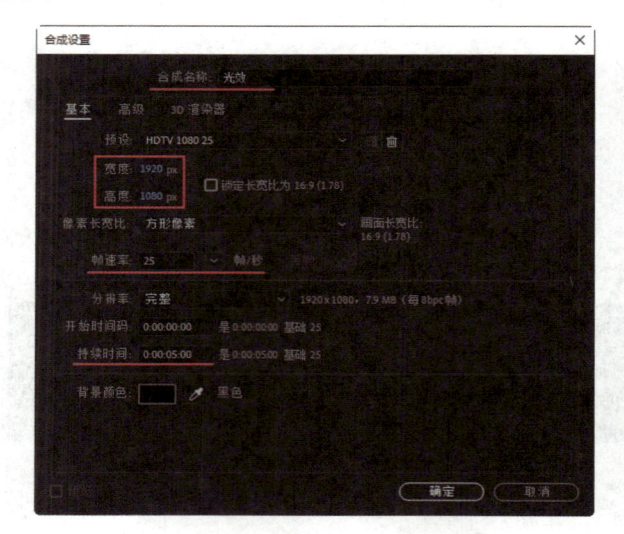

图 5-37　"合成设置"对话框的设置（1） 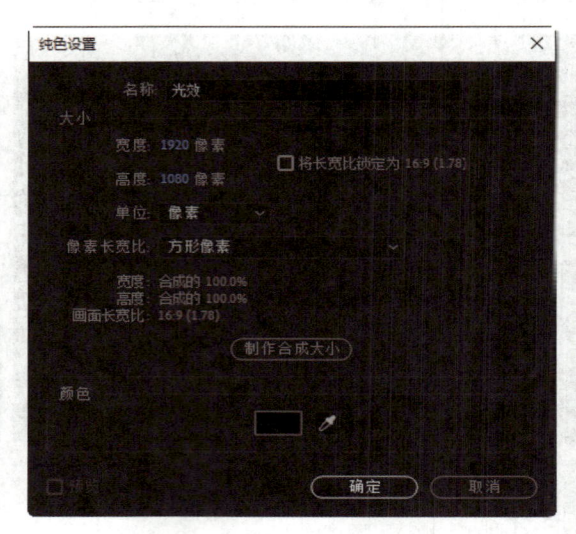　　　图 5-38　"纯色设置"对话框的设置

（2）单击"确定"按钮，新建名称为"光效"的纯色图层。使用"横排文字工具"，在"合成"窗口中单击并输入文字，在"字符"面板中对文字的相关属性进行设置，效果如图 5-39 所示。使用"向后平移（锚点）工具"，调整锚点至文字中心位置，分别单击"对齐"面板上的"水平居中"和"垂直居中"按钮，效果如图 5-40 所示。

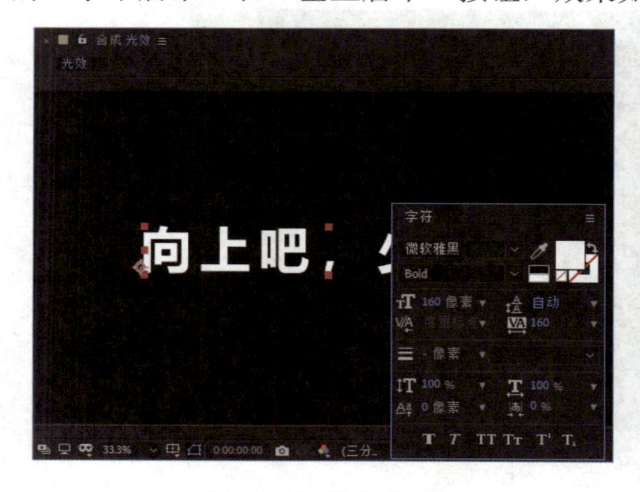

图 5-39　输入文字 　　　图 5-40　调整锚点位置并对齐文字

（3）执行"合成|新建合成"命令，弹出"合成设置"对话框，对相关选项进行设置，如图 5-41 所示。单击"确定"按钮，新建名称为"破碎"的合成，并进入该合成的编辑状态。在"项目"面板中，将"光效"合成拖入"时间轴"面板中，如图 5-42 所示。

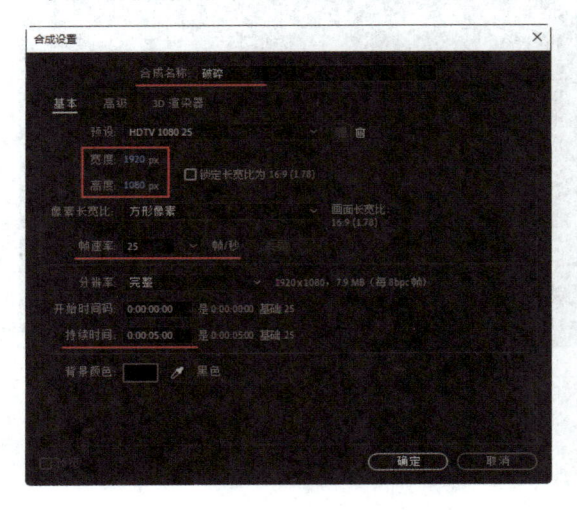

图 5-41　"合成设置"对话框　　　　　　　　图 5-42　拖入"光效"合成

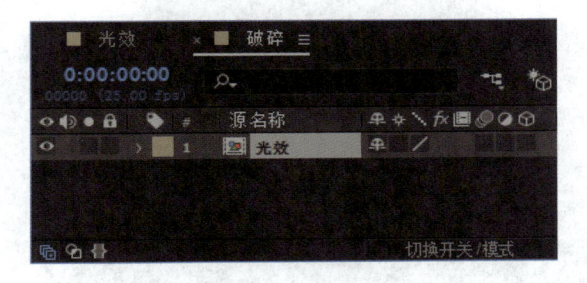

（4）执行"效果|模拟|CC Pixel Polly"命令，应用"CC Pixel Polly"效果，在"效果控件"面板中对该效果的相关属性进行设置，如图 5-43 所示。将时间指示器移至 1 秒 13 帧之后，可以看到"CC Pixel Polly"效果所实现的效果，如图 5-44 所示。

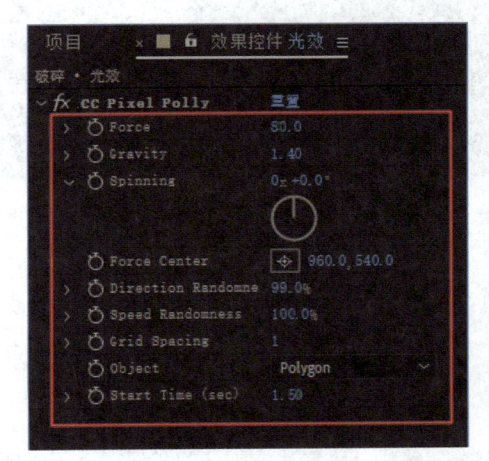

图 5-43　设置"CC Pixel Polly"效果相关属性　　　　图 5-44　"合成"窗口的效果

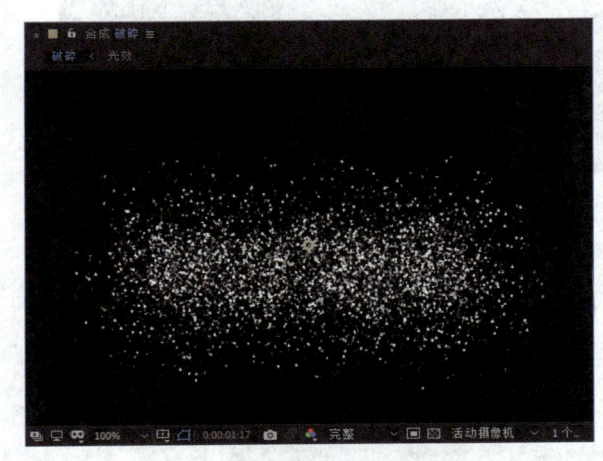

（5）执行"效果|风格化|发光"命令，应用"发光"效果，在"效果控制"面板中对"发光"效果的相关属性进行设置，如图 5-45 所示。在"合成"窗口中可以看到应用"发光"效果后的效果，如图 5-46 所示。

（6）执行"合成|新建合成"命令，弹出"合成设置"对话框，对相关选项进行设置，如图 5-47 所示。单击"确定"按钮，新建名称为"标题动画"的合成，并进入该合成编辑状态。

161

在"项目"面板中将"破碎"合成拖入"时间轴"面板中，如图5-48所示。

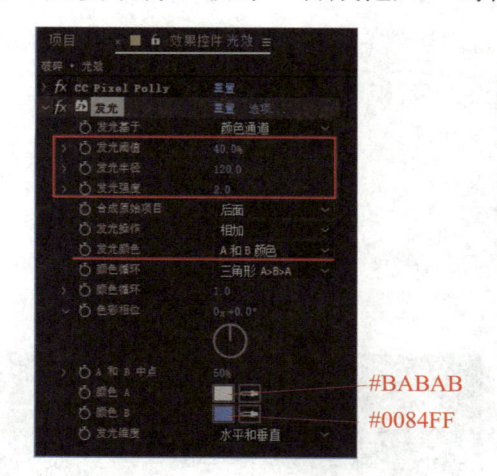

图5-45 设置"发光"效果相关属性

图5-46 应用"发光"效果后的效果

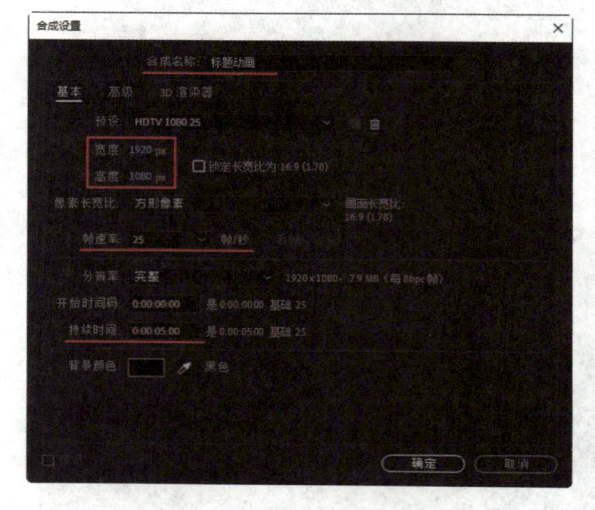

图5-47 "合成设置"对话框的设置（3）

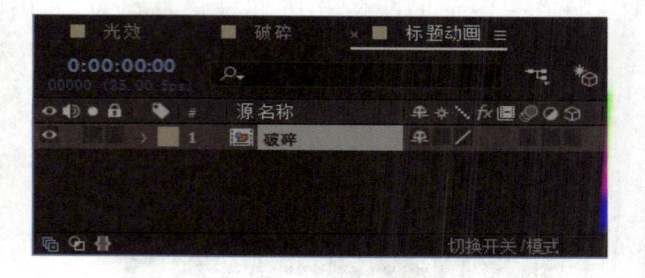

图5-48 拖入"破碎"合成

（7）执行"图层|时间|时间反向图层"命令，将"时间轴"面板中的"破碎"图层进行时间反向处理，在"合成"窗口中预览时间轴动画，可以看到粒子慢慢汇聚成文字的动画效果，如图5-49所示。

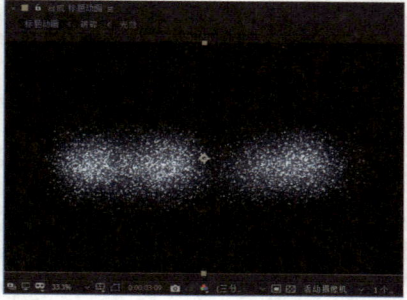

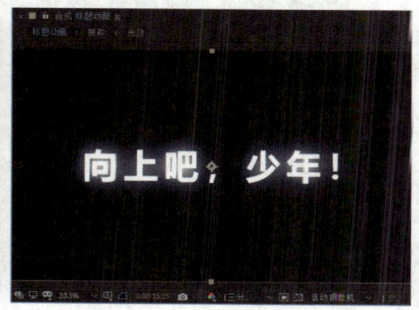

图5-49 预览文字动画效果

## 2. 制作光晕动画

（1）执行"合成|新建合成"命令，弹出"合成设置"对话框，对相关选项进行设置，如图 5-50 所示。单击"确定"按钮，新建名称为"光晕"的合成，并进入该合成编辑状态。执行"图层|新建|纯色"命令，弹出"纯色设置"对话框，具体设置如图 5-51 所示。

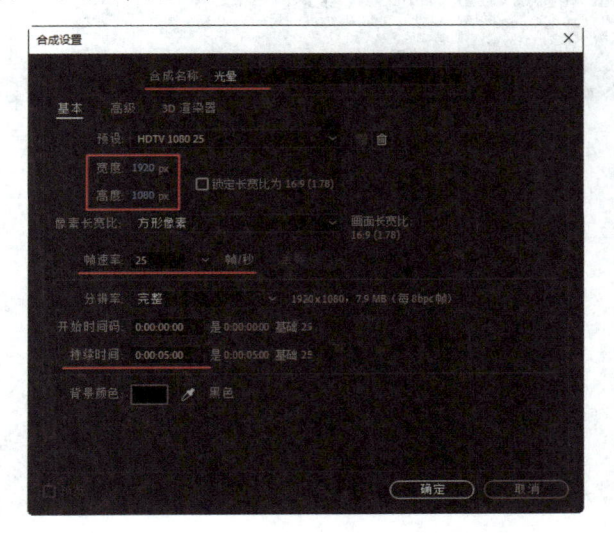

图 5-50　"合成设置"对话框的设置

图 5-51　"纯色设置"对话框

（2）单击"确定"按钮，新建名称为"光晕"的纯色图层。执行"效果|生成|镜头光晕"命令，在"合成"窗口中可以看到生成的镜头光晕效果，如图 5-52 所示。将时间指示器移至 3 秒位置，在"效果控件"面板中为"光晕中心"属性插入关键帧，并对其他属性进行设置，如图 5-53 所示。

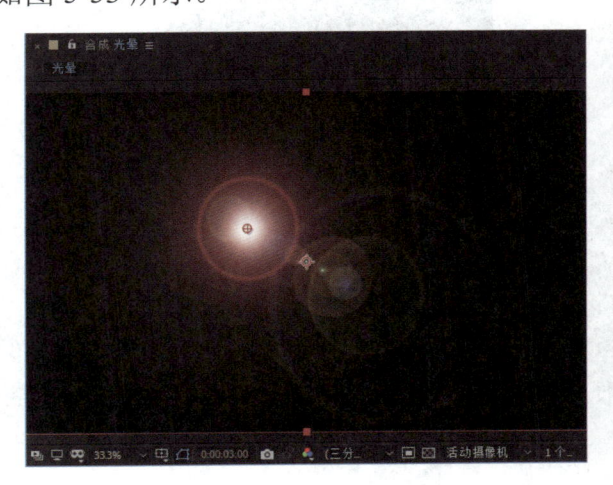

图 5-52　默认镜头光晕效果

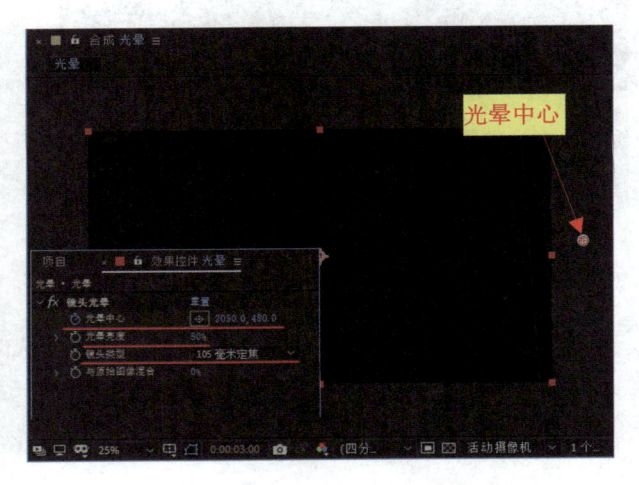

图 5-53　"效果控件"面板的设置及效果

（3）在"时间轴"面板中选择"光晕"图层，按【U】快捷键，可以在该图层下方显示添加了关键帧的属性，如图 5-54 所示。将时间指示器移至 4 秒 24 帧位置，对"光晕中心"的位置进行调整，效果如图 5-55 所示。

163

图 5-54 只显示添加了关键帧的属性 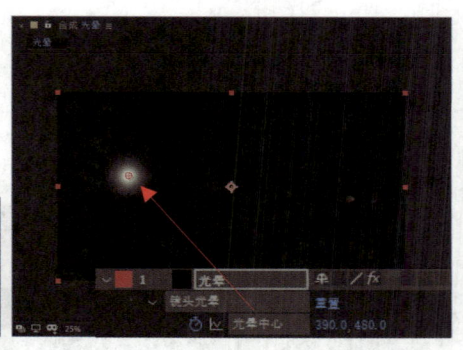　　　　图 5-55 设置"光晕中心"的位置

### 5.3.3 任务制作 2——制作栏目片头宣传文字动画

**1. 制作宣传文字的效果变换效果**

（1）执行"合成|新建合成"命令，弹出"合成设置"对话框，具体设置如图 5-56 所示。单击"确定"按钮，新建名称为"合成 1"的合成。执行"文件|导入|文件"命令，导入"源文件\项目五\素材\movie.mov"视频素材，如图 5-57 所示。

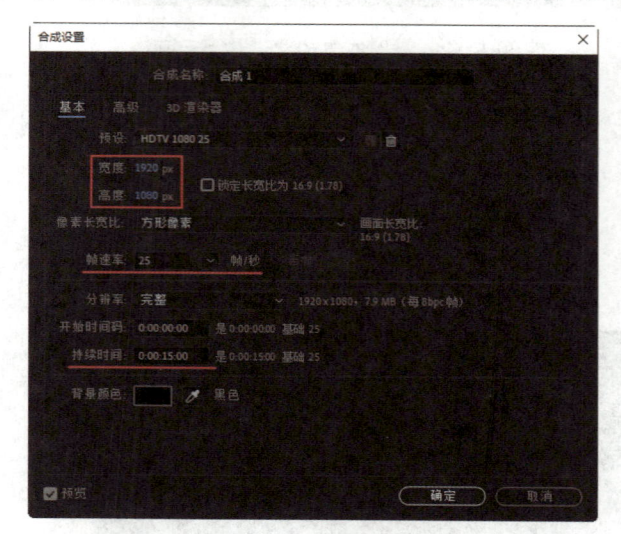

图 5-56 设置"合成设置"对话框 　　　　图 5-57 导入视频素材

（2）在"项目"面板中将"movie.mov"视频素材拖入"时间轴"面板中，效果如图 5-58 所示。使用"横排文字工具"，在"合成"窗口中单击并输入文字，在"字符"面板中对文字的相关属性进行设置，效果如图 5-59 所示。

（3）使用"向后平移（锚点）工具"，调整文字图层的锚点位于文字的中心位置，单击"对齐"面板中的"水平对齐"和"垂直对齐"按钮，将文字对齐至合成的中心位置，如图 5-60 所示。执行"效果|生成|梯度渐变"命令，为文字图层应用"梯度渐变"效果，在"效果控件"面板中对"梯度渐变"效果的相关属性进行设置，如图 5-61 所示。

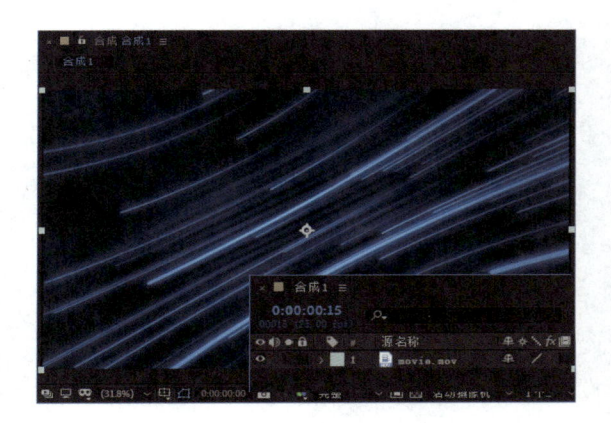

图 5-58　拖入视频素材

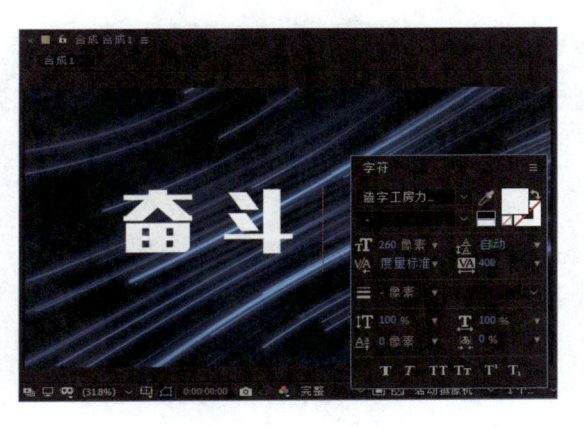

图 5-59　输入文字

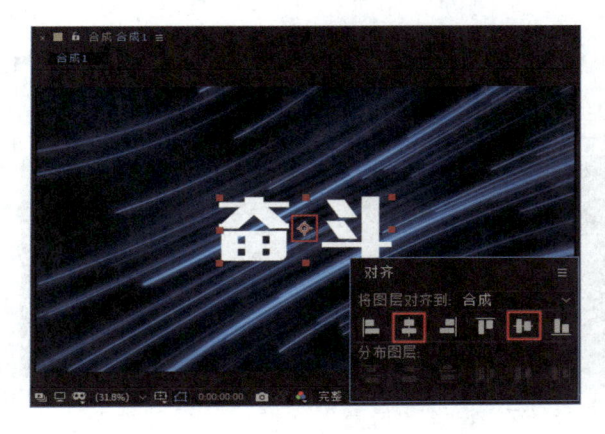

图 5-60　将文字对齐到合成中心

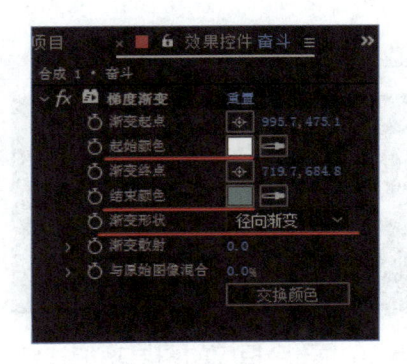

图 5-61　设置"梯度渐变"效果选项

（4）在"合成"窗口中调整"梯度渐变"效果的渐变起点和渐变终点位置，效果如图 5-62 所示。执行"效果|模糊和锐化|快速方框模糊"命令，应用"快速方框模糊"效果，在"效果控件"面板中，将"模糊半径"属性值设置为"80.0"，并插入该属性关键帧，如图 5-63 所示。

图 5-62　调整渐变起点和渐变终点位置

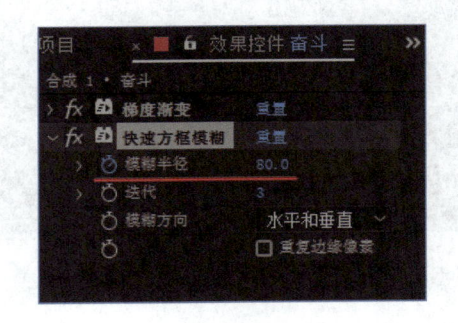

图 5-63　设置"快速方框模糊"效果

（5）在"合成"窗口中可以看到应用"快速方框模糊"的效果，如图 5-64 所示。将时间指示器移至 0 秒 13 帧的位置，再将"模糊半径"属性值设置为"0.0"，效果如图 5-65 所示。

165

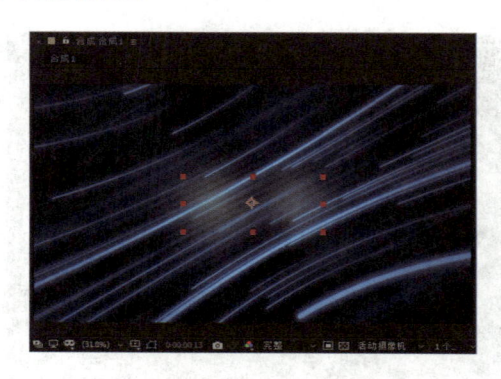

图 5-64 "合成"窗口效果 　　　　图 5-65 设置"模糊半径"属性的效果

（6）在"时间轴"面板中开启"奋斗"图层的"运动模糊"和"3D 图层"按钮，如图 5-66 所示。将时间指示器移至 0 秒的位置，按【P】快捷键，显示该图层的"位置"属性，将"位置"属性值设置为"955.5, 534.2, -800.0"，并插入该属性关键帧，如图 5-67 所示。

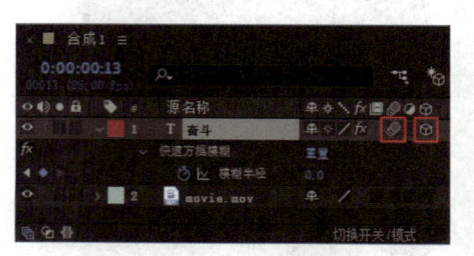

图 5-66 开启相应的图层功能按钮 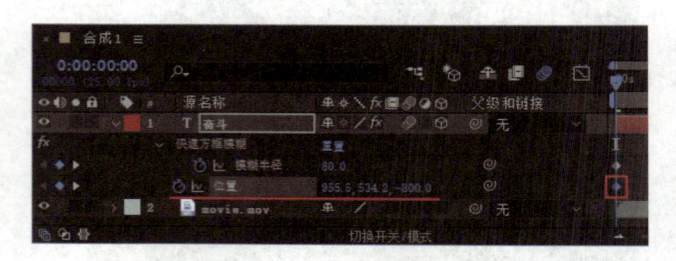　　　　图 5-67 设置"位置"属性值并插入关键帧

（7）将时间指示器移至 0 秒 13 帧的位置，"位置"属性值设置为"955.5, 534.2, 0.0"，效果如图 5-68 所示。将时间指示器移至 1 秒 1 的位置，"位置"属性值设置为"955.5, 534.2, 100.0"，效果如图 5-69 所示。

图 5-68 设置"位置"属性的效果（1） 　　　　图 5-69 设置"位置"属性的效果（2）

（8）将时间指示器移至 1 秒 13 帧的位置，"位置"属性值设置为"955.5, 534.2, 1000.0"，效果如图 5-70 所示。将时间指示器移至 1 秒的位置，按【Shift+T】快捷键，在该图层下方显示"不透明度"属性，插入该属性关键帧，如图 5-71 所示。

图 5-70 设置"位置"属性的效果（3） 　　图 5-71 插入"不透明度"属性关键帧

（9）将时间指示器移至 1 秒 13 帧的位置，"不透明度"属性值设置为"0%"，选择"奋斗"图层，按【Alt+]】快捷键，将该图层的出点位置调整至当前时间位置，如图 5-72 所示。

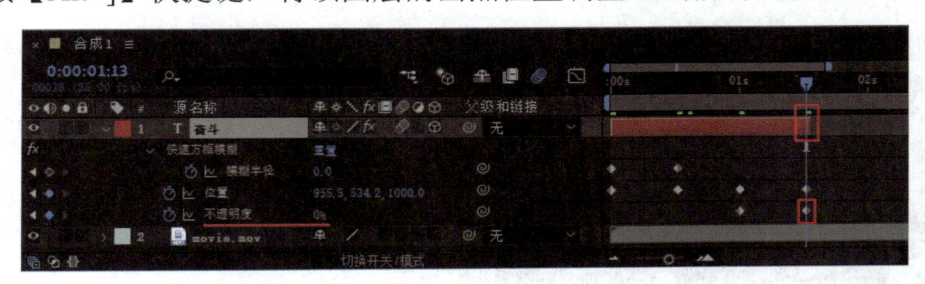

图 5-72 "时间轴"面板

## 2. 通过复制的方法，快速制作出其他宣传文字的动画效果

（1）选择"奋斗"图层，按【Ctrl+D】快捷键，复制该图层，在"合成"窗口中将复制得到的文字修改为"创造"，在"时间轴"面板中，将该图层内容整体向右移至从 1 秒的位置开始，如图 5-73 所示，"合成"窗口的效果如图 5-74 所示。

图 5-73 复制图层并调整图层起始时间（1） 　　图 5-74 "合成"窗口的效果（1）

（2）选择"创造"图层，按【Ctrl+D】快捷键，复制该图层，在"合成"窗口中将复制得到的文字修改为"未来"，在"时间轴"面板中，将该图层内容整体向右移至从 2 秒的位置

开始，如图 5-75 所示，"合成"窗口的效果如图 5-76 所示。

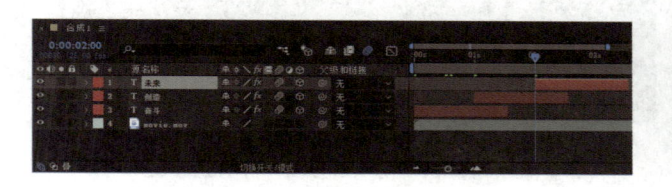

图 5-75　复制图层并调整图层起始时间（2）　　图 5-76　"合成"窗口的效果（2）

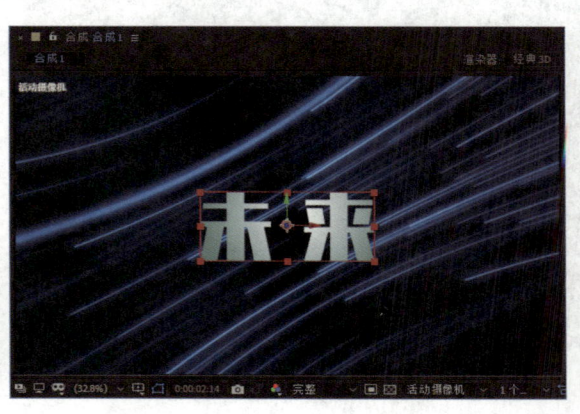

### 3. 通过摄像机图层动画的制作，实现文字在三维方向上的变换

（1）执行"图层|新建|摄像机"命令，弹出"摄像机设置"对话框，具体设置如图 5-77 所示。单击"确定"按钮，新建名称为"摄像机 1"的图层。展开该图层下方的"变换"选项，将"位置"属性值设置为"360.0, 304.0, -1000.0"，如图 5-78 所示。

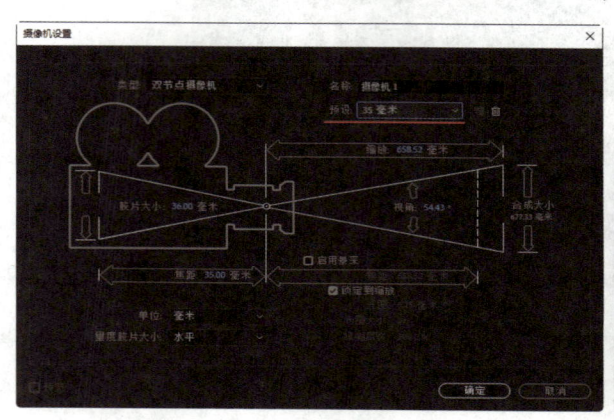

图 5-77　"摄像机设置"对话框　　图 5-78　设置"位置"属性值

（2）执行"图层|新建|空对象"命令，新建一个空对象图层，如图 5-79 所示。按【P】快捷键，显示空对象图层的"位置"属性，按住【Alt】键不放，单击"位置"属性名称左侧的"秒表"按钮，显示该属性的表达式输入框，输入表达式"wiggle(8,20)"，如图 5-80 所示。

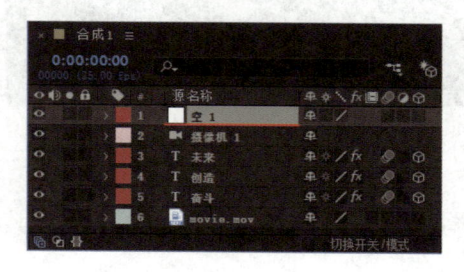

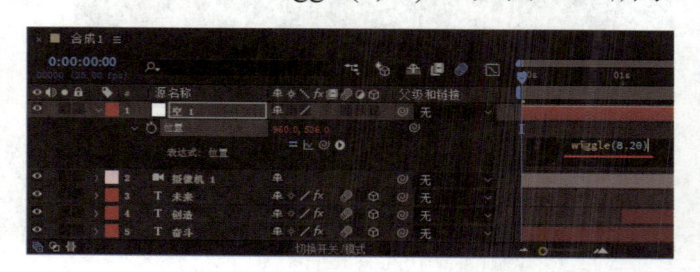

图 5-79　新建空对象图层　　图 5-80　为"位置"属性添加表达式

168

（3）在"时间轴"面板中，选择"摄像机 1"图层，将该图层的"父级和链接"选项设置为"空 1"，如图 5-81 所示。

图 5-81 "时间轴"面板中的设置

（4）在"时间轴"面板中同时选中除"movie.mp4"图层以外的所有图层，执行"图层|预合成"命令，弹出"预合成"对话框，具体设置如图 5-82 所示。单击"确定"按钮，将选中的图层创建为嵌套的合成，在"时间轴"面板中的效果如图 5-83 所示。

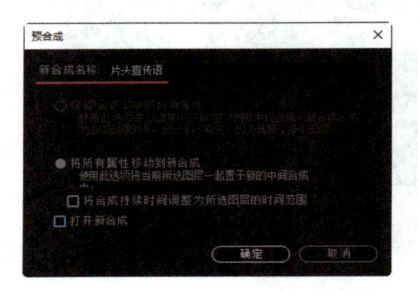

图 5-82 设置"预合成"对话框    图 5-83 "时间轴"面板中的效果

## 5.3.4 任务制作 3——完成栏目片头包装的制作

### 1. 制作片头标题文字的光晕效果

（1）将"标题动画"合成从"项目"面板拖入"时间轴"面板中，将该图层内容整体向右移至从 4 秒的位置开始，如图 5-84 所示。单击"展开或折叠'转换控制'窗格"按钮，在"时间轴"面板中显示"转换控制"选项组，将"标题动画"图层的"模式"设置为"相加"，如图 5-85 所示。

图 5-84 拖入合成并调整图层内容的起始位置    图 5-85 设置"模式"选项

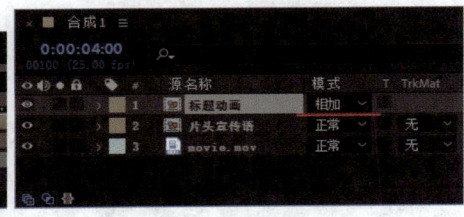

169

（2）将"光晕"合成从"项目"面板拖入"时间轴"面板中，将该图层内容整体向右移至从 4 秒的位置开始，该图层的"模式"选项设置为"相加"，如图 5-86 所示。

图 5-86　拖入合成调整位置并设置"模式"选项

（3）在"时间轴"面板中拖动时间指示器，即可在"合成"窗口中看到相应的效果，如图 5-87 所示。

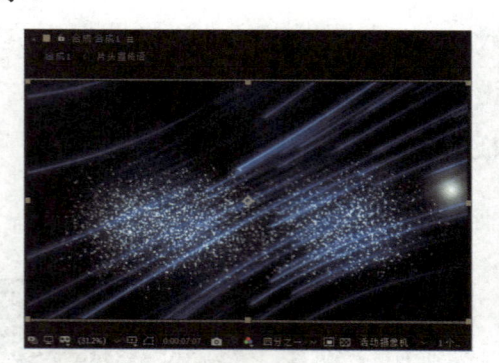

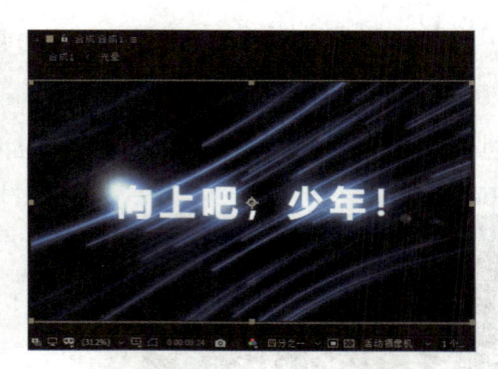

图 5-87　"合成"窗口的效果

### 2. 制作片头标题文字的三维变换效果

（1）执行"图层|新建|摄像机"命令，弹出"摄像机设置"对话框，具体设置如图 5-88 所示。单击"确定"按钮，新建名称为"摄像机 1"的图层，将时间指示器移至 4 秒的位置，按【Alt+[】快捷键，将该图层的入点调整到 4 秒的位置，开启"标题动画"图层的"3D 图层"按钮，如图 5-89 所示。

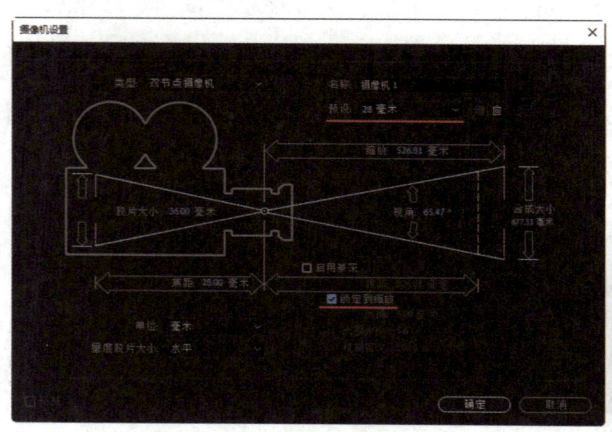

图 5-88　"摄像机设置"对话框　　　　图 5-89　开启"3D 图层"按钮

（2）选择"摄像机 1"图层，将"时间指示器"移至 8 秒的位置，按【P】快捷键，显示该图层的"位置"属性，在当前位置插入该属性关键帧，如图 5-90 所示。将时间指示器移至 7 秒 12 帧位置，对"位置"属性值进行设置，如图 5-91 所示。

图 5-90　插入"位置"属性关键帧

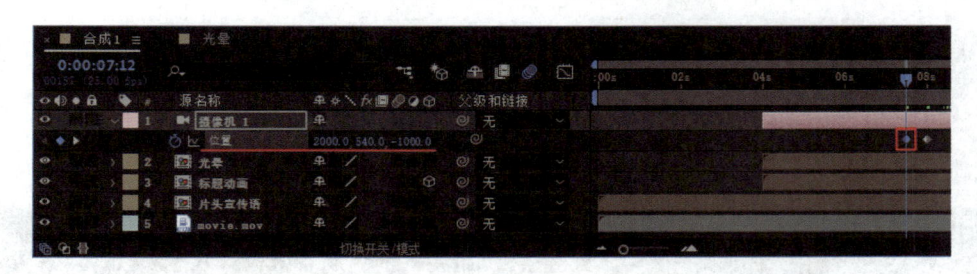

图 5-91　设置"位置"属性值

（3）在"合成"窗口中可以看到当前位置的画面效果，如图 5-92 所示。在"项目"面板中的"合成 1"上右击，然后在弹出的快捷菜单中执行"合成设置"命令，最后在弹出对话框中将"持续时间"属性值修改为 09 秒，如图 5-93 所示，单击"确定"按钮。

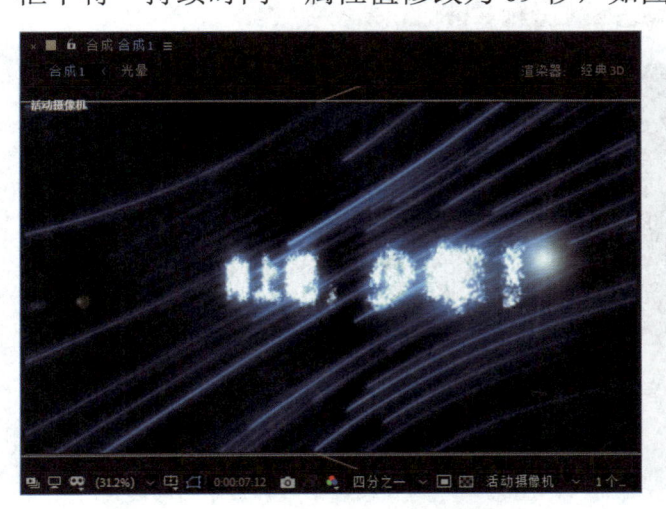

图 5-92　"合成"窗口显示的效果

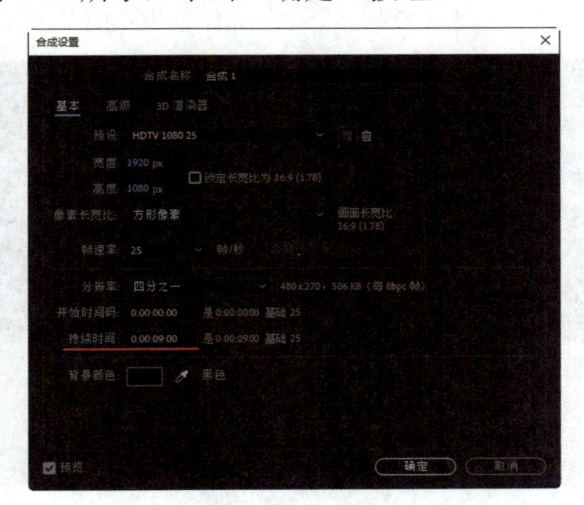

图 5-93　修改"持续时间"选项

## 3．添加背景音乐并渲染输入视频

（1）执行"文件|导入|文件"命令，导入"源文件\项目五\素材\bgm.mp3"音频素材，如图 5-94 所示。将导入的音频素材拖入"时间轴"面板中，如图 5-95 所示。

■ 视频栏目包装制作

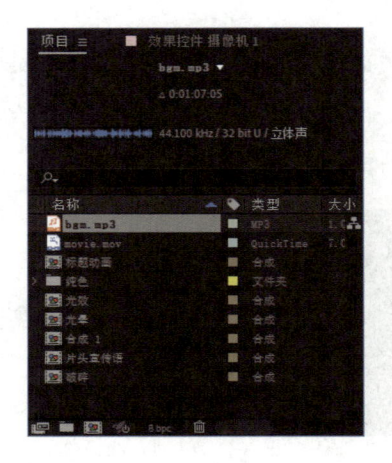

图 5-94　导入音频素材

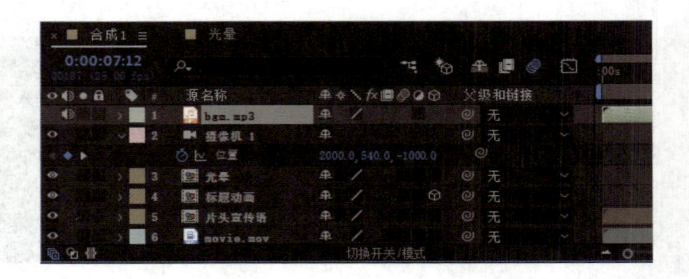

图 5-95　将音频素材拖入"时间轴"面板中

（2）将时间指示器移至 7 秒 12 帧的位置，展开该图层下方的"音频"选项，插入"音频电平"属性关键帧，如图 5-96 所示。将时间指示器移至 8 秒 24 帧的位置，再将"音频电平"属性值设置为"-12.00dB"，如图 5-97 所示。

图 5-96　插入"音频电平"属性关键帧

图 5-97　设置"音频电平"属性值

**小贴士**："音频电平"属性主要用于控制音频素材的音量高低，默认值为 0dB，表示音频素材的原始音量大小，正值表示增加音量，负值表示减小音量。此处制作的是音频素材音量逐渐降低的效果，实现背景音乐的渐隐。

（3）完成该栏目片头包装的制作。执行"合成|添加到渲染队列"命令，将"主合成"添加到"渲染队列"面板中，如图 5-98 所示。选择"输出模块"选项右侧的"无损"选项，弹

出"输出模块设置"对话框,将"格式"选项设置为"QuickTime",其他选项均采用默认设置,如图 5-99 所示。

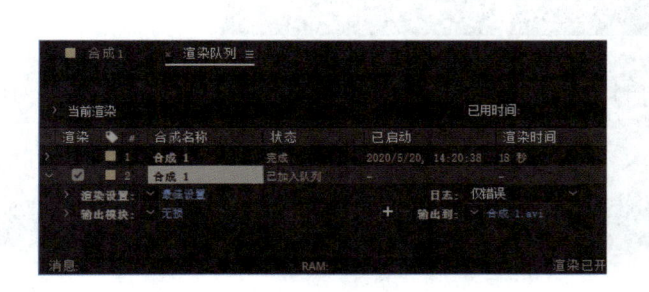

图 5-98 添加到"渲染队列"面板

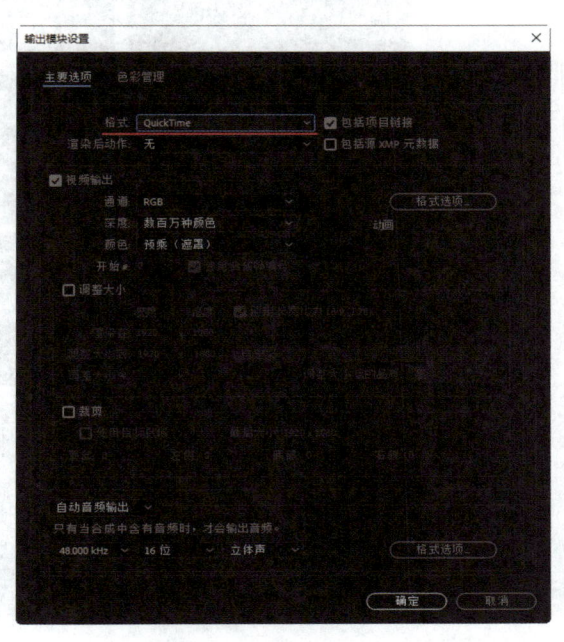

图 5-99 选择输出格式

(4)选择"输出到"下拉列表后的选项,弹出"将影片输出到"对话框,设置输出文件的名称、类型和保存位置,如图 5-100 所示。单击"渲染队列"面板右上角的"渲染"按钮,即可按照当前的渲染输出设置对合成进行渲染输出。输出完成后,在选择的输出位置可以看到所输出的视频文件,如图 5-101 所示。

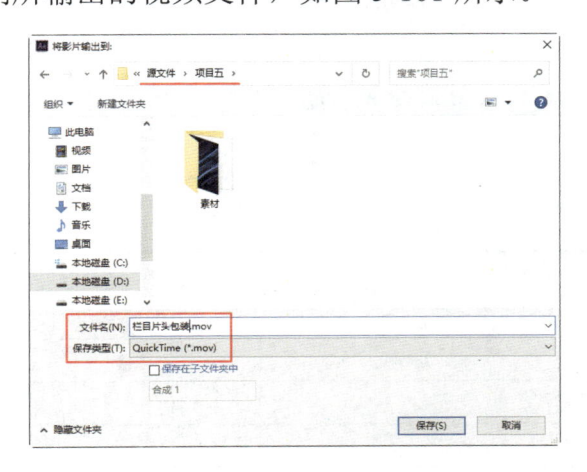

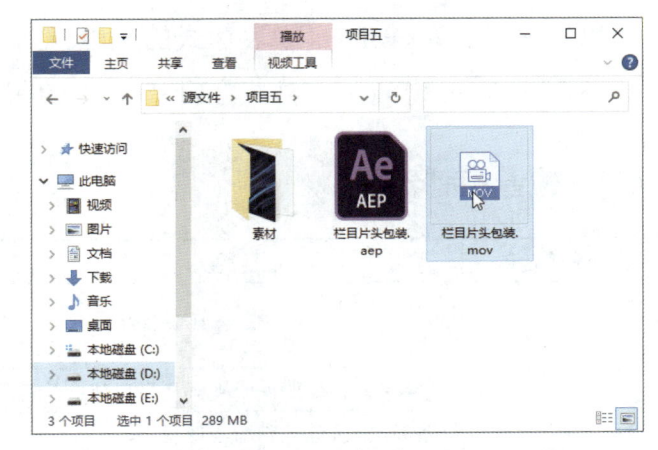

图 5-100 设置输出文件的名称、类型和保存位置

图 5-101 得到所输出的视频文件

(5)双击所输出的视频文件,即可在视频播放器中预览渲染输出的栏目片头包装的效果,如图 5-102 所示。

173

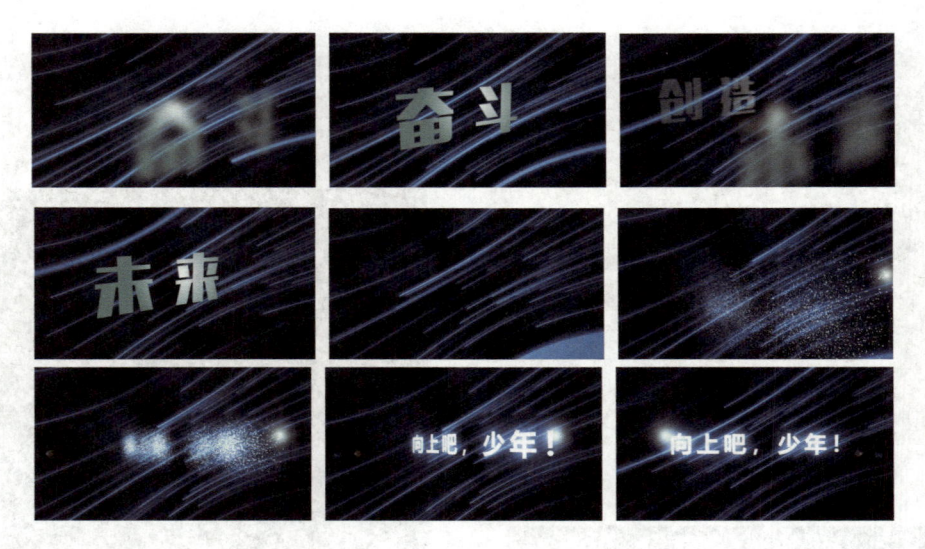

图 5-102 预览栏目片头包装的效果

## 5.4 检查评价

本任务完成了一个栏目片头包装的设计制作。为了帮助读者理解栏目片头包装的制作方法和表现技巧，在完成本学习情境内容的学习后，需要对学生的读者效果进行评价。

### 5.4.1 检查评价点

（1）了解视频栏目包装的色彩配置和风格设计。

（2）掌握 After Effects 中表达式的应用。

（3）在 After Effects 中完成栏目片头包装的制作。

### 5.4.2 检查控制表

| 学习情境名称 | | 栏目片头 | 组别 | | 评价人 | | |
|---|---|---|---|---|---|---|---|
| 检查检测评价点 | | | | | 评价等级 | | |
| | | | | | A | B | C |
| 知识 | 能够了解并简要说明视频栏目包装中的色彩配置 | | | | | | |
| | 能够正确区分色彩与心理反应的关系 | | | | | | |
| | 能够详细描述色彩调和可采用的方法 | | | | | | |
| | 能够正确描述视频栏目包装的画面风格分类 | | | | | | |
| | 能够简要说明栏目片头包装的设计思路与方法 | | | | | | |
| | 能够理解表达式的应用优势并说明它的使用方法 | | | | | | |
| | 能够准确描述渲染输出的设置流程 | | | | | | |

续表

| 检查检测评价点 | | 评价等级 | | |
|---|---|---|---|---|
| | | A | B | C |
| 技能 | 能够根据节目需要确定栏目片头的配色方案及画面风格 | | | |
| | 能够制作镜头光晕效果 | | | |
| | 能够制作粒子分散与汇聚的效果 | | | |
| | 能够使用摄像机控制画面的整体运动画效果果 | | | |
| | 能够使用表达式控制动画的运动频率 | | | |
| | 能够正确设置视频的入点与出点并进行正确格式地渲染输出 | | | |
| 素养 | 能够耐心、细致地聆听制作需求，准确记录任务关键点 | | | |
| | 能够团结协作，一起完成工作任务，具有团队意识 | | | |
| | 善于沟通，能够积极表达自己的想法与建议 | | | |
| | 能够注意素材及文件的安全保存，具有安全意识 | | | |
| | 能够遵守制作规范，具有行业规范意识 | | | |
| | 栏目片头要积极向上，能够传递正能量 | | | |
| | 注意保持工位的整洁，工作结束后自觉打扫整理工位 | | | |

### 5.4.3 作品评价表

| 评价点 | 作品质量标准 | 评价等级 | | |
|---|---|---|---|---|
| | | A | B | C |
| 主题内容 | 栏目片头积极向上，能够传递正能量，起到正向吸引观众的作用 | | | |
| 直观感觉 | 作品内容完整，可以独立、正常、流畅地播放 | | | |
| | 作品结构清晰，信息传递准确 | | | |
| 技术规范 | 视频的尺寸、规格符合规定的要求 | | | |
| | 画面的风格、动画效果切合主题 | | | |
| | 视频作品输出的规格符合规定的要求 | | | |
| 动画表现 | 视频节奏与主题内容相称 | | | |
| | 音画配合得当 | | | |
| 艺术创新 | 画面的色彩、构成结构及动画效果、形式有新意 | | | |

## 5.5 巩固扩展

根据本任务所学内容，运用所学的相关知识，读者可以使用 After Effects 完成一个栏目片头包装的制作，并且可以使用"CC Pixel Polly"效果，在栏目片头中实现粒子效果。

## 5.6 课后测试

在完成本学习情境内容的学习后，读者可以通过几道课后测试题，检验一下自己的学习效果，同时加深对所学知识的理解。

### 一、选择题

1. 在 After Effects 中可以同时对（　　）项目文件进行编辑处理。

    A．2个　　　　　　　　　　　　　　　　B．1个

    C．可以自定义　　　　　　　　　　　　　D．只要有足够的空间，就不限定项目数量

2. 在 After Effects 中导入素材时，下列哪种导入方法是正确的？（　　）

    A．在"项目"面板中右击，在弹出的快捷菜单中执行"导入|文件"命令

    B．在"项目"面板的空白处双击

    C．按【Ctrl+I】快捷键

    D．以上都正确

3. 展开图层下方的属性，按住（　　）键不放，单击需要添加表达式属性名称左侧的"沙表"按钮，即可在该属性下方显示针对该属性的表达式选项和表达式输入框。

    A．【Ctrl】　　　　　B．【Shift】　　　　　C．【Alt】　　　　　D．空格

### 二、判断题

1. 色彩作为视频栏目包装的重要元素，它直接表达着影视媒体的风格主张与理念诉求。（　　）

2. 栏目片头的"提示"功能被弱化，"宣传"功能被加强，它总是插播在节目即将开始之前，主要功能是宣传即将播出的节目。（　　）

3. 在"时间轴"面板中，将时间指示器拖动至需要的时间帧位置，按【N】快捷键，即可将"工作区域开头"时间帧调整到当前的位置；按【B】快捷键，即可将"工作区域结尾"时间帧调整到当前的位置。（　　）

# 学习情境 6

# 栏目题花和片尾

栏目题花和片尾都属于栏目整体包装中的元素，其中，栏目题花出现在节目播放过程中，主要用于显示标题性字幕；栏目片尾则出现在栏目结束，用于显示栏目的相关版权信息内容。本学习情境重点介绍视频栏目包装设计中的字体设计原则和栏目题花、片尾包装设计的相关知识，并且通过栏目题花和片尾包装的设计制作，使读者掌握栏目题花和片尾包装的制作与表现方法。

## 6.1 情境说明

栏目题花又被称为"字幕条"，多出现在新闻资讯类栏目中，用于显示当前所播放内容的标题；栏目片尾一般由艺术化的画面设计，加上演职人员字幕表、出品机构等版权信息，再辅以主题音乐组成，出现在栏目内容结束后。栏目题花和片尾都是视频栏目包装中不可缺少的重要元素，本任务将带领读者一起完成栏目题花和片尾的设计制作。

### 6.1.1 任务分析——栏目题花和片尾

本任务将制作一个栏目题花包装，该题花包装主要由 3 个部分组成，包括 Logo、主标题和副标题。在该题花包装制作的过程中，主要通过轨道遮罩的方式表现出各部分的背景，再通过基础属性动画表现题花中的主要元素。主标题文字部分将使用文字图层的"源文本"属性制作出类似打字机的动画效果，使主标题文字逐个显示。整个栏目题花包装的表现效果简洁、大方。图 6-1 所示为本任务所制作栏目题花包装的部分截图。

本任务还要制作一个栏目片尾包装，在该片尾包装中主要包含两部分内容，在画面的上半部分，显示接下来所需要播放的节目的片花，使用遮罩的方式控制该部分片花的显示大小和位置。在画面的下半部分，需要制作片尾字幕的滚动画效果果，片尾字幕滚动完成后出现

Logo 图标。整个栏目片尾包装同样非常简洁、大方。图 6-2 所示为本任务所制作栏目片尾包装的部分截图。

图 6-1　栏目题花包装的部分截图

图 6-2　栏目片尾包装的部分截图

## 6.1.2　任务目标——掌握栏目题花和片尾包装的设计制作

想要完成本任务中栏目题花和片尾包装的设计制作，需要掌握以下知识内容。

- 了解视频栏目包装中的字体设计原则。
- 了解栏目片尾设计需要注意的问题。
- 了解什么是栏目角标，以及它的表现方式。
- 了解栏目题花和字幕板设计。
- 掌握在 After Effects 中创建和设置文字的方法。

- 了解在 After Effects 中文字的动画属性。
- 掌握在 After Effects 中制作栏目题花包装的方法。
- 掌握在 After Effects 中制作栏目片尾包装的方法。

## 6.2　基础知识

栏目题花和栏目片尾包装的设计制作都离不开文字的设计和排版，文字具有明确的说明性，可以直接将信息传达给观众，强化影视媒体品牌的诉求力，所以，字体设计在视频栏目包装设计中同样非常重要。

### 6.2.1　视频栏目包装中的字体设计原则

字体是视频栏目包装基本的图像要素之一，它与形象标识、颜色一起构成了影视媒体品牌的视觉识别。

字体设计就是对文字按照视觉设计规律加以整体的精心安排，它是随着信息传播的发展而逐步成熟的。视频栏目包装中的字体设计，包括中英文字体、字号及其组合的设计。这里的字体是指视频栏目包装中统一使用的字体，它可能出现在包装的所有具体形式中（例如，宣传片、片头、广告提示，以及离播包装的广告招贴等）。

经过精心设计的字体具有统一的造型，其形态、粗细、字间的连接与配置等都做了细致、严谨的规划。更重要的是，视频栏目包装中的字体设计是根据媒体定位、品牌个性而确定的，与"普通的字体"相比更具特色、更美观。所以，字体设计首先应当考虑的问题包括：字体是否符合影视媒体的形象，是否具有创新的风格，是否能被观众喜欢。

对于以上几个问题，视频栏目包装中的字体设计应当遵循以下原则。

#### 1．文字的可识性

文字的主要功能是向观众传递信息，必须给观众以清晰的视觉印象。无论字体多么地富有美感，如果失去了文字的可识别性，则这一设计无疑是失败的。视频栏目包装中的文字，在画面中出现的时间往往比较短（如栏目片头落版文字，在画面中一般停留 3 秒钟），还时常以运动的方式出现，如果观众在较短的时间内，看不清或看不懂所出现的文字，则根本不能接收到其中所传达的信息。因此，字体设计要简练，避免繁杂、凌乱，减去不必要的装饰变化；字形和结构必须清晰，不能随意变动结构、增减笔画，要保证观众易认、易懂；视频栏目包装中的字体不要为了设计而设计，不管如何发挥，都应当以易于识别为宗旨。

图 6-3 所示为中央电视台电影频道《中国电影报道》中的字体设计，为了配合片头场景

的表现效果，对栏目标题文字进行了透视变换处理，使得画面的整体表现更具有空间立体感，但标题文字仍然保持了其可识性。

图 6-3 《中国电影报道》中的字体设计

> **小贴士**：有些字体设计得非常漂亮，但是应用到影视媒体上却出现了问题。例如，过细的线条在电视屏幕上会出现抖动或不显示，也会影响文字的可识性，这是需要特别注意的。

#### 2．字体的个性

根据媒体品牌定位的要求，极力突出字体设计的个性，创造与众不同、独具特色的字体，给人以别开生面的视觉感受，有利于影视媒体良好形象的建立。在视频栏目包装中，字体的个性应当与视频栏目的定位相统一；字体的特点应当直观地表现出视频栏目的类别、性质。例如，新闻节目的字体设计中规中矩；儿童节目的字体设计多采用可爱风格；娱乐节目的字体设计需要表现出活力等。

图 6-4 所示为湖南卫视某综艺节目的标题字体设计，与栏目片头包装的设计风格相统一，采用类似漫画字体的表现形式来设计标题文字，活泼且极富动感。

图 6-4 某综艺节目的标题字体设计

> **小贴士**：在视频栏目包装的字体设计中，要避免与已有的一些设计作品相同或相似，更不能有意模仿或抄袭。设计特定字体一定要从字的形态特征与组合编排上进行探究，不断修改，反复琢磨，这样才能创造出富有个性的文字。

#### 3．视觉美感

字体在视频栏目包装中作为图像要素之一，具有传达感情的功能，因此它必须具有视觉上的美感。优秀的字体设计能让人过目不忘，既起着传递信息的功效，又能达到视觉审美的目的；相反，丑陋粗俗、组合凌乱的字体设计会使观众看后心里感到不愉快。

在字体设计中，美不仅体现在局部，还是对笔形、结构及整个设计的把握。文字是由横、竖、点和圆弧等线条组合成的形态，在结构的安排和线条的搭配上，怎样协调笔画与笔画、字与字之间的关系，强调节奏与韵律，创造出更富表现力和感染力的设计，把内容准确、鲜明地传达给观众，是字体设计的重要课题。

另外，无论是设计的特定字体，还是选用某个字库中的字体，视频栏目包装中的字体都应当具有比较大的后期加工的可能性，不能人为地为具体设计阶段的工作带来麻烦。

图 6-5 所示为我国载人航天飞船特别报道栏目的标题文字设计，通过三维立体文字来表现标题文字，使其表现出强烈的科技感和现代感。

图 6-5　载人航天飞船特别报道栏目的标题文字设计

## 6.2.2　栏目片尾设计

影视节目作为一种文化产品，拥有自己的版权和其他合法权益，栏目的制作人员、出品单位等信息有着传递、表达的必要和需求，这正是栏目片尾产生的主要原因。所以，栏目片尾也被称为"版权页"。

由于电视是具有"时序性"的媒介，长期以来，传统的栏目片尾设计对电视媒体可能产生某些负面影响。

（1）导致观众流失、影响编播节奏。在节目结束时，观众可能很想知道接下来要播出的节目信息，如果栏目片尾出现的人物名单和版权信息过于冗长，则会显得枯燥乏味，观众可能会就此换台。而且各个节目的栏目片尾长短不一，最终导致电视频道编播节奏混乱。栏目片尾既影响了观众的收视需求，又打乱了电视频道的顺畅节奏。

（2）浪费时间资源、损坏频道形象。传统的栏目片尾一般都在 10 秒以上，假设一个电视频道有 20 档栏目，综合每天的首播和重播，栏目片尾所花费的时间资源不可小觑。不少栏目片尾的设计没有统一规范，片尾的时长、风格、运动方式等都自作主张，损坏了电视频道的整体形象。

另外，栏目片尾还常常被电视媒体开发利用为商业广告平台，贩卖给广告商，谋取不小的利益回报。

面对栏目片尾的尴尬处境，视频栏目包装的设计师们提出了创新的设计形式，"片尾导视宣传片"就是其中的代表。片尾导视宣传片就是下一节目的导视宣传片，在上一节目结束时与栏目片尾同时出现，甚至将栏目片尾统一设计，综合栏目片尾与导视的功能。这是一种特殊的单节目导视宣传片形式，其优势在于可以实现所谓的"节目无缝连接"，营造出更顺畅的播出流，在一定程度上保持观众的持续关注。

图6-6所示为某栏目的片尾设计，它采用了片尾导视宣传片的形式，将栏目片尾的版权信息与接下来将播出的节目，以及频道的形象包装结合在一起。

图6-6 菜栏目的片尾设计

### 6.2.3 栏目角标、题花和字幕板设计

栏目角标就是视频栏目的形象标识，一般出现在栏目内容画面的一角上。由于电视媒体的台标一般出现在屏幕的左上角，而半点、整点报时信息出现在右上角，因此电视上的栏目角标设置在屏幕右下角的居多。

栏目题花和字幕板都是视频栏目中专为丰富字幕出现方式的统一背景和版式设计。不同的是，栏目题花主要用于标题性字幕的装饰设计，只占据部分屏幕画面，一般呈横条状设置在屏幕下方（少数为竖条状出现在屏幕右边），所以也被称为"字幕条"；而字幕板专为大量、整段字幕出现的统一背景和版式设计，占据整个屏幕画面。栏目题花和字幕板常见于新闻节目中。

**1. 栏目角标**

栏目角标作为栏目的形象标识，它的作用绝不仅是一种装饰、点缀，还是打造节目品牌形象、保证品牌识别的重要手段。在商业利益的驱使下，某些媒体将栏目角标也开发为商业广告平台，谋取经济利益。例如，栏目角标和商业标识广告轮流出现的方式。图6-7所示为栏目角标的设计效果。

图 6-7　栏目角标的设计效果

在栏目角标的设计过程中，有两个方面值得关注。

1）栏目角标的设计可静可动

平面静态的角标在过去很长一段时间内为众多节目所使用。随着计算机技术的发展和角标商业利益的开发使用，动态的角标大量涌现。动态角标具有更丰富的视觉效果，有助于强化栏目品牌在观众头脑中的记忆。栏目角标设计选择静态还是动态，应当取决于栏目的风格和栏目所属影视媒体的包装要求。

2）栏目角标的设计承载着栏目品牌信息

栏目角标设计对栏目品牌信息的表达责无旁贷，栏目形象标识和名称的图形化是角标设计的主要着力点。在动态角标的设计中，其色彩配置、字体、风格、运动方式的使用，都应当统一规范，并主动遵循节目所属影视媒体的包装风格。

## 2．栏目题花与字幕板

栏目题花与字幕板作为字幕的装饰设计，一般都是动态的，用以丰富字幕的视觉效果。但是为了不影响字幕所包含信息的准确传达，它们的运动方式一般都比较缓慢、柔和。栏目题花与字幕板也是视频栏目包装的一部分，其设计形式也应当统一规范，主动遵循栏目的包装风格，以及栏目所属影视媒体的包装要求。

图 6-8 所示为多种不同效果的栏目题花设计。图 6-9 所示为栏目字幕板的设计效果。

图 6-8　多种不同效果的栏目题花设计

183

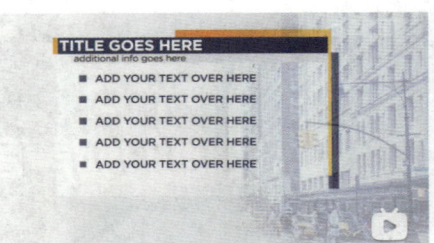

图 6-9 栏目字幕板的设计效果

## 6.3 任务实施

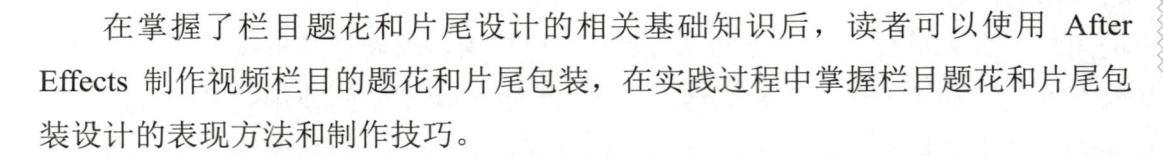

在掌握了栏目题花和片尾设计的相关基础知识后，读者可以使用 After Effects 制作视频栏目的题花和片尾包装，在实践过程中掌握栏目题花和片尾包装设计的表现方法和制作技巧。

### 6.3.1 关键技术——掌握 After Effects 中文字的创建与设置

After Effects 为用户提供了非常灵活且功能强大的文字工具，用户不仅可以在 After Effects 中方便、快捷地添加文字，通过相关面板对文字的字体、风格、颜色及大小等属性进行快速、灵活地更改，还可以对单个文本和段落文本进行对齐、调整和文字变形等处理。

**1. 创建文字**

1）点文字

在 After Effects 中创建点文字有两种方法。

一种方法是执行"图层|新建|文本"命令，创建一个空文本图层，并且在"合成"窗口的中心位置显示文本输入光标，如图 6-10 所示。在文本框中，直接输入相应的文字内容，输入完成后，使用"选取工具"将文字调整至合适的位置，如图 6-11 所示。

图 6-10　在中心位置显示输入光标 　　　　图 6-11　创建点文字并调整位置

另一种方法是使用文字工具，在 After Effects 中为用户提供了"横排文字工具"和"直排文字工具"，如图 6-12 所示。例如，选择"直排文字工具"，在"合成"窗口中，在需要创建文字的位置单击并输入文字，即可完成点文字的创建，并自动创建文字图层，如图 6-13 所示。

图 6-12　文字工具

图 6-13　创建点文字

> **小贴士**：在 After Effects 中，按【Ctrl+T】快捷键，可以选择文字工具，反复按该快捷键，可以在"横排文字工具"和"直排文字工具"之间切换。

2）段落文字

段落文字的输入方法与输入点文字的方法基本相同，唯一不同在于当输入段落文字时需要使用文字工具在"合成"窗口中绘制一个文本框，在文本框中输入段落文字内容。

使用"横排文字工具"，在"合成"窗口的合适位置，单击并拖动鼠标绘制一个文本框，如图 6-14 所示。在文本框中输入段落文字内容，如图 6-15 所示，然后可以在"字符"面板中对文字的相关属性进行设置。

图 6-14　拖动鼠标绘制文本框

图 6-15　输入段落文字

在完成段落文字的输入后，将鼠标指针移至文本框的调节点上，当鼠标指针呈现为双向箭头时，拖动鼠标可以调整文本框的大小；当文本框的大小发生变化时，文本框中的段落文字会自动进行换行排列，如图 6-16 所示。

185

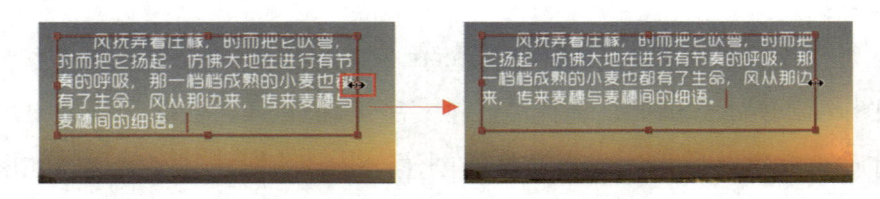

图 6-16  调整文本框大小

### 2．设置文字属性

执行"窗口|字符"命令，在 After Effects 工作界面中显示"字符"面板，如图 6-17 所示。在"字符"面板中，可以对文字的字体、字体样式、字体大小及颜色等属性进行设置，从而得到满意的文字表现效果。

对点文字而言，一行也许就是一个单独的段落；而对段落文字而言，一段可能有多行。在 After Effects 中，执行"窗口|段落"命令，打开"段落"面板，如图 6-18 所示，通过"段落"面板可以对段落文字的对齐方式、缩进等属性进行设置。

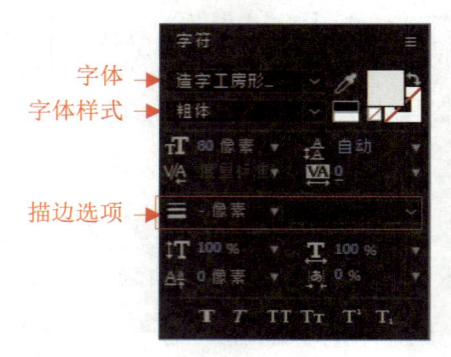

图 6-17  "字符"面板　　　　图 6-18  "段落"面板

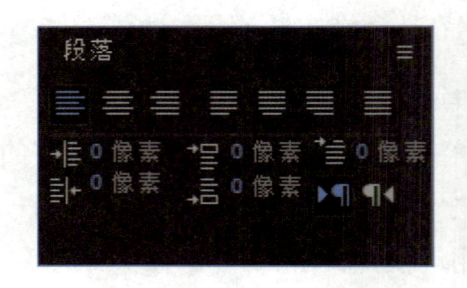

After Effects 中通过"字符"面板和"段落"面板设置文字属性的方法和选项，与 Photoshop 中使用"字符"面板和"段落"面板设置文字属性的方法和选项基本相同。

### 3．文字的动画属性

在完成文字的添加后，在"时间轴"面板中会自动添加文字图层，文字图层除了包含图层基础的变换属性，还包含文字的相关属性，通过对文字属性的设置可以轻松地制作出文字动画效果。

1）"文本"选项

在"时间轴"面板中展开文字图层下方的"文本"选项，在该选项下方显示文字的相关属性，如图 6-19 所示。

"源文本"属性：使用该属性可以制作出文字内容变化的动画效果。

"路径"属性：如果在当前文字图层中绘制了蒙版路径，则可以为该属性设置相应的蒙版路径选项，使文字内容沿着所选择的蒙版路径进行排列。

"锚点分组"属性：在该属性下拉列表中可以选择该文字图层中文字内容的锚点分组方式，包含"字符""词""行""全部"4个选项。

"分组对齐"属性：该属性用于设置文字内容分组对齐的位置。

"填充和锚边"属性：该属性用于设置文字填充和描边的处理方式，包含"每字符调板""全部填充在全部描边之上""全部描边在全部填充之上"3个选项。

"字符间混合"属性：如果文字之间存在相互重叠的情况，则可以通过该属性设置文字重叠部分的混合方式。

2)"动画"选项菜单

单击文字图层下方的"文本"选项右侧的"动画"按钮，可以在弹出的菜单中选择需要添加的文字动画属性，如图6-20所示。选择某个选项，即可将所选择的文字属性添加到"文本"选项中，通过该"动画"选项菜单可以制作出非常多的文字动画效果。

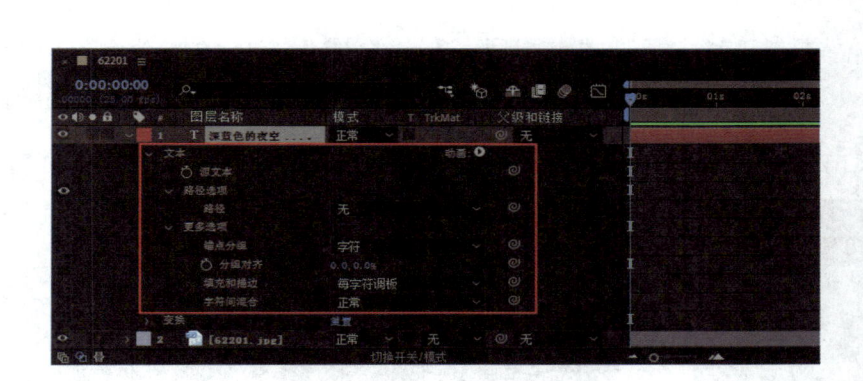

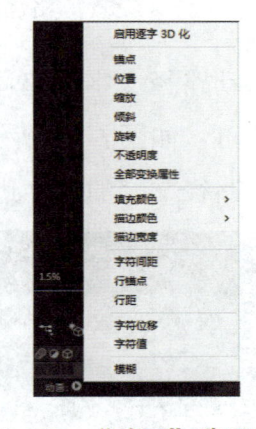

图6-19 展开"文本"选项　　　　　图6-20 "动画"选项菜单

3) 路径文字

在After Effects中不仅可以创建路径文字效果，还可以制作出路径文字动画。

在"合成"窗口中输入文字，得到文字图层，如图6-21所示。选中文字图层，使用"钢笔工具"，在"合成"窗口中绘制蒙版路径，如图6-22所示。

图6-21 输入文字　　　　　图6-22 绘制蒙版路径

展开文字图层下方"文本"选项中的"路径选项",将"路径"属性设置为"蒙版 1"选项,即可将该图层中的文字依附到刚绘制的蒙版路径上,如图 6-23 所示。使用"选取工具",在"合成"窗口中将鼠标指针移至路径文字起始位置,拖动鼠标可以调整路径文字的起始位置,如图 6-24 所示。

图 6-23 设置"路径"属性 　　　　图 6-24 调整路径文字的起始位置

想要移动路径文字的整体位置,可以选择该文字图层,在"合成"窗口中拖动调整路径文字位置即可,如图 6-25 所示。创建路径文字后,在文字图层下方的"路径选项"中可以对包含了多个路径文字的属性进行设置,如图 6-26 所示。

图 6-25 移动路径文字的整体位置 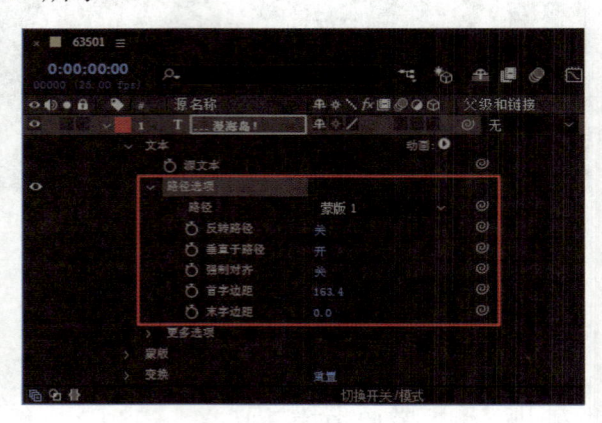　　　　图 6-26 设置"路径选项"中的属性

### 6.3.2 任务制作 1——制作栏目题花

#### 1. 制作 Logo 部分动画

(1)在 After Effects 中新建空白的项目,执行"合成|新建合成"命令,弹出"合成设置"对话框,具体设置如图 6-27 所示。单击"确定"按钮,新建名称为"标题字幕"的合成。使用"矩形工具",在工具栏中将"填充"设置为白色,"描边"设置为无,双击工具栏中的"矩形工具"按钮,自动创建一个与合成尺寸相同的矩形,如图 6-28 所示。

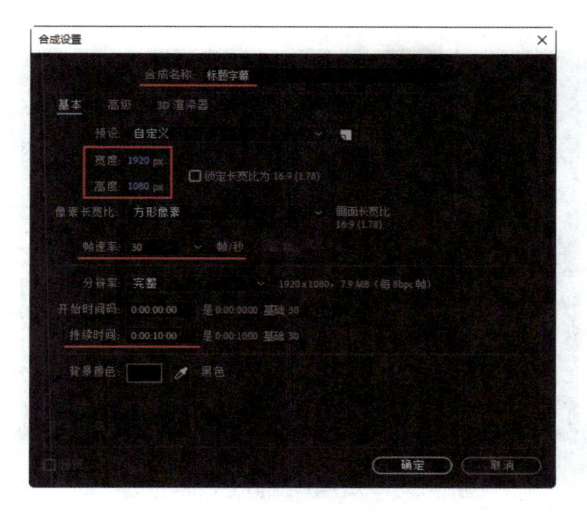

图 6-27　设置"合成设置"对话框 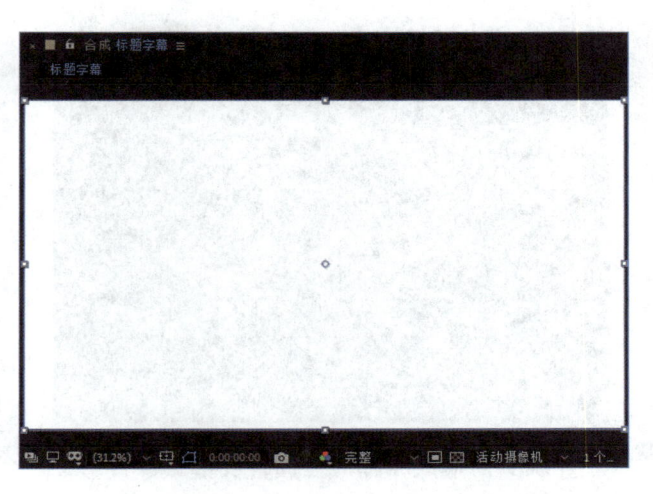　　　　　　图 6-28　绘制与合成尺寸大小相同的矩形

（2）将自动创建的形状图层重命名为"白色背景 1",执行"效果|扭曲|变换"命令,为该形状图层应用"变换"效果,在"效果控件"面板中对"变换"选项的相关属性进行设置,如图 6-29 所示。展开该图层下方"矩形 1"选项的"变换：矩形 1"选项,对"比例"属性进行设置,如图 6-30 所示。

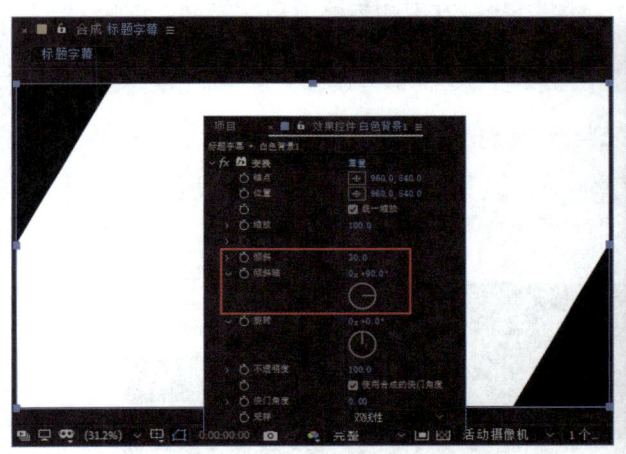

图 6-29　设置"变换"选项的属性 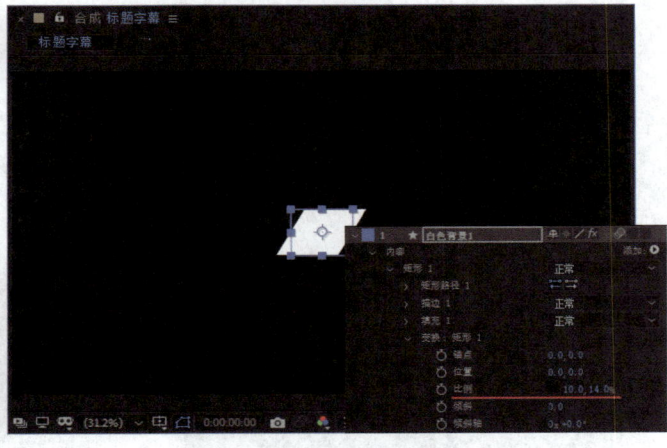　　　　　　图 6-30　设置"比例"属性效果

（3）在"合成"窗口中,将白色矩形拖动到合适的位置。将时间指示器移至 0 秒的位置,按【S】快捷键,显示该图层的"缩放"属性,插入该属性关键帧并设置属性值,如图 6-31 所示。将时间指示器移至 0 秒 26 帧的位置,"缩放"属性值设置为"98.0,98.0%",如图 6-32 所示。

（4）同时选中该图层的两个属性关键帧,按【F9】快捷键,应用缓动效果。单击"时间轴"面板上的"图表编辑器"按钮,进入图表编辑器状态,对所选中的两个属性关键帧的运动速度曲线进行调整,如图 6-33 所示。返回正常的时间轴状态,开启该图层的"运动模糊"按钮,如图 6-34 所示。

189

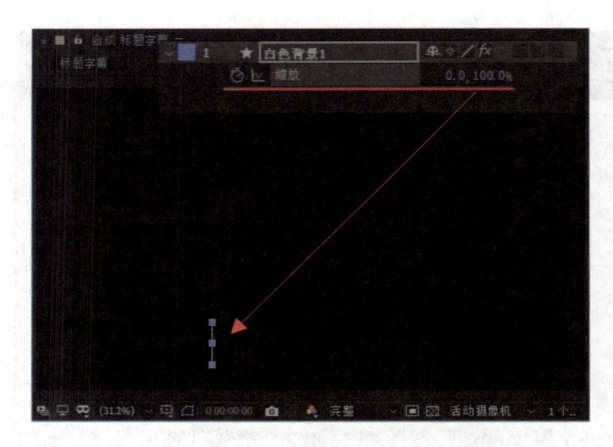

图 6-31　插入"缩放"属性关键帧并设置　　　　图 6-32　设置"缩放"属性值

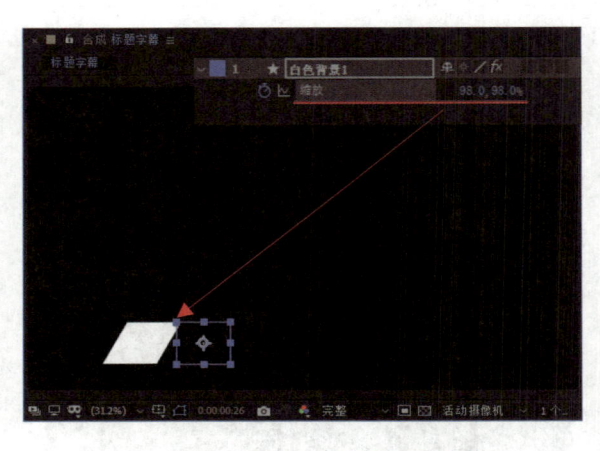

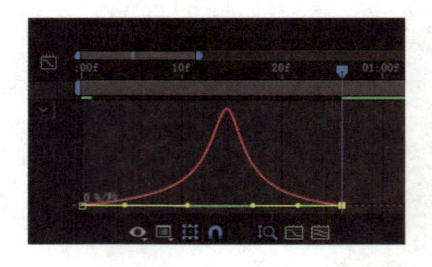

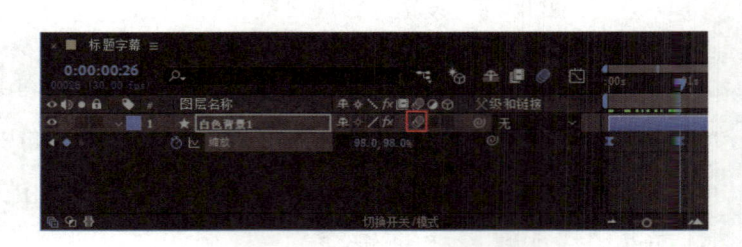

图 6-33　调整运动速度曲线　　　　图 6-34　开启图层的"运动模糊"按钮

（5）选择"白色前景 1"图层，按【Ctrl+D】快捷键，复制该图层，将复制得到图层重命名为"红色背景 1"，如图 6-35 所示。执行"效果|生成|梯度渐变"命令，为该图层应用"梯度渐变"效果，在"效果控件"面板中对"梯度渐变"效果的相关属性进行设置，如图 6-36 所示。

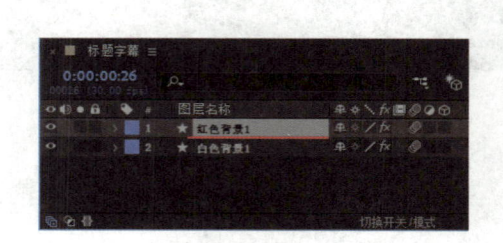

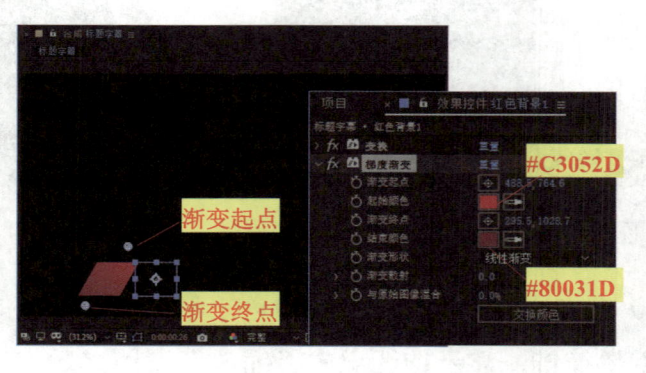

图 6-35　复制图层并重命名　　　　图 6-36　应用"梯度渐变"效果并设置

（6）将该图层内容整体向右移至从 0 秒 04 帧的位置开始，如图 6-37 所示。导入"源文件\项目六\素材\logo.png"Logo 素材，将 Logo 素材拖入"合成"窗口中，并调整到合适的大小和位置，如图 6-38 所示。

（7）将时间指示器移至 0 秒 04 帧的位置，选择"logo.png"图层，按【S】快捷键，显示该图层的"缩放"属性，插入该属性关键帧并设置属性值，如图 6-39 所示。将时间指示器移至 1 秒的位置,"缩放"再将属性值设置为"38.0, 38.0%",开启该图层的"运动模糊"按钮,如图 6-40 所示。

图 6-37 调整图层内容起始位置

图 6-38 拖入 Logo 素材

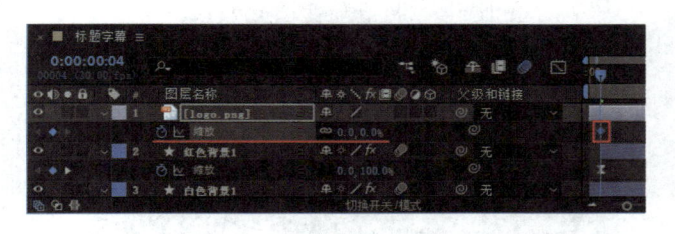

图 6-39 插入属性关键帧并设置属性值

图 6-40 设置"缩放"属性值

### 2. 制作主标题部分动画

(1)选择"红色背景 1"图层,按【Ctrl+D】快捷键,复制该图层,将复制得到的图层重命名为"红色主标题背景",将该图层移至所有图层的上方,如图 6-41 所示。按【U】快捷键,显示该图层添加了关键帧的属性,单击"缩放"属性名称左侧的"秒表"按钮,可以删除该图层中的"缩放"属性关键帧动画,并将其属性值设置为"100.0, 100.0%",如图 6-42 所示。

图 6-41 复制图层并调整叠放顺序

图 6-42 删除"缩放"属性关键帧动画

(2)展开该图层下方"矩形 1"选项的"变换:矩形 1"选项,对"比例"属性进行设置,在"合成"窗口中调整该图层到合适的位置,如图 6-43 所示。打开"效果控件"面板,选择"梯度渐变"效果,可以在"合成"窗口中拖动渐变起点和渐变终点,从而调整该图层的渐变填充效果,如图 6-44 所示。

（3）不要选择任何对象，使用"矩形工具"，在工具栏中将"填充"设置为任意颜色，"描边"设置为无，然后在"合成"窗口中绘一个矩形，如图6-45所示。将该图层重命名为"遮罩1"，选择"红色主标题背景"图层，将该图层的"TrkMat（轨道遮罩）"属性设置为"Alpha遮罩'遮罩1'"，如图6-46所示。

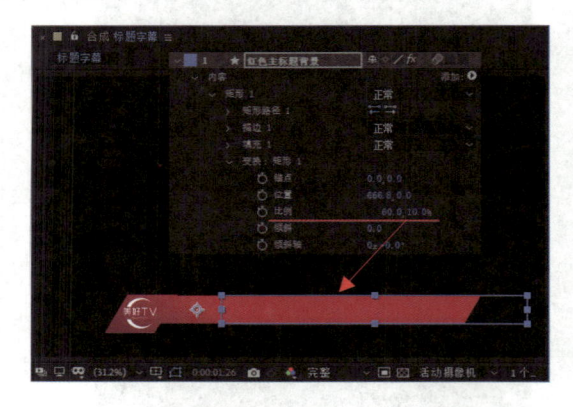

图6-43　调整图形尺寸比例和位置

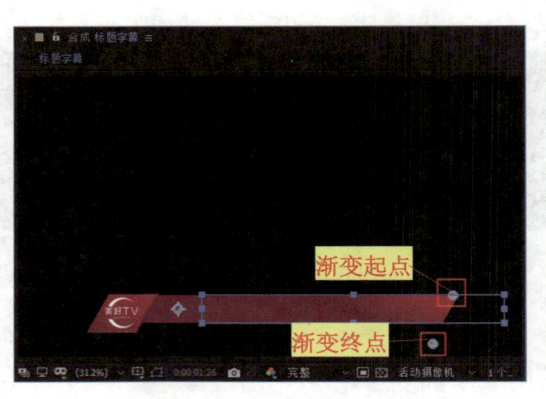

图6-44　调整渐变填充效果

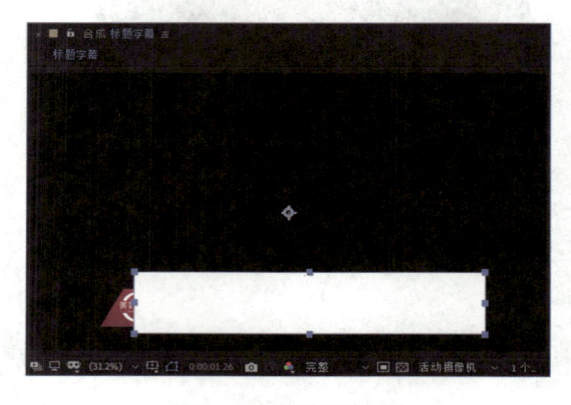

图6-45　绘制矩形

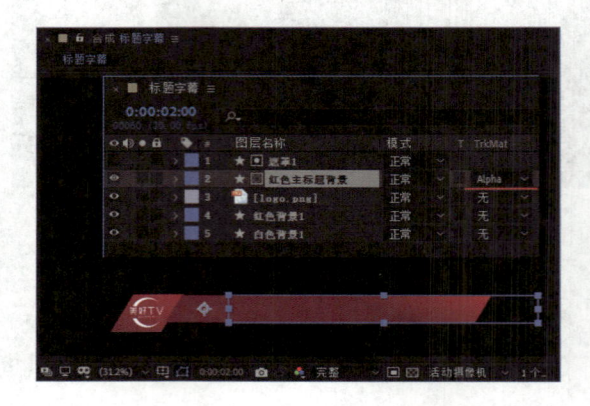

图6-46　设置"TrkMat（轨道遮罩）"属性

（4）将时间指示器移至1秒16帧的位置，选择"红色主标题背景"图层，按【P】快捷键，显示该图层的"位置"属性，插入该属性关键帧，如图6-47所示。将时间指示器移至0秒16帧的位置，在"合成"窗口中将该图层中的图形水平向左移动位置，如图6-48所示。

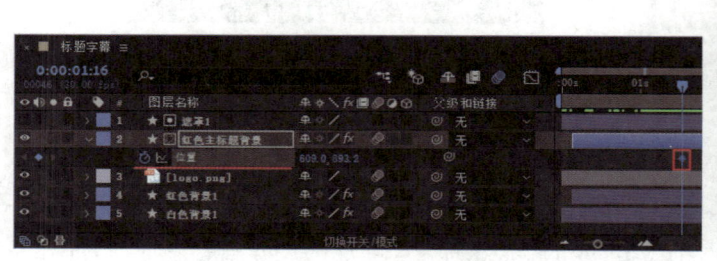

图6-47　插入"位置"属性关键帧

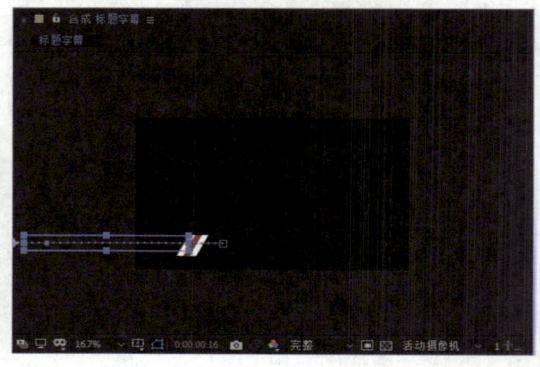

图6-48　向左水平移动位置

（5）同时选中两个"位置"属性关键帧，按【F9】快捷键，应用缓动效果。单击"时间轴"面板上的"图表编辑器"按钮，对所选中的两个属性关键帧的运动速度曲线进行调整，如图 6-49 所示。返回正常的时间轴状态，"时间轴"面板如图 6-50 所示。

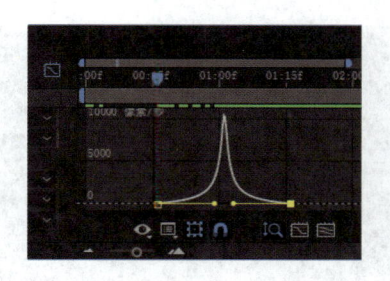

图 6-49　调整运动速度曲线 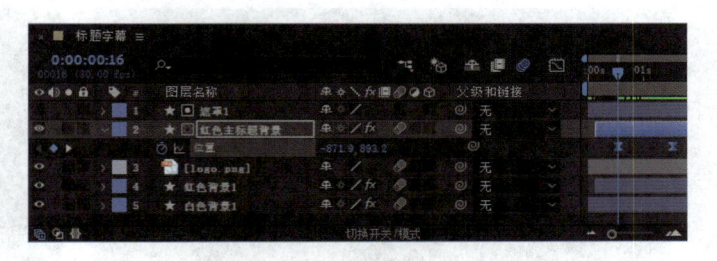　　　　　　　图 6-50　"时间轴"面板

（6）同时选中"红色主标题背景"和"遮罩 1"图层，按【Ctrl+D】快捷键，复制选中的两个图层，将复制得到的图层重命名为"蓝色主标题背景"和"遮罩 2"，如图 6-51 所示。选择"蓝色主标题背景"图层，打开"效果控件"面板，对"梯度渐变"效果进行修改，如图 6-52 所示。

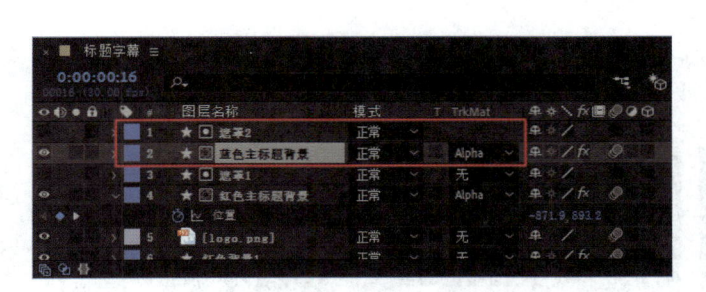

图 6-51　复制图层并修改图层名称 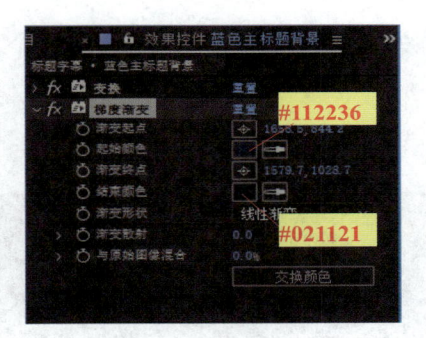　　　　图 6-52　修改"梯度渐变"效果的属性

（7）在"合成"窗口中调整"梯度渐变"效果的渐变起点和渐变终点位置，效果如图 6-53 所示。选择"蓝色主标题背景"图层，按【U】快捷键，显示添加了关键帧的属性，将时间指示器移至 0 秒 20 帧位置，同时选中两个"位置"属性关键帧，移动选中的两个属性关键帧从 0 秒 20 帧的位置开始，如图 6-54 所示。

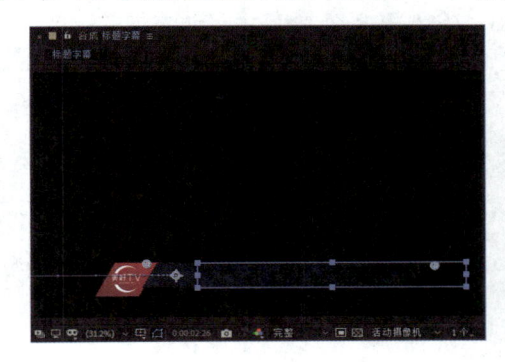

图 6-53　调整渐变起点和渐变终点位置 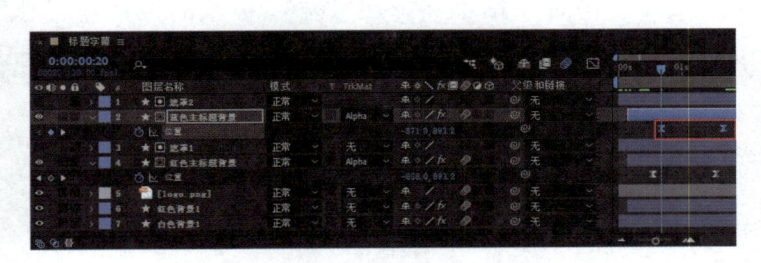　　图 6-54　同时移动两个属性关键帧位置

193

(8) 将时间指示器移至 1 秒 20 帧的位置，在"合成"窗口中适当向左移动该图层中图形的位置，如图 6-55 所示。使用"横排文字工具"，在"合成"窗口中单击并输入相应的文字，在"字符"面板中对文字的相关属性进行设置，如图 6-56 所示。

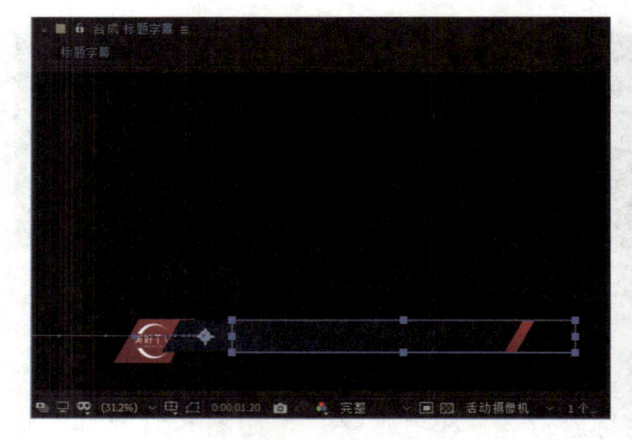

图 6-55　向左移动图形位置　　　　　图 6-56　输入文字并设置

(9) 展开文字图层下方的"文本"选项，为"源文本"属性插入属性关键帧，在"合成"窗口中将文字内容删除，只保留第 1 个文字，如图 6-57 所示。将时间指示器移至 1 秒 22 帧的位置，在该文字图层中输入第 2 个文字，自动在当前时间位置添加"源文本"属性关键帧，如图 6-58 所示。

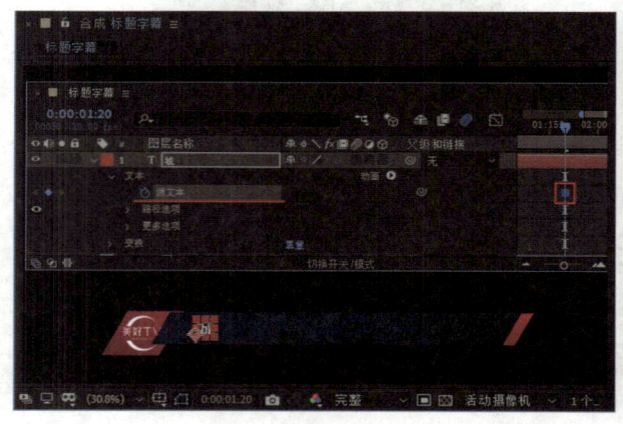

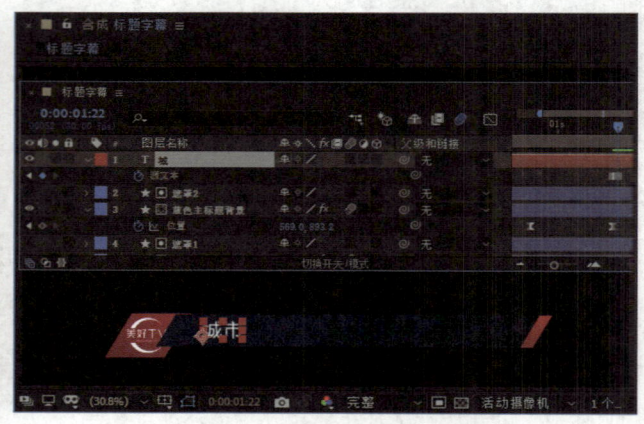

图 6-57　插入属性关键帧并保留第 1 个文字　　　　　图 6-58　输入第 2 个文字并自动添加关键帧

(10) 将时间指示器移至 1 秒 24 帧的位置，在该文字图层中输入第 3 个文字，如图 6-59 所示。将时间指示器移至 1 秒 26 帧的位置，在该文字图层中输入第 4 个文字，如图 6-60 所示。

(11) 使用相同的制作方法，每隔 2 帧依次出现一个文字，直至所有文字都显示出来，效果如图 6-61 所示。将时间指示器移至 1 秒 18 帧位置，将第 1 个文字删除，并将该文字图层重命中为"标题文字"，效果如图 6-62 所示。

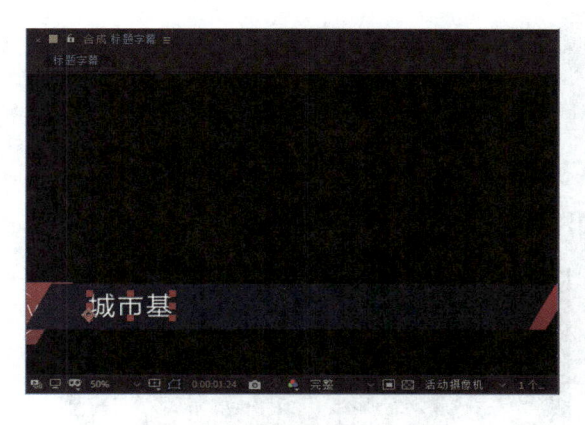

图 6-59　输入第 3 个文字

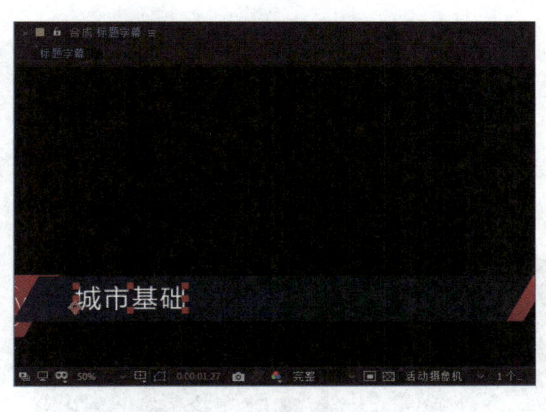

图 6-60　输入第 4 个文字

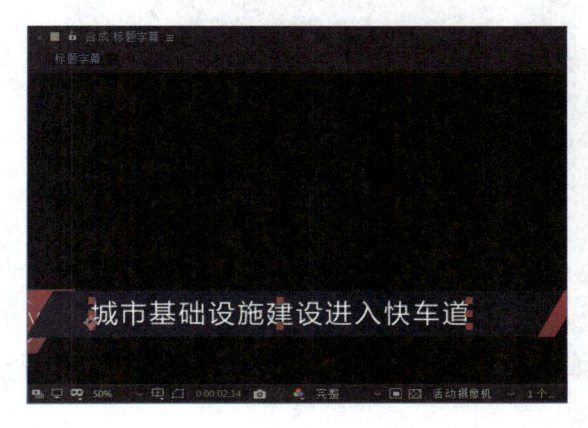

图 6-61　依次显示所有文字

图 6-62　将第 1 个文字删除

> **小贴士**：此处使用的是文本图层的"源文本"属性，每间隔两帧出现一个文字，直到所有文字都完整的出现，这样就可以很轻松地实现类似打字机打字的动画效果。

### 3. 制作副标题部分动画

（1）同时选中"红色主标题背景"至"标题文字"的所有图层，将选中的多个图层移至"白色背景 1"图层的下方，如图 6-63 所示。在"合成"窗口中可以看到调整图层叠放顺序后的效果，如图 6-64 所示。

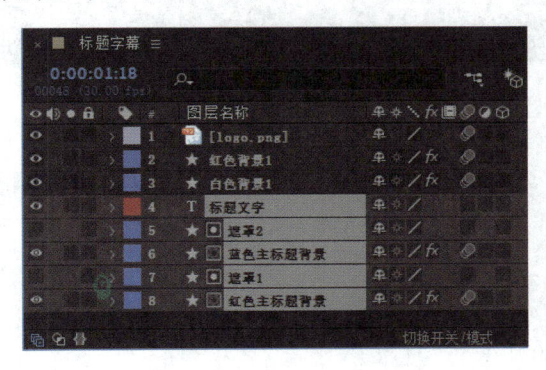

图 6-63　调整图层叠放顺序

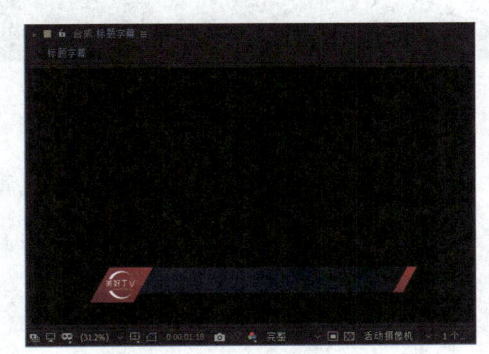

图 6-64　"合成"窗口的效果

(2)同时选中"红色主标题背景"和"遮罩 1"两个图层,按【Ctrl+D】快捷键,复制选中的两个图层,将复制得到的图层移至最底层,并重命名为"红色副标题背景"和"遮罩 3",如图 6-65 所示。选择"红色副标题背景"图层,按【S】快捷键,显示该图层的"缩放"属性,将"缩放"属性值设置为"35.0,35.0%",如图 6-66 所示。

图 6-65　复制图层并调整图层顺序 　　　　图 6-66　设置"缩放"属性值

(3)展开该图层下方"矩形 1"选项的"变换:矩形 1"选项,对"比例"属性进行设置,在"合成"窗口中将该图层调整到合适的位置,如图 6-67 所示。按【U】快捷键,显示添加了关键帧的属性,将时间指示器移至 0 秒 20 帧的位置,同时选中两个"位置"属性关键帧,移动选中的两个属性关键帧从 0 秒 20 帧的位置开始,如图 6-68 所示。

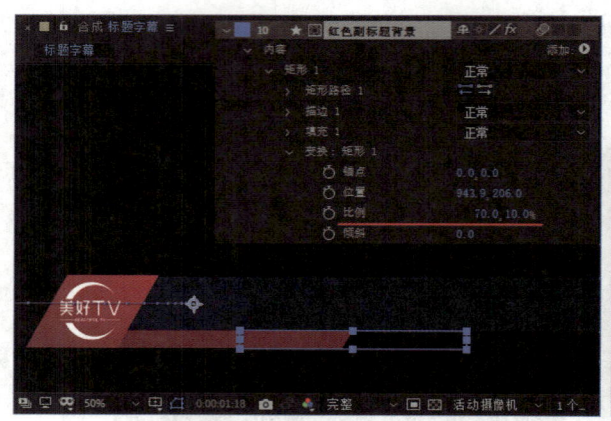

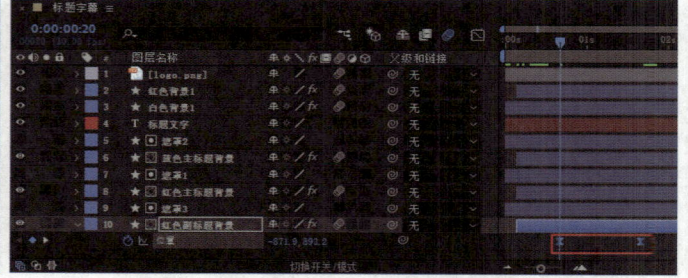

图 6-67　设置"比例"选项并调整位置　　　图 6-68　同时移动两个属性关键帧的位置

(4)使用相同的制作方法,可以完成副标题部分动画的制作,"时间轴"面中的效果板如图 6-69 所示,"合成"窗口中的效果如图 6-70 所示。

### 4．导入视频素材,完成栏目题花包装的制作

(1)执行"合成|新建合成"命令,弹出"合成设置"对话框,具体设置如图 6-71 所示。单击"确定"按钮,新建名称为"题花"的合成。导入"源文件\项目六\素材\movie1.mp4"

视频素材，如图 6-72 所示。

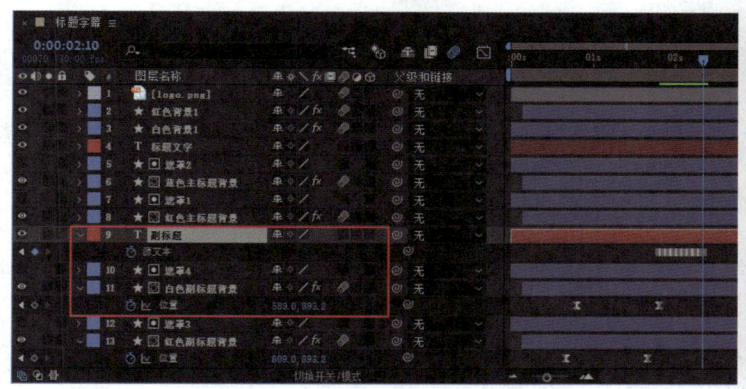

图 6-69 "时间轴"面板中的效果

图 6-70 "合成"窗口中的效果

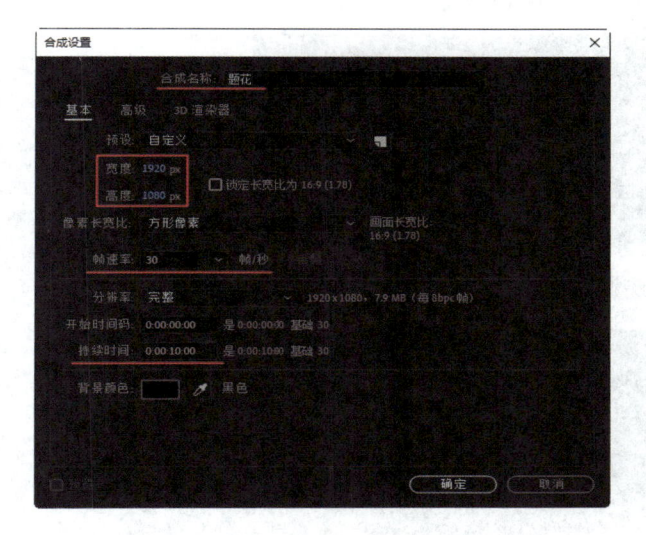

图 6-71 设置"合成设置"对话框

图 6-72 导入视频素材

（2）在"项目"面板中分别将"movie 1.mp4"视频素材和"标题字幕"合成拖入"时间轴"面板中，效果如图 6-73 所示。选择"标题字幕"图层，执行"图层|时间|启用时间重映射"命令，自动在该图层的起始和结束位置插入"时间重映射"属性关键帧，如图 6-74 所示。

图 6-73 拖入"时间轴"面板中的效果

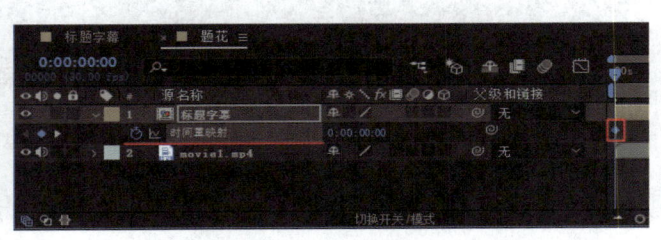

图 6-74 插入"时间重映射"属性关键帧

197

**小贴士：**"时间重映射"属性在 After Effects 中有着非常强大的时间综合调控功能，启用"时间重映射"属性后默认在图层出入点生成关键帧，按照帧标定了时间范围。"时间重映射"功能不仅可以实现播放速度的变快或变慢，还可以实现图层动画的倒放。这里就是通过"时间重映射"功能，在时间轴结束前实现标题字幕动画的倒放，从而实现标题字幕的收起和隐藏效果。

（3）将时间指示器移至 2 秒 14 帧的位置，此时所有标题字幕都已完完全全显示，单击"时间重映射"属性左侧的"在当前时间添加或移除关键帧"按钮，添加该属性关键帧，如图 6-75 所示。将时间指示器移至 7 秒 16 帧的位置，单击"时间重映射"属性左侧的"在当前时间添加或移除关键帧"按钮，添加该属性关键帧，如图 6-76 所示。

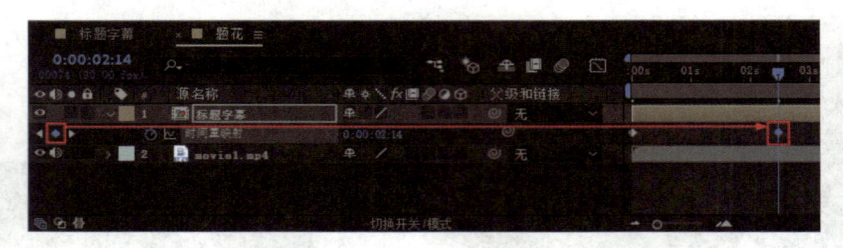

图 6-75　添加"时间重映射"属性关键帧（1）

图 6-76　添加"时间重映射"属性关键帧（2）

（4）将时间指示器移至 10 秒的位置，并将"时间重映射"属性值设置为 0 秒 0 帧，如图 6-77 所示。

图 6-77　设置"时间重映射"属性值

（5）在完成该栏目题花包装的设计制作后，将其渲染输出为视频，在视频播放器中可以预览渲染输出的栏目题花包装的效果，如图 6-78 所示。

图 6-78 预览栏目题花包装的效果

## 6.3.3 任务制作 2——制作栏目片尾

### 1. 制作栏目片尾接下来所播放的节目预告

（1）在 After Effects 中新建空白的项目，执行"合成|新建合成"命令，弹出"合成设置"对话框，具体设置如图 6-79 所示。单击"确定"按钮，新建名称为"栏目片尾"的合成。使用"矩形工具"，在工具栏中将"填充"设置为白色，"描边"设置为无，双击工具栏中的"矩形工具"按钮，自动创建一个与合成尺寸相同的矩形，如图 6-80 所示。

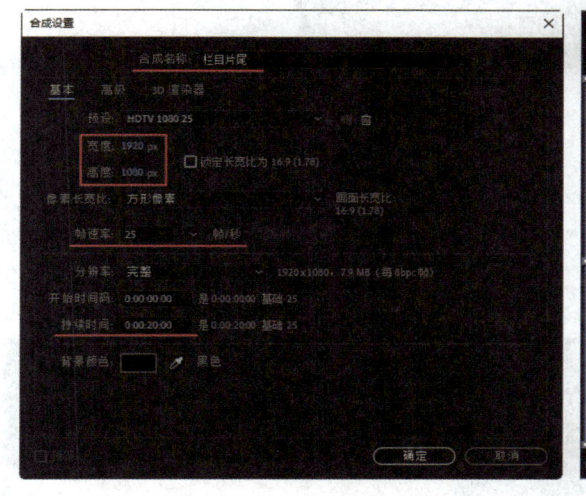

图 6-79 设置"合成设置"对话框　　　　图 6-80 绘制与合成尺寸大小相同的矩形

（2）选择"形状图层 1"图层，执行"效果|生成|梯度渐变"命令，为该图层应用"梯度渐变"效果，在"效果控件"面板中对该效果的相关属性进行设置，如图 6-81 所示。在"合成"窗口中调整渐变起点和终点的位置，从而调整渐变填充效果，如图 6-82 所示。

（3）导入"源文件\项目六\素材\movie2.mp4"视频素材，将导入的视频素材拖入"时间轴"面板中，在"合成"窗口中将视频素材调整到合适的大小和位置，效果如图 6-83 所示。

视频栏目包装制作

选中"movie2.mp4"图层,使用"矩形工具",在"合成"窗口中绘制矩形,为该图层添加矩形蒙版,如图 6-84 所示。

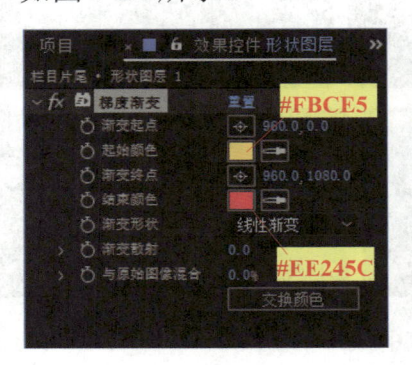

图 6-81　设置"梯度渐变"效果选项 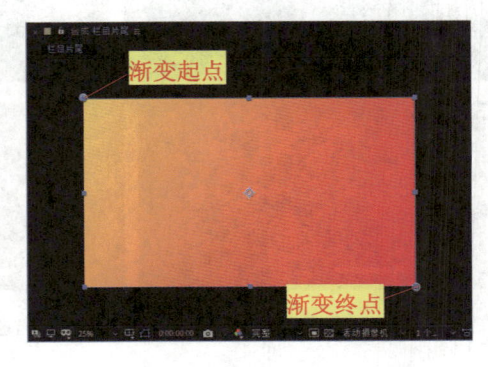　　　　　图 6-82　调整渐变填充的效果

图 6-83　拖入视频素材并调整位置 　　　　　图 6-84　绘制矩形蒙版

(4)将时间指示器移至 0 秒 05 帧的位置,展开"movie2.mp4"图层下方的"蒙版 1"选项,插入"蒙版路径"属性关键帧,如图 6-85 所示。在"合成"窗口中将蒙版路径向左移至合适的位置,直至视频全部被隐藏,如图 6-86 所示。

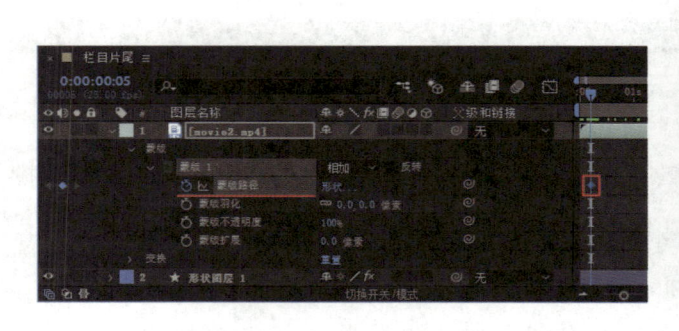

图 6-85　插入"蒙版路径"属性关键帧 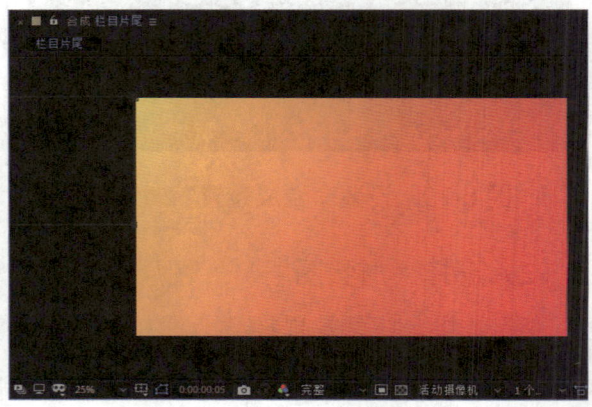　　　　图 6-86　移动蒙版路径位置(1)

(5)将时间指示器移至 1 秒的位置,在"合成"窗口中将蒙版路径向右移至合适的位置,

效果如图 6-87 所示。将时间指示器移至 8 秒的位置，单击"蒙版路径"属性左侧的"在当前时间添加或移除关键帧"按钮，添加该属性关键帧，如图 6-88 所示。

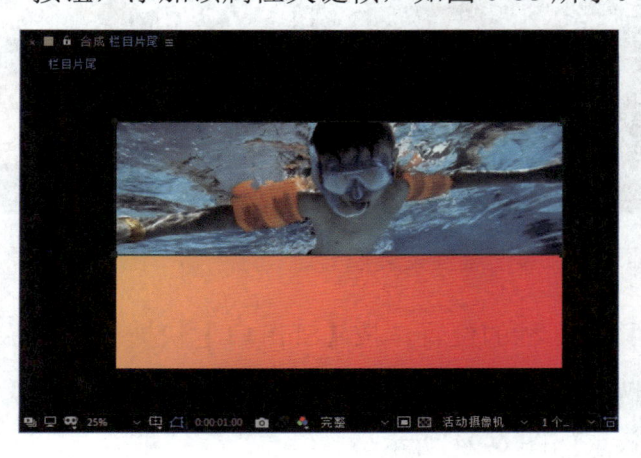

图 6-87　移动蒙版路径位置（2）

图 6-88　添加"蒙版路径"属性关键帧

（6）将时间指示器移至 8 秒 20 帧的位置，在"合成"窗口中将蒙版路径向上移至合适的位置，效果如图 6-89 所示。使用"横排文字工具"，在"合成"窗口中单击并输入文字，调整文字到合适的位置，如图 6-90 所示。

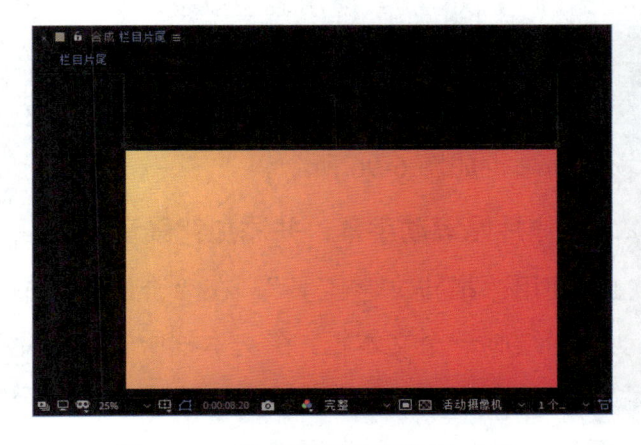

图 6-89　移动蒙版路径位置（3） 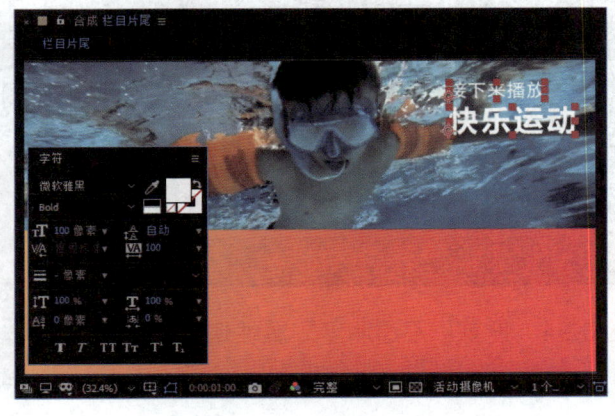　　　　图 6-90　输入文字并调整文字位置

（7）将时间指示器移至 1 秒 10 帧的位置，选择"接下来播放"文字图层，按【P】快捷键，显示该图层的"位置"属性，插入该属性关键帧，如图 6-91 所示。将时间指示器移至 1 秒的位置，在"合成"窗口中将该图层中的文字向上移至合适的位置，如图 6-92 所示。

201

■ 视频栏目包装制作

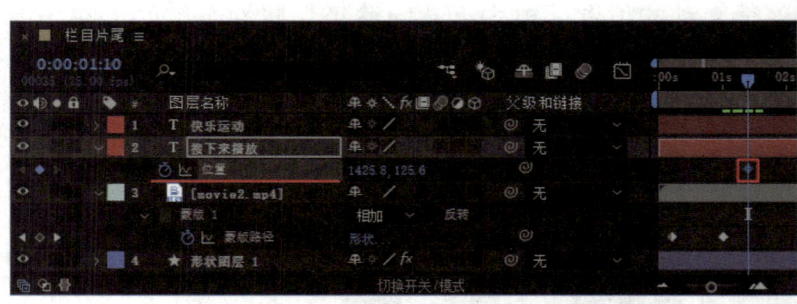

图 6-91 插入"位置"属性关键帧　　　　图 6-92 将文字向上移至合适的位置

（8）将时间指示器移至 8 秒的位置，按【Shift+T】快捷键，显示该图层的"不透明度"属性，插入该属性关键帧，如图 6-93 所示。将时间指示器移至 8 秒 20 帧的位置，"不透明度"属性值设置为"0%"，效果如图 6-94 所示。

图 6-93 插入"不透明度"属性关键帧

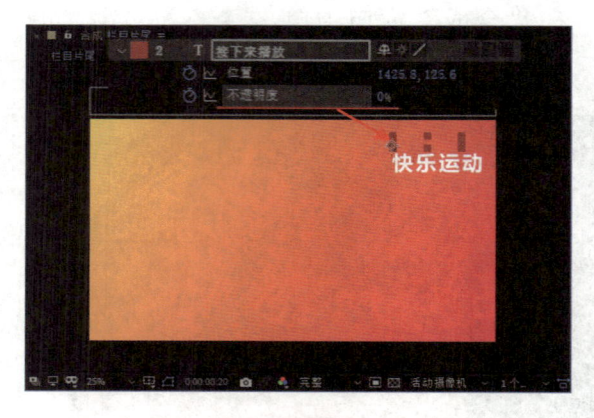

图 6-94 设置"不透明度"属性值的效果

（9）同时选中该图层中的两个"位置"属性关键帧，按【F9】快捷键，应用缓动效果，如图 6-95 所示。使用相同的制作方法，完成"快乐运动"文字图层的动画制作，使该图层中的文字表现为从右侧入场的动画，如图 6-96 所示。

**2. 制作片尾滚动字幕，并添加背景音乐**

（1）使用"横排文字工具"，在"合成"窗口中拖动鼠标绘制一个文本框，在文本框中输入片尾文字，效果如图 6-97 所示。将该文字图层调整至"movie2.mp4"图层的下方，按【P】快捷键，显示该图层的"位置"属性，将时间指示器移至 1 秒的位置，插入该属性关键帧，在"合成"窗口中将该图层文字内容向下移至合适的位置，如图 6-98 所示。

202

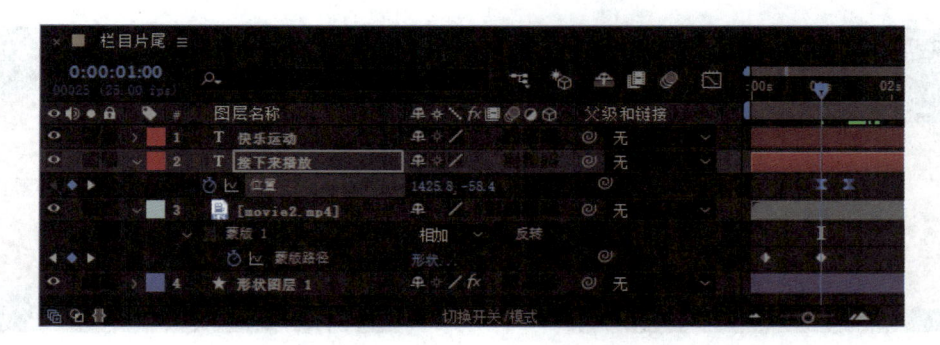

图 6-95　为属性关键帧应用缓动效果

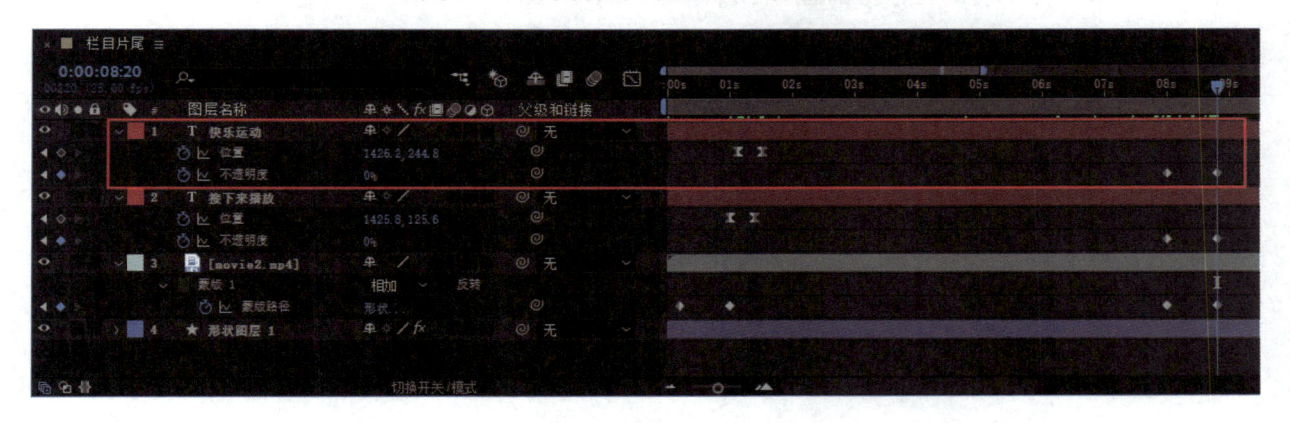

图 6-96　完成"快乐运动"文字图层动画制作

图 6-97　绘制文本框并输入文字　　图 6-98　插入"位置"属性关键帧并调整文字位置

（2）将时间指示器移至 15 秒的位置，在"合成"窗口中将该图层文字内容向上移至合适的位置，如图 6-99 所示。导入"源文件\项目六\素材\logo.png"Logo 素材，将 Logo 素材拖入"时间轴"面板中，效果如图 6-100 所示。

（3）将时间指示器移至 15 秒的位置，选择"logo.png"图层，插入"缩放"和"不透明度"属性关键帧，并将这两个属性值分别设置为"0.0, 0.0%""0%"，如图 6-101 所示。将时间指示器移至 16 秒的位置，并将"缩放"和"不透明度"属性值分别设置为"100.0, 100.0%""100%"，如图 6-102 所示。

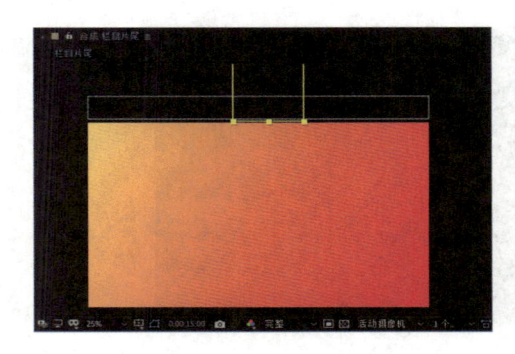

图 6-99　将文字内容向上移至合适的位置 　　图 6-100　导入并拖入 Logo 素材

图 6-101　插入属性关键帧并设置属性值 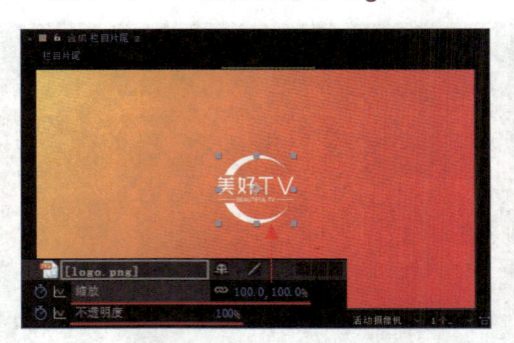　　图 6-102　设置属性值效果

（4）同时选中该图层中的两个"缩放"属性关键帧，按【F9】快捷键，应用缓动效果，如图 6-103 所示。单击"时间轴"面板上的"图表编辑器"按钮，对所选中的两个属性关键帧的运动速度曲线进行调整，如图 6-104 所示。

图 6-103　为属性关键帧应用缓动效果 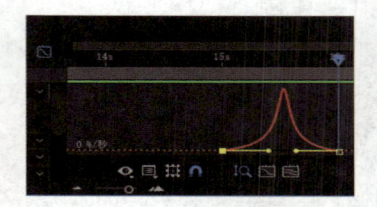　　图 6-104　调整运动速度曲线

（5）返回正常的时间轴状态，执行"文件|导入|文件"命令，导入"源文件\项目六\素材\bgm.mp3"音频素材，如图 6-105 所示。将导入的音频素材拖入"时间轴"面板中，如图 6-106 所示。

图 6-105　导入音频素材 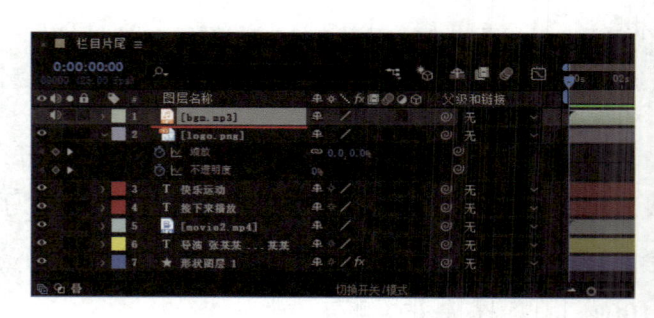　　图 6-106　将音频素材拖入"时间轴"面板

(6)将时间指示器移至 17 秒的位置,展开该图层下方的"音频"选项,插入"音频电平"属性关键帧,如图 6-107 所示。将时间指示器移至 19 秒 24 帧的位置,并将"音频电平"属性值为设置-12dB,如图 6-108 所示。

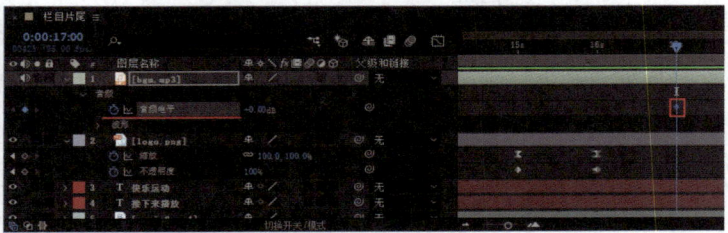

图 6-107 插入"音频电平"属性关键帧　　　　图 6-108 设置"音频电平"属性值

(7)完成该栏目片尾包装的设计制作后,将其渲染输出为视频,在视频播放器可以预览渲染输出的栏目片尾包装的效果,如图 6-109 所示。

图 6-109 预览栏目片尾包装的效果

## 6.4 检查评价

本任务完成了栏目片尾和题花包装的设计制作。为了帮助读者了解栏目片尾和题花包装的制作方法和表现技巧,在完成本学习情境内容的学习后,需要对读者的学习效果进行评价。

### 6.4.1 检查评价点

(1)了解栏目片尾设计。
(2)了解栏目角标、题花和字幕板包装设计。

（3）掌握 After Effects 中文字的输入与设置的操作。

（4）在 After Effects 中完成栏目题花和片尾包装的制作。

## 6.4.2 检查控制表

| 学习情境名称 | | 栏目片尾和题花 | 组别 | | 评价人 | |
|---|---|---|---|---|---|---|
| 检查检测评价点 | | | | 评价等级 | | |
| | | | | A | B | C |
| 知识 | 能够正确描述栏目片尾的作用与设计内容 | | | | | |
| | 能够正确区分栏目角标、题花和字幕板，以及它们的表现方式 | | | | | |
| | 能够简述视频栏目包装中字体设计原则 | | | | | |
| | 能够详细说明栏目片尾设计注意事项 | | | | | |
| | 能够正确描述文字动画设计方法 | | | | | |
| 技能 | 能够绘制矩形并进行变形调整 | | | | | |
| | 能够设置遮罩扩展动画效果 | | | | | |
| | 能够根据需要创建点文字与段落文字并进行动画设计 | | | | | |
| | 能够制作栏目片尾效果 | | | | | |
| | 能够制作栏目题花与字幕板效果 | | | | | |
| | 能够使用"时间重映射"属性实现视频快播、慢播与倒播效果 | | | | | |
| 素养 | 能够耐心、细致地聆听制作需求，准确记录任务关键点 | | | | | |
| | 能够团结协作，一起完成工作任务，具有团队意识 | | | | | |
| | 善于沟通，能够积极表达自己的想法与建议 | | | | | |
| | 能够注意素材及文件的安全保存，具有安全意识 | | | | | |
| | 能够遵守制作规范，具有行业规范意识 | | | | | |
| | 栏目片尾、题花要符合节目整体风格，遵循统一性 | | | | | |
| | 注意保持工位的整洁，工作结束后自觉打扫整理工位 | | | | | |

## 6.4.3 作品评价表

| 评价点 | 作品质量标准 | 评价等级 | | |
|---|---|---|---|---|
| | | A | B | C |
| 主题内容 | 栏目片尾、题花的内容积极，能够起到正向吸引观众的作用 | | | |
| 直观感觉 | 作品内容完整，可以独立、正常、流畅地播放 | | | |
| | 作品结构清晰，信息传递准确 | | | |
| 技术规范 | 视频的尺寸、规格符合所规定的要求 | | | |
| | 画面的风格、动画效果切合主题 | | | |
| | 视频作品输出的规格符合规定的要求 | | | |
| 动画表现 | 视频节奏与主题内容相称 | | | |
| | 音画配合得当 | | | |
| 艺术创新 | 画面的色彩、构成结构及动画效果、形式有新意 | | | |

## 6.5 巩固扩展

根据本任务所学内容，运用所学的相关知识，读者可以使用 After Effects 完成栏目题花和片尾包装的制作，并且通过动画属性制作栏目题花和片尾中的文字动画效果。

## 6.6 课后测试

在完成本学习情境内容学习后，读者可以通过几道课后测试题，检验一下自己的学习效果，同时加深对所学知识的理解。

### 一、选择题

1. 通过文字图层下方"文本"选项中的哪种属性，可以制作出文字内容变化的动画效果？（  ）

  A．路径    B．源文本    C．分组对齐    D．锚点分组

2. 如果使图层中的对象在运动时产生运动模糊效果，则下列哪种方法是正确的？（  ）

  A．开启图层的"运动模糊"按钮  B．应用"运动模糊"特效

  C．应用"高斯模糊"特效    D．应用"定向模糊"特效

3. 可以在（  ）中通过设置属性参数精确控制对象。

  A．"合成"窗口  B．"项目"面板  C．"时间轴"面板  D．"信息"面板

### 二、判断题

1. 字体在视频栏目包装中作为图像要素之一，具有传达感情的功能，因此它必须具有视觉上的美感。所以视频栏目包装中的字体设计应该以美感为主，识别性为辅。（  ）

2. 栏目题花主要用于标题性字幕的装饰设计，只占据部分屏幕画面，一般呈横条状设置在屏幕下方（少数为竖条状出现在屏幕右边），所以也被称为"字幕条"；而字幕板专为大量、整段字幕出现的统一背景和版式设计，占据整个屏幕画面。（  ）

3. 在 After Effects 中，按【Ctrl+W】快捷键，可以选择文字工具，反复按该快捷键，可以在"横排文字工具"和"直排文字工具"之间切换。（  ）

# 学习情境 7

# 栏目宣传片

支撑影视媒体品牌的是栏目，一个媒体如果没有若干具有代表性的品牌栏目，就不可能树立具有市场竞争力的媒体品牌。想要打造品牌栏目，栏目的有效宣传十分必要，而栏目宣传片就是最佳的宣传途径。本学习情境重点介绍视频栏目包装中的声音、运动方式和栏目宣传片的相关知识，并且通过一个栏目宣传片包装的制作，使读者掌握栏目宣传片包装的制作与表现方法。

## 7.1 情境说明

形象宣传片的设计可以是设计形式和宣传语相同的，也可以是独立、自成一体的，具体情节和设计侧重点不同的系列宣传片。栏目宣传片的标准长度为 15 秒或 30 秒，也有 45 秒或 60 秒的，因为这些长度的包装比较便于插入播出。

### 7.1.1 任务分析——栏目宣传片

本任务将制作一个与大自然有关的栏目宣传片包装。第一段素材之间的过渡可以先通过各种素材与效果实现墨迹转场效果，为图片素材应用"色调""卡通"等效果，将素材处理为黑白卡通画的效果；再使用墨迹视频素材作为遮罩，实现从黑白卡通画转场到彩色画的效果，为该视频素材应用"曲线"和"色调"效果并调整，从而表现出特殊效果的墨迹转场。第二段素材通过"跟踪摄像机"按钮制作标题文字的跟踪效果，从而实现标题文字跟随视频中的元素进行运动的效果。最后安装外挂效果插件，在两段素材效果之间添加外挂转场特效，最终完成该栏目宣传片的制作。图 7-1 所示为本任务所制作的栏目宣传片包装的部分截图。

图 7-1 栏目宣传片包装的部分截图

## 7.1.2 任务目标——掌握栏目宣传片的设计制作

想要完成本任务中栏目宣传片的设计制作,需要掌握以下知识内容。
- 理解视频栏目包装中的声音设计
- 理解视频栏目包装中的镜头内运动与镜头外运动
- 了解栏目宣传片的分类和特点
- 掌握 After Effects 中"跟踪器"面板的使用
- 掌握 After Effects 中内置效果的使用方法
- 掌握在 After Effects 中制作栏目宣传片包装的方法

# 7.2 基础知识

相对栏目的导视宣传片而言,栏目宣传片更注重栏目的形象塑造和品牌打造。栏目宣传片不是针对具体某一期的栏目内容进行宣传的,而是针对栏目的定位、独特卖点、风格特性做总体推荐的(例如,栏目专注于哪方面的内容、目标观众是谁、栏目风格怎样、针对观众的收视利益点有哪些)。它被广泛地应用于新栏目的推广和宣传,栏目宣传片能够让观众迅速对一个新栏目有所认知,从而树立栏目的品牌。

## 7.2.1 视频栏目包装中的声音设计

声音元素往往被视频栏目包装所忽视,实际上,在视频栏目包装的总体设计阶段,就应该开始声音的设计了。这里的声音设计主要是指影视媒体音频标识的设计。音频标识也被称为"音频主题"，它可以说是形象标识的音频部分。

### 1. 音频标识的分类

影视媒体品牌的听觉识别全靠音频标识来实现，音频标识通常是由主题音乐、人声、效果声 3 种元素单独或以某种方式组合构成的。

1）主题音乐

音乐包括主题音乐和背景配乐。主题音乐通常都很简短，而且朗朗上口、动听、易于记忆，主题音乐一般是原创的，也有将某些经典音乐片段进行重新演绎作为主题音乐的。

2）人声

人声是指视频栏目包装设计中的宣传语、解说词等。音频标识中的人声也非常重要，人声对营销主张、利益承诺、媒体风格和节目内容等信息的表达起着不可替代的作用。

> **小贴士**：在视频栏目包装中，形象标识、栏目宣传片、导视宣传片等，都对人声具有较大的依赖性。同样的镜头画面，配上不同的人声解说词，观众接收到的信息是完全不一样的。

除了宣传口号使用固定的配音，有的影视媒体还始终使用同一类播音员，以同一种风格配所有的宣传片的解说词。这样可以使栏目宣传片包装在听觉上得到很大程度的规范，这种配音方式、配音风格和人声本身成了媒体品牌的一部分。

3）效果声

效果声主要配合主题音乐和人声，起到丰富与装饰的作用，它单独作为音频标识出现的情况很少。

图 7-2 所示为美国 MGM 电影公司的 Logo 包装设计，在该 Logo 包装中加入狮子的吼叫声作为音频标识，伴随着 Logo 形象的发展，"狮吼"可以说已经成为经典。

图 7-2　美国 MGM 电影电公司的 Logo 包装设计

### 2. 音频标识的重要性

研究表明，在接收信息和理解信息方面，声音优于画面。因此，在对媒体进行包装推广的过程中，可以充分发挥影视传播"声画结合"的双通道优势。

声音在视频栏目包装中的地位不容置疑，声音对频道识别的建立也起着非常突出的作用。

对视频栏目包装而言，声音不仅仅要与整体设计、色彩搭配有机地组成为一个整体，更应该突出自己的个性，有意识地培养品牌的声音识别。当观众的眼睛游离于屏幕之外，如果声音不能提供听觉上的支持，则媒体的品牌识别根本无从谈起。反之，对于拥有音频标识的成功视频栏目包装，观众就是闭上眼睛背对屏幕，也能达到媒体的品牌识别。例如，每天晚7点，中央电视台综合频道传出那段音乐，几乎所有的中国观众都知道《新闻联播》开始了。

#### 3．音频标识的设计手法

要建立声音识别，关键在于声音的设计必须与媒体理念、风格、节目内容等保持一致。同时，音频标识必须保持较长时间的使用，不能够随意变更。此外，声音的设计还应注意突出地域、民族、文化特色，汲取多种音乐风格的养分。例如，中央电视台戏曲频道的声音设计，多借助传统戏曲艺术；而少儿频道的声音设计，则多借助稚嫩的儿童声音元素。

### 7.2.2 视频栏目包装中的运动方式设计

影视艺术是动态形式的，静止的画面元素叙事和表意的功能相对较弱，它们必须运动起来。文字、图形、图像等画面元素都可归纳为点、线、面，这些点、线、面作为视频栏目包装设计的画面主体，必须通过特定的运动方式来演绎表达具体的主题含义。

事实上，运动不仅是表达视频栏目包装设计主题的必要需求，还是确立包装风格与个性的重要手段。屏幕客观上是二维平面的，但是依靠画面元素在运动演绎中对屏幕的分割与延伸，打破了现实时空的制约，达到了以平面表现立体、以二维空间再现三维空间的效果，创造出全新、独特的视觉感受。

视频栏目包装的运动有3种：镜头内运动、镜头外运动及镜头的组接。镜头内运动是指影视画面内部所呈现的物体的运动；镜头外运动是指画面整体的运动，其运动感类似于摄像机运动；而镜头的组接实际上是一种"节奏"，是指因画面的剪辑衔接而产生的观众心理上的动感。

#### 1．镜头内运动方式的设计

视频栏目包装中常见的运动方式包括：画面元素的分解、集聚、嫁接、相互融合，以及跳跃、旋转和不规则运动等。

运动方式的设计并非主观随意而为，它源于生活感知和观众的视觉经验。在心平气和或精神集中、深入思考时，视线转移的速度较为缓慢；在观察或亲自参加某件令人激动且变化急速的活动时，视觉移动的速度是加速的、跳跃的；人们总是习惯将相似的事物进行排列和比较，并且能够产生联想和分析；人们在视觉和心理上，都有忽略次要角色和情节的倾向。

具体到视频栏目包装中运动方式的设计与运用，应该与媒体包装的风格内容相吻合。例如，新闻资讯类节目，其包装中的运动方式应当既庄重又生动，从而体现新闻的权威感和资讯的丰富多样；综艺类和体育类节目，为体现综艺节目的轻松活力和体育竞技的力量与速度，画面元素运动幅度较大，运动方式变化迅速、多样。图 7-3 所示为新闻资讯类的视频栏目包装设计；图 7-4 所示为综艺类的视频栏目包装设计。

图 7-3  新闻资讯类的视频栏目包装设计

图 7-4  综艺类的视频栏目包装设计

### 2. 镜头外运动方式的设计

视频栏目包装镜头外运动方式的设计，可以借鉴摄像的镜头运动原理和技法。

从摄像机与被表现主体间的相互关系来分析，镜头可分为固定镜头和运动镜头两种。机位不变，镜头焦距光轴不变的就是固定镜头；反之，只要机位、焦距、光轴中的任意一种发生变化，就是运动镜头。

固定镜头能够记录和表现画面主体，在稳定的环境中，观众能够从容而全面地理解画面内各元素之间的关系，并体会它们所表达的信息。固定镜头利用画面中运动的物体或图形元素，显示画面空间的纵深度和立体感，这是视频栏目包装应当借鉴的重要表现手法。图 7-5 所示为使用固定镜头拍摄舞蹈综艺的栏目片头包装设计。

图 7-5  使用固定镜头的栏目片头包装设计

运动镜头则通过推、拉、摇、移、升降等方式，使观众的视点流动起来，视觉效果更丰富。运动镜头进一步突破了画面的平面局限，视频栏目包装中的运动镜头可以使画面景观和观众的视角不断变化，使屏幕呈现出一个多平面、多层次、多角度、富有纵深感的立体空间。图 7-6 所示为使用运动镜头的栏目片头包装设计。

图 7-6　使用运动镜头的栏目片头包装设计

视频栏目包装是一种以传播中的识别为目的的设计，当其采用了某种特定的运动方式，并不断加以重复时，观众就可能把这种运动方式与影视媒体的品牌联系起来，形成一种可以被辨认和回忆的识别机制。

> **小贴士**：在众多的视频栏目包装案例中，已经至少有两种可以通过运动方式树立品牌识别的方法：一种是赋予形象标识（主要是图像标志）以标志性的动作，这种方法比较常用，也比较有效；另一种是靠大范围重复某种运动方式，使得特定的运动方式逐渐与媒体品牌建立联系。

## 7.2.3　栏目宣传片的分类

栏目宣传片是指以树立媒体品牌形象为目的，向观众表达媒体倡导之理念、主张之风格、认同之价值观念等信息的短片。栏目宣传片不是拘泥于某个具体的影视节目内容或新闻事件，而是突出影视媒体或影视节目的总体特征，在观众心理上生成品牌形象。如果说 Logo 包装主要是为了树立媒体品牌识别的话，栏目宣传片则主要是为了树立媒体品牌形象。栏目宣传片不能直接导致观众的关注行为，却能影响观众的关注倾向。

按照所针对内容的不同，栏目宣传片可以分为媒体形象宣传片和栏目形象宣传片两种。

### 1. 媒体形象宣传片

媒体形象宣传片是塑造和传递媒体品牌形象的重要手段。媒体形象宣传片就是媒体自己的形象广告，原则上可以按照企业形象广告的制作方法，不拘一格、丰富多彩。在近几年的视频栏目包装行业实践中，媒体形象宣传片的设计形式早已不再是媒体的自我描述、实力展示或自我吹嘘，而是侧重于对观众利益的承诺，对品牌理念的表达和传递。

视频栏目包装中的媒体形象宣传片包含抽象的媒体形象宣传片和具体的媒体形象宣传片。

抽象的媒体形象宣传片主要目的是突出媒体的总体特征，充分表达媒体理念，在观众脑海中形成品牌形象。它不能直接导致观众的收视行为，却能影响观众的收视倾向。这类媒体形象宣传片一般可以在较长时期内反复播出。

图 7-7 所示为湖南卫视为五四青年节设计的媒体形象宣传片，将五四青年节的主题与频道的卡通形象相结合，再结合积极向上的文案，非常符合五四青年节的主题，也符合频道的定位。

图 7-7 结合五四青年节设计的媒体形象宣传片

**小贴士**：媒体形象宣传片肩负起了宣传频道个性特色、表达风格理念的重要任务。因此，媒体形象宣传片的创意制作时常围绕媒体内容、理念和品格特性而展开。

具体的媒体形象宣传片包括两个方面的内容：一是具体的影视媒体（如某个具体的电视台或频道）的形象宣传片；二是为具体栏目宣传服务的形象宣传片。

最常见、最传统的具体的媒体形象宣传片形式是以形象标识为主题，放在节目之前或之后播出的，表现手法相对统一又各具特色的"起幅"与"落幅"性质的包装。例如，中央电视台曾经对所有频道都设计了以"中央电视台""CCTV"和频道定位为构成主体的短小的媒体形象宣传片，其中的形象标识是统一的，频道定位和频道数字是有区别的，时长均在 5 秒左右，在两个节目之间播出。这些媒体形象宣传片，既能统一强化媒体的整体品牌形象，又能建立某个频道的具体识别。

图 7-8 所示为湖南卫视 20 周年的媒体形象宣传片，首先通过"青春是什么"这样的疑问句开始，然后通过文案解说来解释这个疑问，在此过程中将频道的相关节目与文案内容相结合，很好地回顾了这 20 年来湖南卫视的相关节目，传递了频道"青春""快乐"的理念。

图 7-8　湖南卫视 20 周年的媒体形象宣传片

> **小贴士**：媒体形象宣传片要突出 3 个要素：第一要突出具有媒体特色的形象元素；第二要突出具有文化色彩的主色调；第三要突出独特的与画面和谐的声音形象。

### 2．栏目形象宣传片

栏目是影视媒体的一种产品，是传播在市场中的商品，也需要自己的形象广告，这就是栏目形象宣传片。栏目形象宣传片不拘泥于具体的节目细节，可以只对节目作总体介绍，或者推荐节目的某种独特的卖点、优势、观众利益点等。

图 7-9 所示为某电影栏目形象宣传片，它通过对国内外的多部精彩电影佳片进行混剪，搭配简洁易懂、深入人心的文案独白，使该电影栏目的特点与优势表现非常突出。

对于某些不便做具体内容预告的栏目，例如，尚未发生的新闻，或者尚未开始的体育比赛等，栏目形象宣传片还起着收视宣传的作用。

图 7-10 所示为某搏击节目的栏目形象宣传片，通过"形象宣传片+收视信息"的手法对节目进行宣传。

图 7-9　某电影栏目形象宣传片

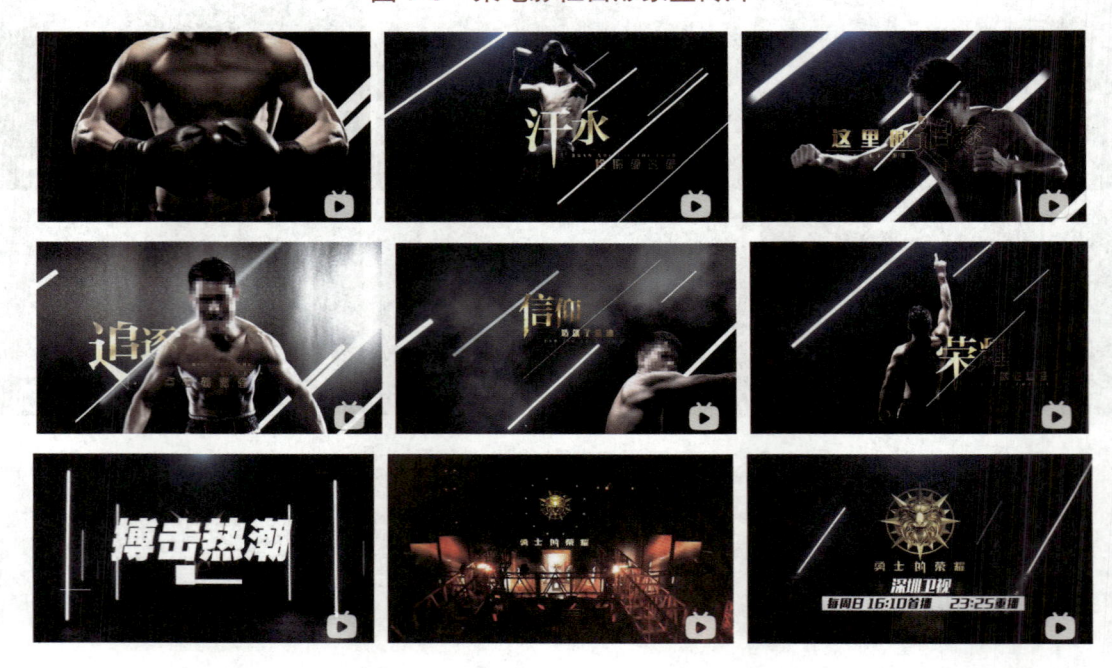

图 7-10　某搏击节目的栏目形象宣传片

栏目形象宣传片的设计十分地灵活，甚至可以在表面上与节目内容毫无关系，只在收看利益、情绪上表现节目的特点，在保证诉求效果的前提下，栏目形象宣传片的设计可以充分发挥影视创作的一切优势。

# 7.3　任务实施

在掌握了栏目宣传片包装设计的相关基础知识后，读者可以使用 After Effects 制作一个栏目宣传片包装，在实践过程中掌握栏目宣传片包装设计的表现方法和制作技巧。

## 7.3.1 关键技术——掌握 After Effects 中跟踪与效果的使用

After Effects 中的跟踪功能主要是对视频画面进行调整，在视频制作过程中把握好运动与跟踪之间的紧密关系。After Effects 内置了相当丰富的视频处理效果，而且每种效果都可以通过插入关键帧制作出视频动画。这些丰富的视频动画处理效果可以根据创意和构思，进一步包装和处理前期拍摄的各种静态和动态素材，从而制作出所需要的视觉效果。

### 1. 使用跟踪器

在 After Effects 中，可以通过对"跟踪器"面板的设置，实现对视频动画的运动跟踪。执行"窗口|跟踪器"命令，打开"跟踪器"面板，如图 7-11 所示。在"跟踪器"面板中单击"跟踪摄像机"按钮、"变形稳定器"按钮、"跟踪运动"按钮、"稳定运动"按钮中的任意一个按钮，即可创建相应类型的跟踪器，此时在"跟踪器"面板中可以对所创建的跟踪器进行相应的设置，如图 7-12 所示。

图 7-11 "跟踪器"面板

图 7-12 设置所创建的跟踪器

**"跟踪摄像机"按钮**：单击该按钮，可以对当前合成进行分析，自动获取视频素材中摄像机的运动数据，并且在"效果控件"面板中显示"3D 摄像机跟踪器"的相关设置选项，如图 7-13 所示。在完成"效果控件"面板中相应选项的设置之后，单击"创建摄像机"按钮，可以创建一个"3D 跟踪器摄像机"图层，如图 7-14 所示。

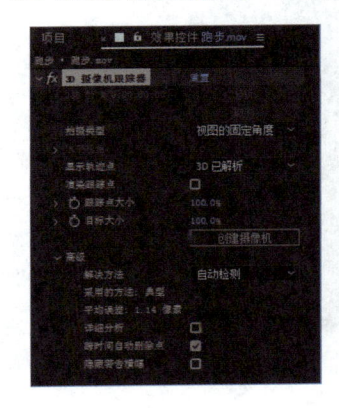

图 7-13 "3D 摄像机跟踪器"的设置选项

图 7-14 创建"3D 跟踪器摄像机"图层

217

**"变形稳定器"按钮**：单击该按钮，可以对当前合成进行分析，自动消除因拍摄时摄像机的晃动而出现的画面抖动，并且在"效果控件"面板中显示"变形稳定器"的相关设置选项，如图 7-15 所示，为当前合成的画面进行相应的变形稳定设置。

**"跟踪运动"按钮**：最常用的跟踪工具，可以选择视频素材中的运动元素，添加跟踪点，获取其运动路径数据，将运动数据赋予其他的元素。单击该按钮，可以在当前合成中添加一个运动跟踪器，并且"跟踪器"面板中的"当前跟踪"下拉列表会自动选择刚创建的跟踪器，"跟踪类型"下拉列表会选择"变换"选项，如图 7-16 所示。

**"稳定运动"按钮**：原理与"跟踪运动"按钮相同，只是在获取数据后，将数据反相用于素材本身，从而实现自身运动的稳定。单击该按钮，可以在当前合成中添加一个稳定跟踪器，并且"跟踪器"面板中的"当前跟踪"下拉列表会自动选择为刚创建的跟踪器，"跟踪类型"下拉列表会选择"稳定"选项，如图 7-17 所示。

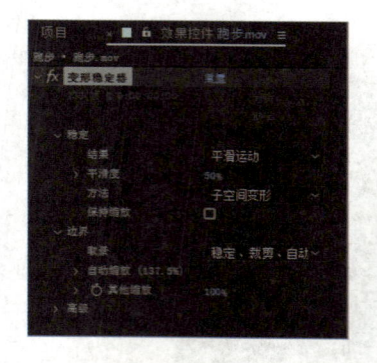

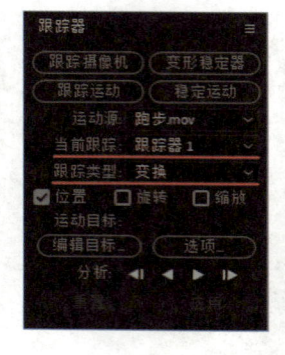

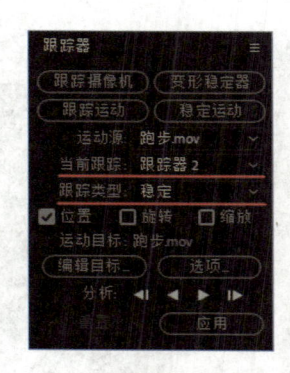

图 7-15　"变形稳定器"的设置选项　　图 7-16　创建运动跟踪器　　图 7-17　创建稳定跟踪器

在对视频素材应用跟踪命令后，会自动打开该视频素材的图层窗口，在视频素材的图层窗口中会出现一个由十字形标记和两个方框构成的跟踪对象，这就是跟踪范围框，如图 7-18 所示。其中，外框为搜索区域，显示的是跟踪对象的搜索范围；内框为特征区域，用于锁定跟踪对象的具体特征；十字形标记为跟踪点。

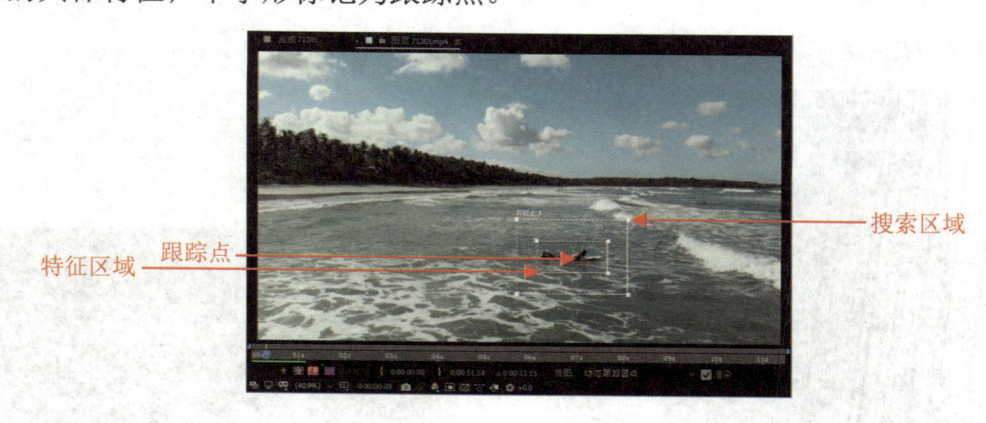

图 7-18　跟踪范围框

**搜索区域：** 定义下一帧的跟踪范围。搜索区域的大小与要跟踪目标的运动速度有关，跟踪目标的运动速度越快，搜索区域就会越大。

**特征区域：** 定义跟踪目标的特征范围。After Effects 会先通过记录特征区域内的色相、亮度、形状等特征，在后续关键帧中再以这些记录的特征进行匹配跟踪。

**跟踪点：** 视频素材中的十字形标记就是跟踪点，跟踪点是关键帧生成点，是跟踪范围框与其他图层之间的链接点。在一般情况下，在前期拍摄的过程中就会注意跟踪点的位置。

使用"选取工具"可以对跟踪范围进行调整，将鼠标指针放置在跟踪范围框内不同的位置，鼠标指针会变换成不同的效果，拖动鼠标指针可以实现相应的调整。

当鼠标指针变为 形状时，表示可以移动跟踪点的位置；当鼠标指针变为 形状时，表示可以移动整个跟踪范围框；当鼠标指针变为 形状时，表示可以移动特征区域和搜索区域；当鼠标指针变为 形状时，表示可以移动搜索区域；当鼠标指针变为 形状时，表示可以拖动调整方框的大小或形状。

### 2．应用 After Effects 中的内置效果

要想制作出好的视频动画，首先需要了解内置效果的使用方法，下面介绍 After Effects 中内置效果的添加及编辑操作方法。

1）应用 After Effects 效果

After Effects 内置了许多标准视频动画效果，用户根据需要可以对不同类型的图层应用一个效果，也可以一次性应用多个效果。在对某一个图层应用效果后，After Effects 将会自动打开"效果控件"面板，方便用户对所添加的效果进行设置，同时在"时间轴"面板中也会出现相关的设置选项。

下面介绍 4 种为图层应用效果的方法。

方法 1：使用菜单命令。在"时间轴"面板中选择需要应用效果的图层，执行"效果"命令，先从"效果"下拉菜单中选择一种所需要的效果类型，如图 7-19 所示，再从其子菜单中选择需要的具体效果即可。

方法 2：使用"效果和预设"面板。在"时间轴"面板中选择需要应用效果的图层，在"效果和预设"面板中单击所需效果类型名称左侧的"三角形"按钮，展开该类型的效果列表，在列表中双击所需要的效果名称即可，如图 7-20 所示。

方法 3：使用右键菜单。在"时间轴"面板中右击需要添加效果的图层，执行"效果"下拉菜单中需要应用的效果命令即可。

方法 4：拖曳的方法。在"效果和预设"面板中选择某个需要添加的效果，然后将其拖曳到"时间轴"面板需要应用该效果的图层上，同样可以为该图层添加效果。

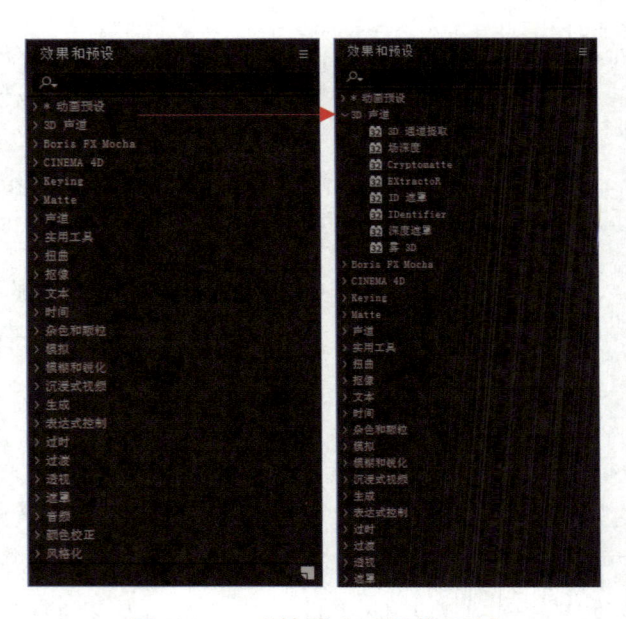

图 7-19 "效果"下拉菜单　　　　图 7-20 "效果和预设"面板

2）复制 After Effects 效果

After Effects 允许用户在不同的图层之间复制效果。在复制过程中，对原图层应用的效果和关键帧也会被保存并复制到其他图层中。

在"效果控件"面板或"时间轴"面板中选择原图层中应用的一个或多个效果，先执行"编辑|复制"命令，或者按【Ctrl+C】快捷键进行复制；再选择目标图层，执行"编辑|粘贴"命令，或者按【Ctrl+V】快捷键进行粘贴即可。

> **小贴士**：如果只是在当前图层中进行效果复制，则只需要在"效果控制"面板或"时间轴"面板中选择需要复制的效果名称，按【Ctrl+D】快捷键，即可在当前图层中复制并粘贴该效果。

3）暂时关闭效果

暂时关闭效果的操作非常简单，只需要在"时间轴"面板中选择需要关闭效果的图层，然后在"效果控件"面板或"时间轴"面板中单击效果名称左侧的"效果显示控制"按钮fx，即可暂时关闭当前效果，使其不起作用，如图 7-21 所示。

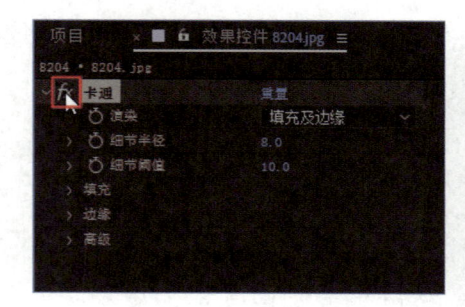

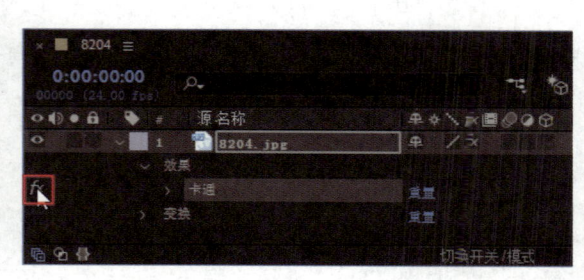

图 7-21 暂时关闭效果的操作

4）删除效果

在 After Effects 中，可以通过以下两种方法删除所应用的效果。

如果需要删除为当前图层应用的某一个效果，则可以在"效果控件"面板中选择需要删除的效果，执行"编辑|清除"命令，或者按【Delete】键，即可将选中的效果删除。

如果需要一次删除当前图层中所添加的所有效果，则可以在"效果控件"面板或"时间轴"面板中选择需要删除效果的图层，执行"效果|全部移除"命令，或者按【Ctrl+Shift+E】快捷键，即可将当前图层中所应用的效果全部删除。

> **小贴士**：在"时间轴"面板中快速展开效果的方法是，选中包含效果的图层，按【E】快捷键，即可快速展开该图层所应用的效果。

### 3．了解 After Effects 中的内置效果组

下面将对 After Effects 中的效果组进行简单的介绍，帮助读者了解 After Effects 中各效果组的基本作用。

1）"3D 声道"效果组

"3D 声道"效果组主要用于对素材进行三维方面的处理，所设置的素材需要包含三维信息，如 Z 通道、材质 ID 号、物体 ID 号、法线等，通过对这些信息的读取，进行效果处理。

2）"Boris FX Mocha"效果组

"Boris FX Mocha"效果组只包含一个效果，即"Mocha AE"效果。Mocha 是一款出色的跟踪处理软件，Mocha AE 是在 After Effects 中内置的 Mocha 插件，使用该效果可以调用 After Effects 中内置的 Mocha 插件来处理动态视频对象的跟踪效果。

3）"CINEMA 4D"效果组

"CINEMA 4D"效果组只包含一个效果，即"CINEWARE"效果，该效果只针对 CINEMA 4D 素材有效，对于其他素材无效。

4）"Keying"效果组

"Keying"效果组只包含一个效果，即"Keylight"效果。Keylight 是一个屡获特殊荣誉并经过产品验证的蓝绿屏幕键控插件，该插件是为专业的高端电影而开发的抠像软件，用于精细地去除影像中任何一种指定的颜色。

5）"Matte"效果组

"Matte"效果组只包含一个效果，即"mocha shape"效果。"mocha shape"效果主要为抠像图层添加形状或颜色遮罩，从而对该遮罩做进一步的动画抠像处理。

6）"沉浸式视频"效果组

"沉浸式视频"效果组中的效果主要用于 VR 视频的效果设置，可以使用大量动态过渡、

效果和字幕进行编辑，从而增强沉浸式视频体验。

7)"风格化"效果组

"风格化"效果组中的效果主要是模拟各种绘画效果，使素材的视觉效果更加丰富。

8)"过渡"效果组

"过渡"效果组提供了一系列的转场过渡效果，在 After Effects 中转场过渡效果是作用在同一图层素材上的。由于 After Effects 是合成特效软件，与非线性编辑软件有所区别，因此提供的转场过渡效果并不是很多。

9)"过时"效果组

在"过时"效果组中包含一些 After Effects 早期版本所提供的效果，目前不建议用户使用这些效果，并且在未来的 After Effects 新版本中可能会直接删除这些效果。

10)"抠像"效果组

"抠像"的意思就是在画面中选取一个关键的色彩使其透明，这样就可以很容易地将画面中的主体提取出来。它在应用上与蒙版很相似，主要用于素材的透明控制，当蒙版和 Alpha 通道控制不能够满足需要时，就需要应用到"抠像"效果组了。

11)"模糊和锐化"效果组

"模糊和锐化"效果组中所提供的效果主要用于素材的各种模糊和锐化处理。

12)"模拟"效果组

"模拟"效果组包含了 18 种效果，主要用来表现碎裂、液态、粒子、星爆、散射和气泡等特殊效果，这些效果功能强大，能够制作出多种逼真的效果。

13)"扭曲"效果组

"扭曲"效果组中的效果主要用来对素材进行扭曲变形处理，是一种很重要的画面特效，可以对画面的形状进行校正，也可以使平常的画面变形为特殊的效果。

14)"声道"效果组

"声道"效果组中的效果命令主要用来控制、转换、插入和提取素材通道，对素材进行通道混合计算。

15)"生成"效果组

"生成"效果组中的效果可以在画面中创建出各种特效的视觉效果，例如，闪电、镜头光晕、激光等；也可以对素材进行颜色填充，例如，渐变等。

16)"时间"效果组

"时间"效果组中的效果以素材时间为基准，控制素材的时间特性，在使用"时间"效果组中的效果时，会忽略其他效果的使用。

17)"实用工具"效果组

"实用工具"效果组中的效果主要用于调整素材颜色的输入和输出。

18)"透视"效果组

"透视"效果组中的效果可以对素材进行各种三维透视变换。

19)"颜色校正"效果组

在视频制作过程中经常需要对图像或视频素材的颜色进行处理,例如,调整素材的色调、亮度、对比度等。"颜色校正"效果组中的效果可以对素材进行调色处理。

20)"音频"效果组

"音频"效果组中的效果主要用于对视频动画中的声音进行特效方面的处理,制作出不同效果的声音,例如,回音、降噪等。

21)"杂色和颗粒"效果组

"杂色和颗粒"效果组中的效果可以为素材设置杂色或杂点的效果,通过该效果组中的效果可以分散素材或者使素材的形状发生变化。

22)"遮罩"效果组

"遮罩"效果组中的效果可以对带有 Alpha 通道的图像进行收缩或描绘处理。

## 7.3.2 任务制作 1——制作图片墨迹遮罩转场效果

### 1. 制作图片的光学缩放动画效果

(1)在 After Effects 中新建空白项目,执行"合成|新建合成"命令,弹出"合成设置"对话框,具体设置如图 7-22 所示。单击"确定"按钮,新建名称为"墨迹转场"的合成。再次执行"合成|新建合成"命令,弹出"合成设置"对话框,具体设置如图 7-23 所示。单击"确定"按钮,新建名称为"素材 01"的合成。

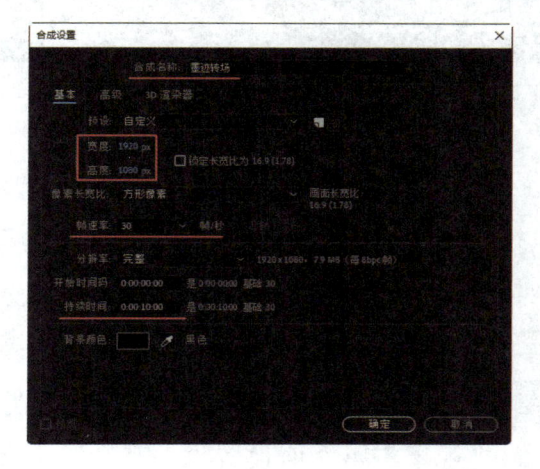

图 7-22 "合成设置"对话框的设置(1) 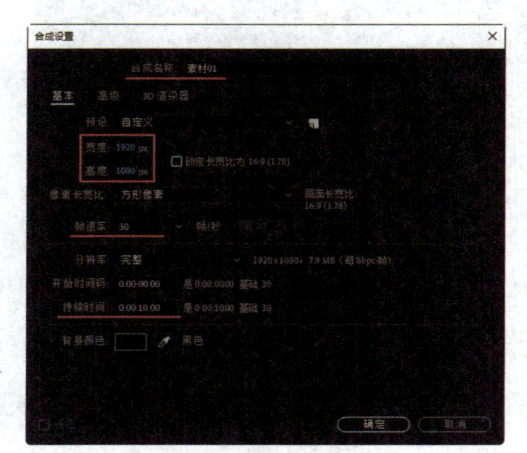　　图 7-23 "合成设置"对话框的设置(2)

（2）导入"源文件\项目七\素材\7301.jpg"图像素材，如图 7-24 所示。将"7301.jpg"图像素材拖入"时间轴"面板中，按【S】快捷键，显示该图层的"缩放"属性，并将"缩放"属性值设置为"50.0, 50.0%"，如图 7-25 所示。

图 7-24　导入图像素材 　　　　图 7-25　拖入图像素材并设置"缩放"属性值

（3）执行"合成|新建合成"命令，弹出"合成设置"对话框，具体设置如图 7-26 所示。单击"确定"按钮，新建名称为"素材合成"的合成。在"项目"面板中将"素材 01"合成拖入"时间轴"面板中，按【S】快捷键，显示该图层的"缩放"属性，插入该属性关键帧，如图 7-27 所示。

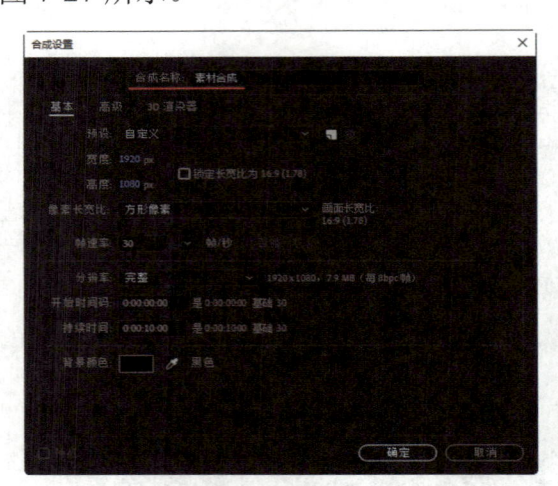

图 7-26　"合成设置"对话框的设置（3） 　　　　图 7-27　插入"缩放"属性关键帧

（4）将时间指示器移至 9 秒 29 帧的位置，并将"缩放"属性值设置为"130.0, 130.0%"，如图 7-28 所示。将时间指示器移至 0 秒的位置，执行"效果|扭曲|光学补偿"命令，为该图层应用"光学补偿"效果，在"效果控件"面板中对"光学补偿"效果的相关属性进行设置，如图 7-29 所示，并为"视场"属性插入属性关键帧。

（5）选择"素材 01"图层，按【U】快捷键，在该图层下方只显示添加了关键帧的属性，如图 7-30 所示。将时间指示器移至 9 秒 29 帧的位置，"视场"属性值设置为"75.0"，效果如图 7-31 所示。

图 7-28 设置"缩放"属性值效果

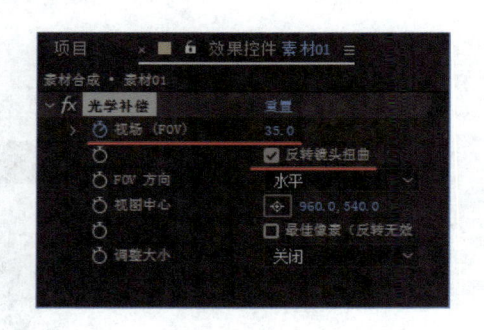

图 7-29 设置"光学补偿"效果属性

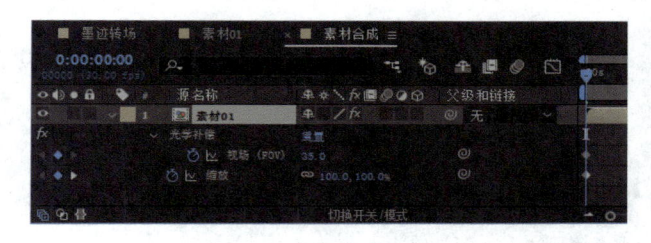

图 7-30 只显示添加了关键帧的属性

图 7-31 设置"视场"属性值的效果

**小贴士**："光学补偿"效果用于模拟摄像机的光学透视效果，可以使画面沿着指定点水平、垂直对角线产生光学透视的变形效果。

### 2. 制作图片墨迹遮罩效果

（1）在"时间轴"面板中切换到"墨迹转场"的编辑状态，在"项目"面板中将"素材合成"合成拖入"时间轴"面板中，如图 7-32 所示。导入"源文件\项目七\素材\7302.mov"和"源文件\项目七\素材\7303.mov"视频素材，如图 7-33 所示。

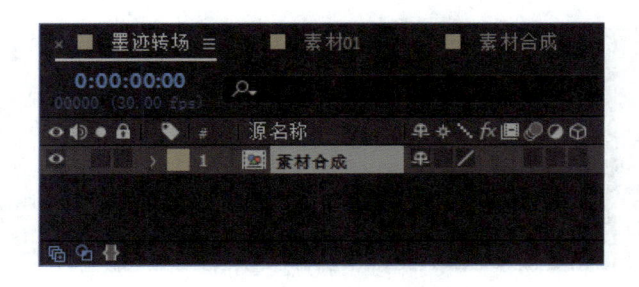

图 7-32 拖入"时间轴"面板中

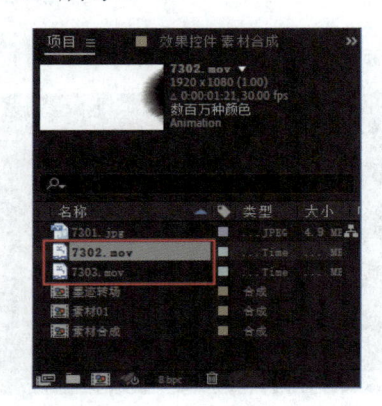

图 7-33 导入视频素材

(2) 在"项目"面板中将"7302.mov"视频素材拖入"时间轴"面板中，在"合成"窗口中可以看到该视频素材的默认效果，如图7-34所示。单击"时间轴"面板左下角的"展开或折叠'转换控制'窗格"按钮，显示"转换控制"选项组，选择"素材合成"图层，将该图层的"TrkMat（轨道遮罩）"选项设置为"亮度反转遮罩"，效果如图7-35所示。

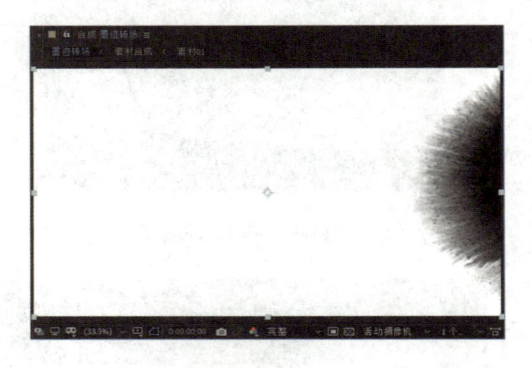

图 7-34　视频素材的默认效果 　　　　图 7-35　设置"TrkMat（轨道遮罩）"选项的效果

(3) 在"时间轴"面板中拖动时间指示器，可以在"合成"窗口中预览墨迹视频遮罩显示图像的动画效果，如图7-36所示。

图 7-36　在"合成"窗口中预览动画效果

(4) 选择"素材合成"图层，执行"效果|颜色校正|色调"命令，为该图层应用"色调"效果，在"合成"窗口中可以看到应用"色调"效果的效果，如图7-37所示。执行"图层|新建|调整图层"命令，新建名称为"调整图层"的图层，并将该图层移至顶层，如图7-38所示。

图 7-37　应用"色调"效果的效果 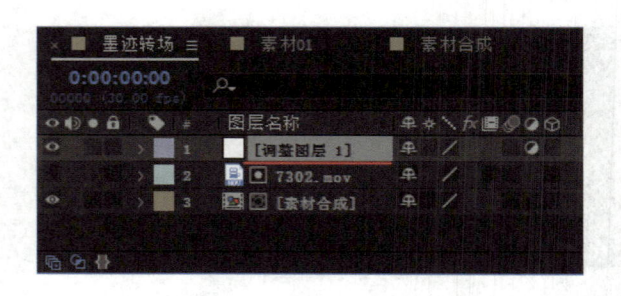　　　　图 7-38　新建调整图层

（5）选择"调整图层1"图层，执行"效果|风格化|卡通"命令，为该图层应用"卡通"效果，在"效果控件"面板中对"卡通"效果的相关属性进行设置，如图7-39所示。在"合成"窗口中可以看到应用"卡通"效果的效果，如图7-40所示。

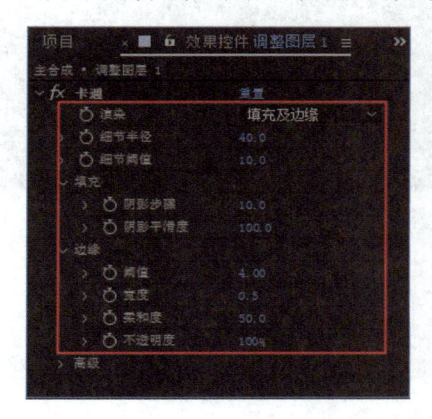

图7-39 设置"卡通"效果的属性 　　　　图7-40 应用"卡通"效果的效果

（6）将时间指示器移至1秒的位置，选择"调整图层1"图层，按【T】快捷键，显示该图层的"不透明度"属性，为该属性插入属性关键帧，如图7-41所示。将时间指示器移至1秒20帧的位置，"不透明度"属性值设置为"0%"，如图7-42所示。

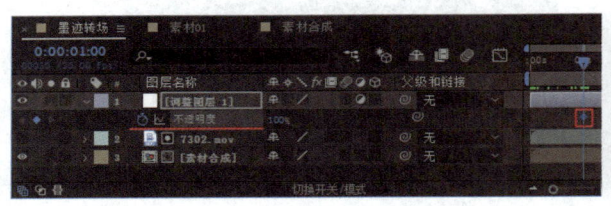

图7-41 插入"不透明度"属性关键帧 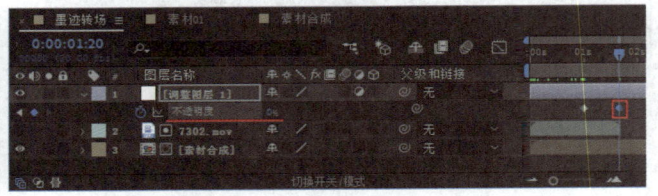　　　　图7-42 设置"不透明度"属性值

（7）执行"图层|新建|纯色"命令，弹出"纯色设置"对话框，具体设置如图7-43所示。单击"确定"按钮，新建纯色图层，将该图层移至底层，效果如图7-44所示。

图7-43 "纯色设置"对话框的设置 　　　　图7-44 新建纯色背景图层

（8）选择"素材合成"图层，按【Ctrl+D】快捷键，复制该图层，将复制得到的图层重命名为"素材合成2"，该图层的"TrkMat（轨道遮罩）"选项设置为"无"，并将其调整至所

有图层的上方,如图 7-45 所示。将"时间指示器"移至 1 秒的位置,按【Alt+[】快捷键,调整该图层的出点至当前时间位置,如图 7-46 所示。

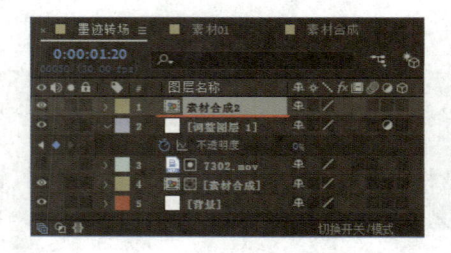

图 7-45  复制图层并调整

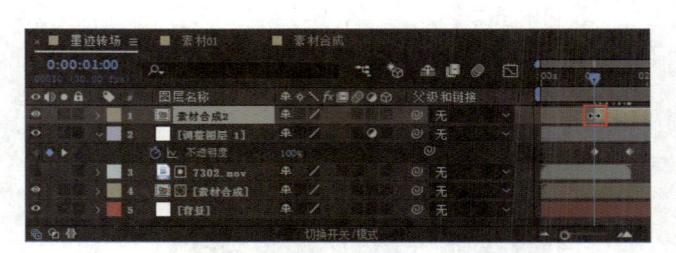

图 7-46  调整图层出点位置

**3. 通过水墨素材实现黑白到彩色转场效果**

(1) 在"项目"面板中将"7303.mov"视频素材拖入"时间轴"面板中,并将该图层整体内容移至从 1 秒的位置开始,如图 7-47 所示。选择"素材合成 2"图层,将该图层的"TrkMat(轨道遮罩)"选项设置为"亮度反转遮罩",如图 7-48 所示。

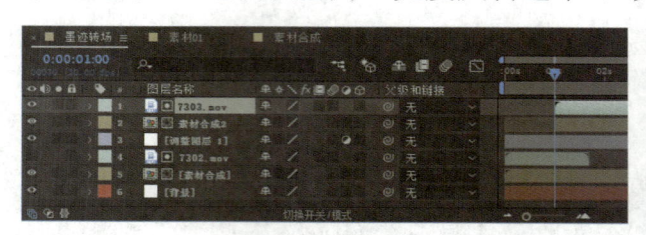

图 7-47  拖入视频素材

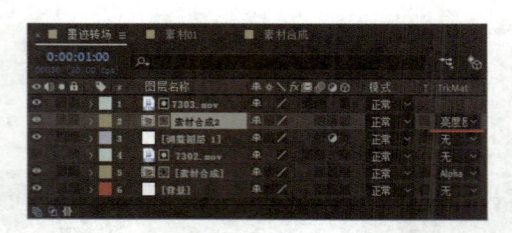

图 7-48  设置"TrkMat(轨道遮罩)"选项

(2) 打开"效果控件"面板,将该图层的"色调"效果删除,在"时间轴"面板中拖动时间指示器,可以在"合成"窗口中预览第 2 段视频遮罩显示的动画效果,如图 7-49 所示。

图 7-49  在"合成"窗口中预览第 2 段视频的动画效果

(3) 选择"素材合成 2"图层,执行"效果|颜色校正|曲线"命令,为该图层添加"曲线"效果,在"效果控件"面板中对曲线进行调整,如图 7-50 所示。在"合成"窗口中可以看到应用"曲线"效果的效果,如图 7-51 所示。

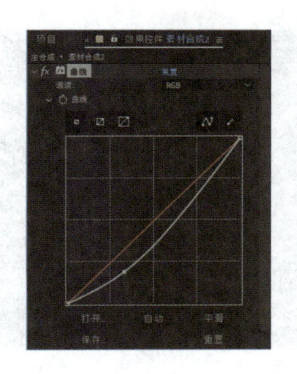

图 7-50　设置"曲线"效果 　　　　　　　图 7-51　应用"曲线"效果的效果

（4）同时选中"素材合成 2"和"7303.mov"两个图层，按【Ctrl+D】快捷键，复制图层，如图 7-52 所示。将"时指示器"移至 1 秒 10 帧的位置，"素材合成 3"图层的入点调整至 1 秒 10 帧的位置，并将复制得到的"7303.mov"图层内容整体向右移至从 1 秒 10 帧的位置开始，如图 7-53 所示。

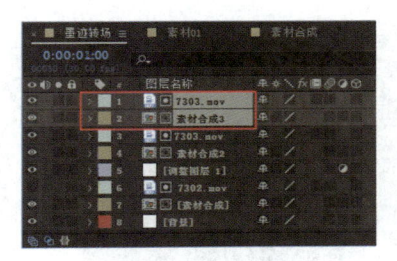

图 7-52　复制图层 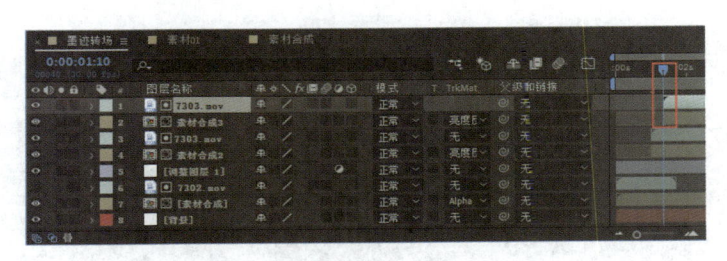　　　　　　　　　　图 7-53　调整图层内容的开始位置

（5）选择"素材合成 2"图层，执行"效果|颜色校正|色调"命令，为该图层应用"色调"效果，在"效果控件"面板中对"色调"效果的相关属性进行设置，如图 7-54 所示。在"合成"窗口中可以看到应用"色调"效果的效果，如图 7-55 所示。

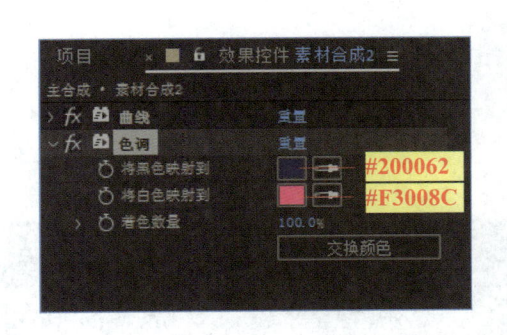

图 7-54　设置"色调"效果的属性 　　　　图 7-55　应用"色调"效果的效果

（6）选择"7303.mov"图层，按【R】快捷键，显示该图层的"旋转"属性，将该属性值设置为"180.0°"，如图 7-56 所示。在"合成"窗口中可以看到对视频素材进行旋转处理后的效果，如图 7-57 所示。

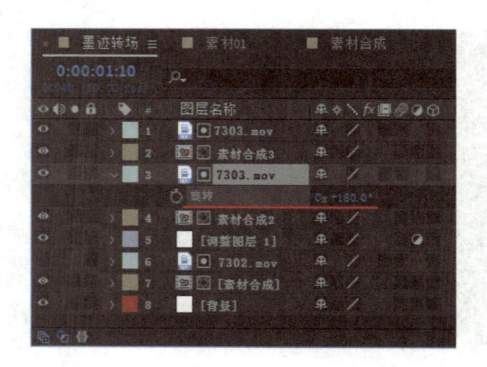

■ 视频栏目包装制作

图 7-56 设置"旋转"属性值 　　　　　　图 7-57 视频素材旋转处理后的效果

（7）执行"图层|新建|调整图层"命令，新建名称为"调整图层 2"的图层，将该图层移至顶层，调整该图层的入点到 1 秒的位置，如图 7-58 所示。执行"效果|扭曲|湍流置换"命令，为"调整图层 2"图层应用"湍流置换"效果，将时间指示器移至 1 秒的位置，在"效果控件"面板中对"湍流置换"效果的属性进行设置，并为"数量"属性插入属性关键帧，如图 7-59 所示。

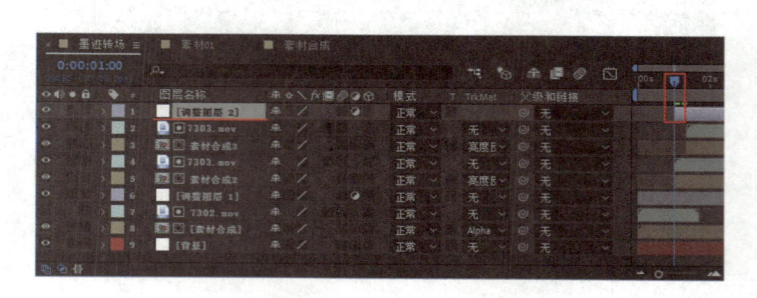

图 7-58 新建调整图层并调整入点位置 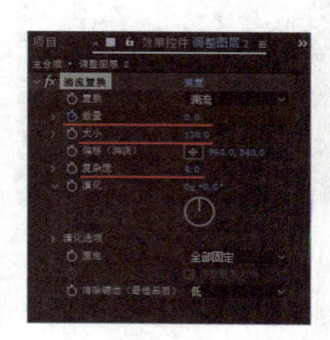　　　　　　图 7-59 设置"湍流置换"效果的属性

（8）将时间指示器移至 1 秒 15 帧的位置，"湍流置换"效果的"数量"属性值设置为"10.0"，其效果如图 7-60 所示。将时间指示器移至 3 秒的位置，"湍流置换"效果的"数量"属性值设置为"0.0"，如图 7-61 所示。

图 7-60 设置"数量"属性值的效果 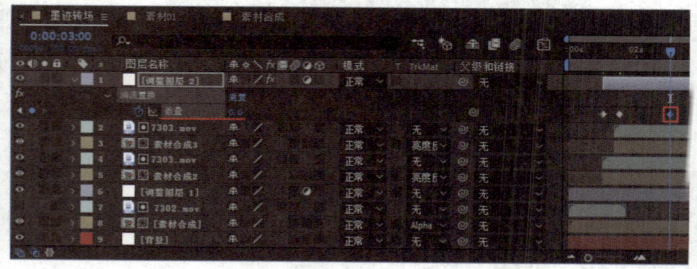　　　　　　图 7-61 "时间轴"面板中的设置

小贴士："湍流置换"效果可以使素材产生各种凸起、旋转等效果，从而模拟出素材的流动、扭曲效果，通过对效果参数的设置，可以使素材表现出不同的湍流效果强度。

（9）同时选中该图层中的 3 个属性关键帧，按【F9】快捷键，应用缓动效果，如图 7-62 所示。单击"时间轴"面板上的"图表编辑器"按钮，对速度曲线进行调整，如图 7-63 所示。

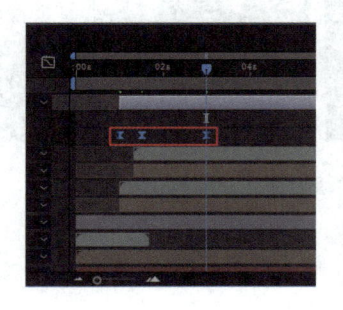

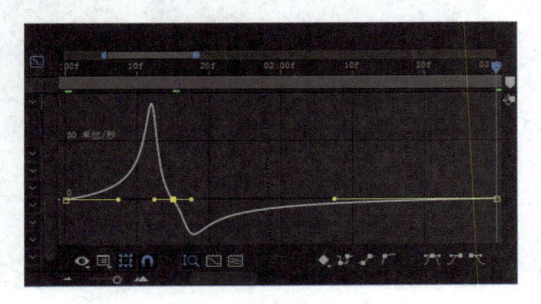

图 7-62　应用缓动效果　　　　　　　　　图 7-63　编辑运动速度曲线

（10）返回正常的时间轴编辑状态，同时选中除"背景"图层以外的所有图层，执行"图层|预合成"命令，弹出"预合成"对话框，具体设置如图 7-64 所示。单击"确定"按钮，将选中的多个图层创建为嵌套的合成，如图 7-65 所示。

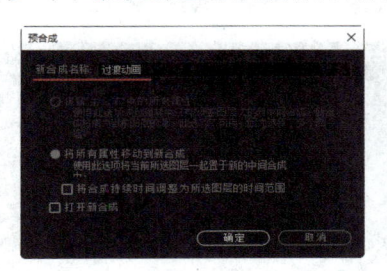

图 7-64　设置"预合成"对话框　　　　　　图 7-65　创建嵌套的合成

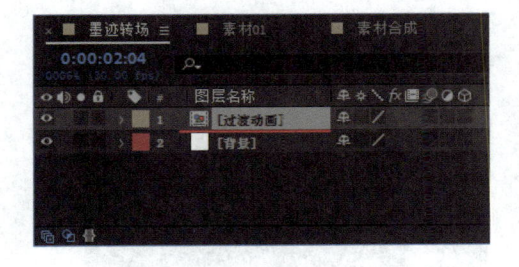

（11）导入"源文件\项目七\素材\7304.jpg"图像素材，如图 7-66 所示。在"项目"面板中将"7304.jpg"图像素材拖入"时间轴"面板中，放置在"过渡动画"图层的下方，效果如图 7-67 所示。

图 7-66　导入图像素材　　　　　　　　　图 7-67　拖入图像素材的效果

231

（12）在"时间轴"面板中拖动时间指示器，可以在"合成"窗口中预览墨迹遮罩转场过渡效果，如图 7-68 所示。

图 7-68 在"合成"窗口中预览墨迹遮罩转场过渡效果

### 7.3.4 任务制作 2——制作标题文字跟踪效果

**1. 创建跟踪文字**

（1）执行"合成|新建合成"命令，弹出"合成设置"对话框，具体设置如图 7-69 所示。单击"确定"按钮，新建名称为"宣传标题"的合成。导入"源文件\项目七\素材\7305.mp4"视频素材，将该视频素材拖入"时间轴"面板中，效果如图 7-70 所示。

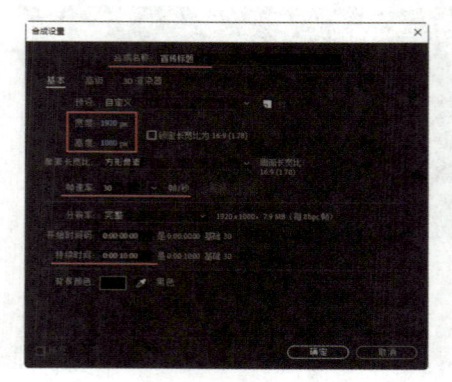

图 7-69 "合成设置"对话框 　　　　图 7-70 拖入视频素材

（2）打开"跟踪器"面板，单击"跟踪摄像机"按钮，如图 7-71 所示。对当前的视频素材进行分析，分析完成后显示该视频素材中的跟踪点，如图 7-72 所示。

图 7-71 单击"跟踪摄像机"按钮 　　　　图 7-72 显示视频素材中的跟踪点

（3）在"效果控件"面板的"3D摄像机跟踪器"效果中，勾选"渲染跟踪点"复选框，如图7-73所示。选择一个跟踪点，右击该跟踪点，在弹出的快捷菜单中执行"创建文本和摄像机"命令，如图7-74所示。

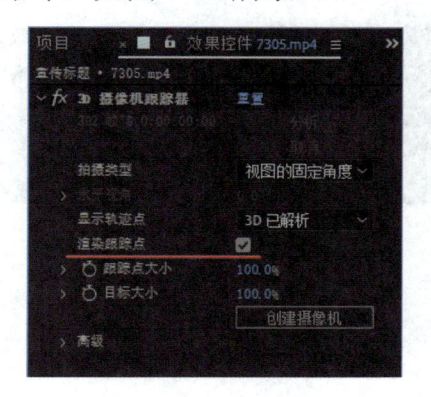

图7-73　勾选"渲染跟踪点"复选框 　　　　图7-74　执行"创建文本和摄像机"命令

（4）在执行"创建文本和摄像机"命令后，会自动在"时间轴"面板中创建文本图层，修改默认的跟踪文本内容，调整跟踪文本的位置，如图7-75所示，"时间轴"面板中的设置如图7-76所示。

图7-75　输入文字 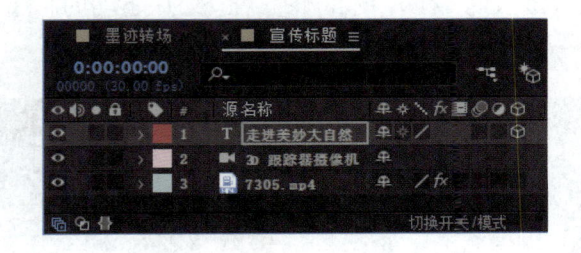　　　　图7-76　"时间轴"面板中的设置

## 2．制作跟踪文字在三维方向上的变换效果

（1）将时间指示器移至1秒的位置，展开文本图层下方的"变换"选项，为"X轴旋转"属性插入属性关键帧，将该属性值设置为"93.0°"，如图7-77所示，在"合成"窗口中可以看到当前跟踪文本被隐藏，如图7-78所示。

（2）将时间指示器移至2秒的位置，"X轴旋转"属性值设置为"0.0°"，效果如图7-79所示。将时间指示器移至0秒的位置，按【T】快捷键，显示"不透明度"属性，将该属性值设置为"0%"，并插入该属性关键帧，如图7-80所示。

233

■ 视频栏目包装制作

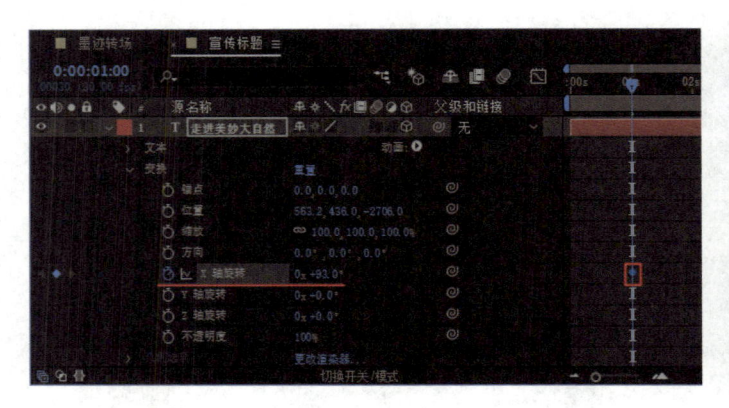

图 7-77 插入"X 轴旋转"属性关键帧并设置属性值

图 7-78 "合成"窗口效果

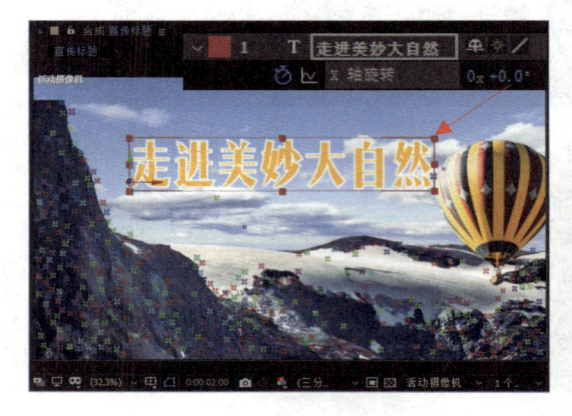

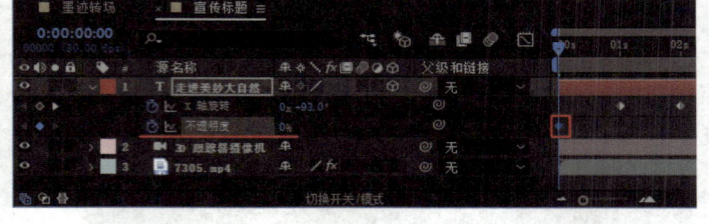

图 7-79 设置"X 轴旋转"属性值的效果

图 7-80 插入"不透明度"属性关键帧并设置属性值

（3）将时间指示器移至 1 秒的位置，"不透明度"属性值设置为"100%"。完成标题文字跟踪的制作，在"时间轴"面板中拖动时间指示器，可以在"合成"窗口中预览标题跟踪文本的效果，如图 7-81 所示。

图 7-81 在"合成"窗口中预览标题跟踪文本的效果

> **小贴士**：在完成跟踪文本的创建后，可以在"效果控件"面板的"3D 摄像机跟踪器"效果中取消"渲染跟踪点"复选框的勾选，如果不取消该复选框的勾选，则在最终渲染输出时会将跟踪点一起输出。

## 7.3.5　任务制作 2——使用外挂插件实现炫酷转场

### 1. 安装外挂插件实现转场特效

（1）执行"文件|保存"命令，保存在 After Effects 中所制作的项目文件，关闭 After Effects。在互联网中查找并下载 After Effects 外挂插件，双击外挂插件的安装程序图标，如图 7-82 所示。弹出程序安装对话框，如图 7-83 所示。

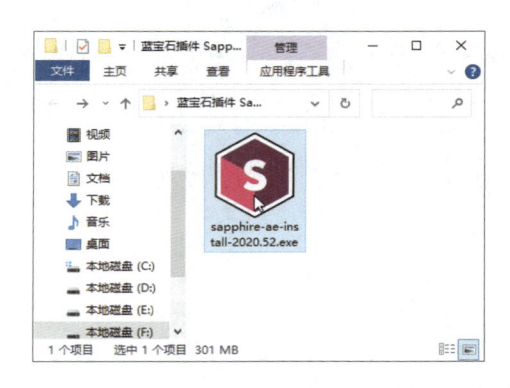

图 7-82　双击外挂插件的程序图标 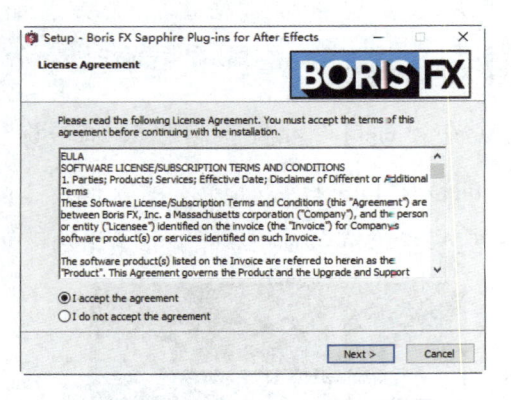　　　　图 7-83　程序安装对话框

> **小贴士**：这里安装的是一款名为"蓝宝石"的外挂插件，该外挂插件是一款视频设计师必备的插件，拥有强大的功能，可以创建出非常惊人的特效。它提供了 270 多种效果和 3000 多种预设。当然，它也支持 CPU 和 GPU 加速。

（2）按照与其他程序相同的安装方法，即可完成该 After Effects 外挂插件的安装。打开 After Effects，再打开所制作的栏目宣传片项目文件，在 After Effects 的"效果"下拉菜单中可以看到所安装的外挂插件的相关选项，如图 7-84 所示。执行"合成|新建合成"命令，弹出"合成设置"对话框，具体设置如图 7-85 所示。单击"确定"按钮，新建名称为"主合成"的合成。

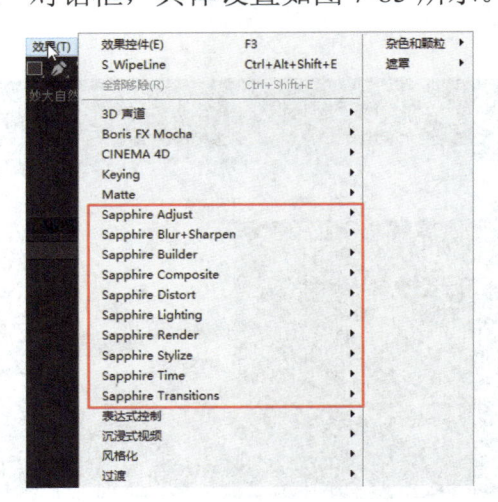

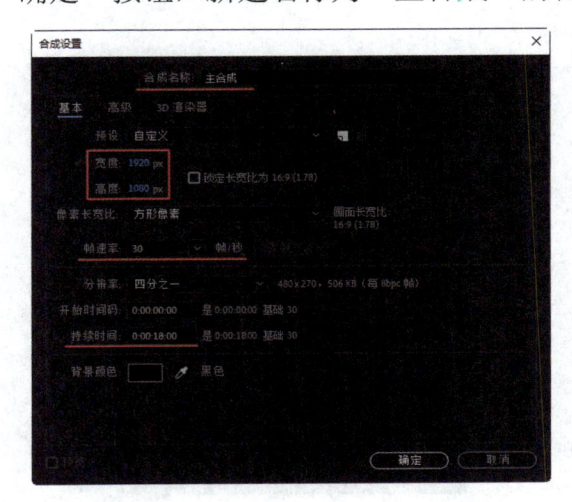

图 7-84　"效果"下拉菜单中的外挂插件选项　　　　图 7-85　"合成设置"对话框的设置

> **小贴士**：Sapphire Adjust 选项包含的是对色彩进行调整的效果；Sapphire Blur+Sharpen 选项包含的是模糊和锐化的相关效果；Sapphire Builder 选项是指生成器，其中包含了所有蓝宝石的转场预设。Sapphire Composite 选项包含的是用于图层混合的效果；Sapphire Distort 选项包含的是用于产生扭曲变形的效果；Sapphire Lighting 选项包含的是用于实现各种光线的效果；Sapphire Render 选项包含的是用于生成各种特殊图形的效果；Sapphire Stylize 选项包含的是用于实现各种风格化的效果；Sapphire Time 选项包含的是用于时间控制的效果；Sapphire Transitions 选项包含的是用于实现过渡转场的效果。

（3）在"项目"面板中将"墨迹转场"合成拖入"时间轴"面板中，如图 7-86 所示。在"项目"面板中将"宣传标题"合成拖入"时间轴"面板中，并移至"墨迹转场"图层的下方，将该图层内容调整至从 8 秒的位置开始，如图 7-87 所示。

图 7-86　拖入制作好的合成　　　　图 7-87　拖入合成并调整起始位置

（4）选择"墨迹转场"图层，执行"效果|Sapphire Transitions|S_WipeBubble"命令，应用"S_WipeBubble"效果。将时间指示器移至 8 秒的位置，在"效果控件"面板中为"S_WipeBubble"效果的"Wipe Percent"属性插入属性关键帧，如图 7-88 所示。将时间指示器移至 9 秒的位置，"S_WipeBubble"效果的"Wipe Percent"属性值设置为"100.00%"，效果如图 7-89 所示。

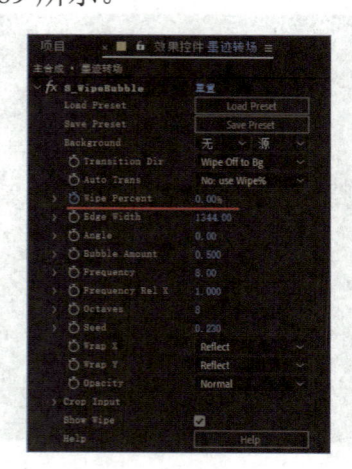

图 7-88　插入属性关键帧　　　　图 7-89　设置属性值

(5)在"时间轴"面板中拖动时间指示器,可以在"合成"窗口中看到"S_WipeBubble"效果的转场效果,如图 7-90 所示。

图 7-90　预览 S_WipeBubble 效果的转场效果

### 2. 添加背景音乐并渲染输出视频

(1)导入"源文件\项目七\素材\bgm.mp3"音频素材,将该音频素材拖入"时间轴"面板中,将时间指示器移至 16 秒的位置,插入"音频电平"属性关键帧,如图 7-91 所示。将时间指示器移至 18 秒的位置,"音频电平"属性值设置为"-12.00dB",如图 7-92 所示。

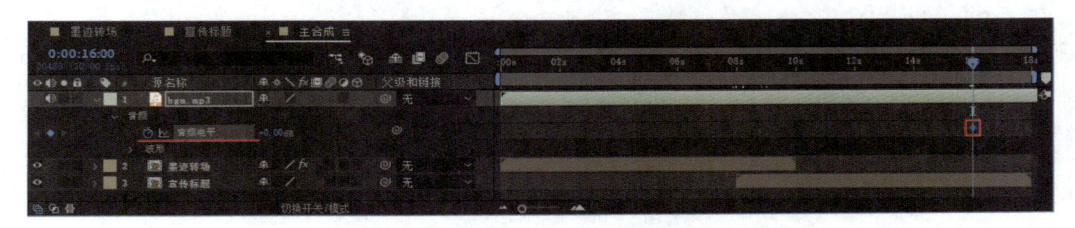

图 7-91　插入"音频电平"属性关键帧

图 7-92　设置"音频电平"属性值

(2)在完成该栏目宣传片包装的设计制作后,将其渲染输出为视频,在视频播放器中可以预览渲染输出的栏目宣传片包装的效果,如图 7-93 所示。

图 7-93　预览栏目宣传片包装的效果

图 7-93　预览栏目宣传片包装的效果（续）

## 7.4　检查评价

本任务完成了一个栏目宣传片包装的制作。为了帮助读者理解栏目宣传片包装的制作方法和表现技巧，在完成本学习情境内容的学习后，需要对读者的学习效果进行评价。

### 7.4.1　检查评价点

（1）理解视频栏目包装中的声音设计和运动方式。
（2）了解栏目宣传片的分类。
（3）掌握 After Effects 中跟踪与效果的使用。
（4）在 After Effects 中完成栏目宣传片包装的制作。

### 7.4.2　检查控制表

| 学习情境名称 | 栏目宣传片 | | 组别 | | 评价人 | |
|---|---|---|---|---|---|---|
| 检查检测评价点 ||||| 评价等级 |||
| ||||| A | B | C |
| 知识 | 能够详细描述在视频栏目包装中音频标识的分类、重要性及设计手法 ||||||
| | 能够正确区分视频栏目包装中的镜头内运动与镜头外运动 ||||||
| | 能够简述栏目宣传片的分类与特点 ||||||
| | 能够详细说明"跟踪器"面板的使用方法 ||||||
| | 能够准确描述外挂插件的下载、安装及使用方法 ||||||
| 技能 | 能够确定栏目宣传片的画面风格及镜头表现方式 ||||||
| | 能够对抖动画面进行稳定处理 ||||||
| | 能够对画面进行跟踪处理并与其他运动物体进行关联 ||||||
| | 能够使用"TrkMat（轨道遮罩）"选项实现画面的过渡效果 ||||||
| | 能够下载外挂插件并安装应用 ||||||

续表

| 检查检测评价点 | | 评价等级 | | |
|---|---|---|---|---|
| | | A | B | C |
| 素养 | 能够耐心、细致地聆听制作需求，准确记录任务关键点 | | | |
| | 能够团结协作，一起完成工作任务，具有团队意识 | | | |
| | 善于沟通，能够积极表达自己的想法与建议 | | | |
| | 能够注意素材及文件的安全保存，具有安全意识 | | | |
| | 能够遵守制作规范，具有行业规范意识 | | | |
| | 栏目宣传片要积极向上，能够传递正能量 | | | |
| | 注意保持工位的整洁，工作结束后自觉打扫整理工位 | | | |

### 7.4.3 作品评价表

| 评价点 | 作品质量标准 | 评价等级 | | |
|---|---|---|---|---|
| | | A | B | C |
| 主题内容 | 栏目宣传片积极向上，能够传递正能量，起到正向吸引观众的作用 | | | |
| 直观感觉 | 作品内容完整，可以独立、正常、流畅地播放 | | | |
| | 作品结构清晰，信息传递准确 | | | |
| 技术规范 | 视频的尺寸、规格符合规定的要求 | | | |
| | 画面的风格、动画效果切合主题 | | | |
| | 视频作品输出的规格符合规定的要求 | | | |
| 动画表现 | 视频节奏与主题内容相称 | | | |
| | 音画配合得当 | | | |
| 艺术创新 | 画面色彩、画面构成结构及动画效果、形式有新意 | | | |

## 7.5 巩固扩展

根据本任务所学内容，运用所学的相关知识，读者可以使用 After Effects 完成一个栏目宣传片包装的制作，并且通过外挂插件实现场景或素材之间的转场过渡。

## 7.6 课后测试

在完成本学习情境内容的学习后，读者可以通过几道课后测试题，检验一下自己的学习效果，同时加深对所学知识的理解。

一、选择题

1．在"时间轴"面板中快速展开效果的方法是，选中包含有效果的图层，按（    ）快捷键，即可快速展开该图层所应用的效果。

　　A．【D】　　　　　B．【S】　　　　　C．【E】　　　　　D．【F】

2．下列说法中错误的是（    ）。

　　A．父对象影响子对象运动

　　B．子对象运动不影响父对象

　　C．目标可以同时为父对象和子对象

　　D．目标 A 可以同时为目标 B 的父对象和子对象

3．如果需要对多个图层应用相同的特效，并且进行统一的调整，则下列说法中正确的是（    ）。

　　A．在目标图层上方新建调整图层，并为该调整图层应用特效

　　B．同时选择多个图层应用特效

　　C．在目标图层上方新建空对象图层，并为该空对象图层应用特效

　　D．将多个图层创建为预合成，并应用特效

二、判断题

1．影视媒体品牌的听觉识别全靠音频标识来实现，音频标识通常由主题音乐和人声两种元素单独或以某种方式组合构成。（    ）

2．形象宣传片是指以树立媒体品牌形象为目的，向观众表达媒体倡导之理念、主张之风格、认同之价值观念等信息的短片。（    ）

3．在"效果控件"面板或"时间轴"面板中，单击效果名称左侧的"效果显示控制"按钮 *fx*，即可暂时关闭当前效果，使其不起作用。（    ）